U0787012

环保公益性行业科研专项经费项目系列丛书

设施土壤酞酸酯污染与生物修复研究

滕　应　骆永明　著

科学出版社
北　京

内 容 简 介

本书系统分析了我国设施农业发展过程中农膜和酞酸酯污染、风险评估与生物修复的最新研究成果。全书共九章，分别介绍我国设施农业发展、农膜应用现状及存在问题、土壤与植物中酞酸酯分析方法、设施农业区土壤及植物酞酸酯污染特征、酞酸酯污染生物毒性与健康风险、酞酸酯污染土壤的生物修复以及农膜污染防治与调控对策等，提出了解决我国设施农业土壤环境的关键问题与管理技术，具有重要的学术价值和现实指导意义。

本书可作为土壤学、环境科学、农学、生态学领域的科研工作者、研究生以及技术人员的参考书，也可作为高等院校、研究所相关专业的研究生课程的参考教材。

图书在版编目（CIP）数据

设施土壤酞酸酯污染与生物修复研究/滕应，骆永明著. —北京：科学出版社，2014.7

（环保公益性行业科研专项经费项目系列丛书）

ISBN 978-7-03-041249-2

Ⅰ.①设… Ⅱ.①滕… ②骆… Ⅲ.①土壤污染-污染防治-生物防治（环境污染） Ⅳ.①X53

中国版本图书馆 CIP 数据核字（2014）第 133825 号

责任编辑：魏昌龙、周 丹/责任校对：李 影

责任印制：赵 博/封面设计：许 瑞

科学出版社出版

北京东黄城根北街 16 号

邮政编码：100717

http://www.sciencep.com

北京天宇星印刷厂印刷

科学出版社发行 各地新华书店经销

*

2014 年 7 月第 一 版 开本：B5（720×1000）

2025 年 4 月第四次印刷 印张：11 3/4

字数：236 000

定价：69.00 元

（如有印装质量问题，我社负责调换）

环保公益性行业科研专项经费项目系列丛书
编著委员会

《设施土壤酞酸酯污染与生物修复研究》
著者名单

主要著者： 滕　应　骆永明

著者成员（按姓名笔画排序）：

马文亭　马婷婷　任文杰　汪　军

胡文友　柳晓娟　骆永明　黄　标

曹云者　滕　应

环保公益性行业科研专项经费项目系列丛书

序　言

我国作为一个发展中的人口大国，资源环境问题是长期制约经济社会可持续发展的重大问题。党中央、国务院高度重视环境保护工作，提出了建设生态文明、建设资源节约型与环境友好型社会、推进环境保护历史性转变、让江河湖泊休养生息、节能减排是转方式调结构的重要抓手、环境保护是重大民生问题、探索中国环保新道路等一系列新理念新举措。在科学发展观的指导下，“十一五”环境保护工作成效显著，在经济增长超过预期的情况下，主要污染物减排任务超额完成，环境质量持续改善。

随着当前经济的高速增长，资源环境约束进一步强化，环境保护正处于负重爬坡的艰难阶段。治污减排的压力有增无减，环境质量改善的压力不断加大，防范环境风险的压力持续增加，确保核与辐射安全的压力继续加大，应对全球环境问题的压力急剧加大。要破解发展经济与保护环境的难点，解决影响可持续发展和群众健康的突出环境问题，确保环保工作不断上台阶出亮点，必须充分依靠科技创新和科技进步，构建强大坚实的科技支撑体系。

2006 年，我国发布了《国家中长期科学和技术发展规划纲要（2006～2020 年）》（以下简称《规划纲要》），提出了建设创新型国家战略，科技事业进入了发展的快车道，环保科技也迎来了蓬勃发展的春天。为适应环境保护历史性转变和创新型国家建设的要求，原国家环境保护总局于 2006 年召开了第一次全国环保科技大会，出台了《关于增强环境科技创新能力的若干意见》，确立了科技兴环保战略，建设了环境科技创新体系、环境标准体系、环境技术管理体系三大工程。五年来，在广大环境科技工作者的努力下，水体污染控制与治理科技重大专项启动实施，科技投入持续增加，科技创新能力显著增强；发布了 502 项新标准，现行国家标准达 1263 项，环境标准体系建设实现了跨越式发展；完成了 100 余项环保技术文件的制修订工作，初步建成以重点行业污染防治技术政策、技术指南和工程技术规范为主要内容的国家环境技术管理体系。环境科技为全面完成“十一五”环保规划的各项任务起到了重要的引领和支撑作用。

为优化中央财政科技投入结构，支持市场机制不能有效配置资源的社会公益研究活动，“十一五”期间国家设立了公益性行业科研专项经费。根据财政部、科技部的总体部署，环保公益性行业科研专项紧密围绕《规划纲要》和《国家环境保护“十一五”科技发展规划》确定的重点领域和优先主题，立足环境管理中的科技需求，积极开展应急性、培育性、基础性科学研究。“十一五”期间，环境保护部组织实施了公益性行业科研专项项目234项，涉及大气、水、生态、土壤、固废、核与辐射等领域，共有包括中央级科研院所、高等院校、地方环保科研单位和企业等几百家单位参与，逐步形成了优势互补、团结协作、良性竞争、共同发展的环保科技“统一战线”。目前，专项取得了重要研究成果，提出了一系列控制污染和改善环境质量技术方案，形成一批环境监测预警和监督管理技术体系，研发出一批与生态环境保护、国际履约、核与辐射安全相关的关键技术，提出了一系列环境标准、指南和技术规范建议，为解决我国环境保护和环境管理中急需的成套技术和政策制定提供了重要的科技支撑。

为广泛共享“十一五”期间环保公益性行业科研专项项目研究成果，及时总结项目组织管理经验，环境保护部科技标准司组织出版“十一五”环保公益性行业科研专项经费系列丛书。该丛书汇集了一批专项研究的代表性成果，具有较强的学术性和实用性，可以说是环境领域不可多得的资料文献。丛书的组织出版，在科技管理上也是一次很好的尝试，我们希望通过这一尝试，能够进一步活跃环保科技的学术氛围，促进科技成果的转化与应用，为探索中国环保新道路提供有力的科技支撑。

中华人民共和国环境保护部副部长

2011年10月

序　言

随着我国设施农业的发展，农膜已经成为我国设施农业生产必需的主要化学品之一。但是这些农膜在提高农产品产量和质量的同时，由于农膜使用不合理，且降解过程中释放出一种环境激素酞酸酯持久性有机污染物，因而带来了设施土壤农膜及酞酸酯污染问题，严重影响到农产品安全和人体健康及“菜篮子”工程。因此，系统开展设施农业土壤农膜及酞酸酯污染、风险评估与生物修复研究，是农业环境科学与技术研究领域关注的重要内容之一。

《设施土壤酞酸酯污染与生物修复研究》一书认为，设施土壤是农业生态系统中受人类活动影响最为剧烈的环境系统，农膜的大量使用及释放的酞酸酯成为设施农业土壤的重要污染物，研究设施农业土壤农膜及酞酸酯污染、风险评估与生物修复，是我国农业环境科学和土壤修复学研究的重点。全书突出设施农业土壤问题—分析方法—污染风险—生物修复的主题，综合介绍设施农业土壤农膜使用环境问题、酞酸酯分析方法、污染特征、风险评估、植物修复、微生物修复及综合调控对策等方面的最新研究成果，具有重要的科学价值和实践意义。

该书是在“十一五”环保公益性行业科研专项经费项目（No. 201109018）资助下，项目组三年来研究成果的系统总结。该书结构完整，内容丰富，图文并茂，具有系统性、前瞻性和指导性，是我国设施农业环境和土壤修复领域的一部系统著作。相信，该书的出版，将有益于土壤学、环境科学、生态学、农学等研究领域的广大科技工作者和研究生，将有力地丰富和推动我国土壤环境科学和土壤修复技术的发展。

中国科学院院士

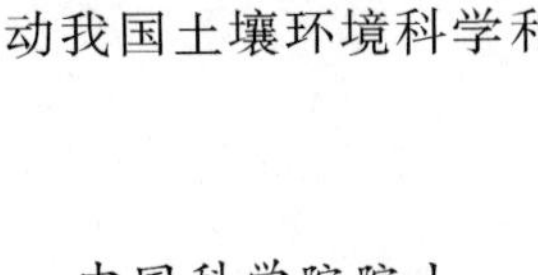

2013 年 12 月 10 日

前　　言

设施土壤是农业生态系统中受人为活动干扰最为强烈的环境单元，尤其是农用化学品的高频、高剂量投入，是保障城市蔬菜供给与安全生存的重要环境。因此，设施农业土壤环境质量直接关系到蔬菜农产品质量、生态安全和人体健康，是农业环境科学与技术研究领域关注的重点之一。在“十二五”期间，中国科学院南京土壤研究所承担了环保公益性行业科研专项经费项目（No. 201109018），本项目选择我国典型设施农业生产区域，明确了设施农业条件下农膜使用、残留及回收处理处置的现状与主要环境问题，建立了土壤和植物中酞酸酯的分析方法，明确了典型区域设施土壤农膜及酞酸酯的污染状况与风险特征，研发了酞酸酯污染农田土壤的植物和微生物修复技术，提出基于设施土壤农膜污染综合控制对策，为环保部门管理和保障设施农业土壤环境质量提供决策依据和技术支持。项目主要依托于中国科学院南京土壤研究所的中国科学院土壤环境与污染修复重点实验室等。

本书是项目组对设施农业土壤农膜及酞酸酯污染与修复多年研究工作的总结。围绕设施土壤污染特征、风险评估与生物修复的主题，本书综合介绍了我国设施农膜应用现状及存在问题、土壤与植物中酞酸酯分析方法的优化、典型设施农业区土壤及植物的酞酸酯污染特征、酞酸酯污染生物毒性与健康风险、酞酸酯污染土壤的生物修复等研究方面的新进展。全书共分九章。第一章 设施农业发展、农膜应用现状及存在问题，在分析我国设施农业发展的基础上，重点介绍农膜应用现状及存在的主要环境问题；第二章 土壤与植物中酞酸酯分析方法的优化，主要包括土壤及植物样品中酞酸酯的提取方法、净化方法、测定方法以及分析质量控制与保证；第三章 设施农业区土壤及植物酞酸酯污染特征，主要包括我国设施土壤中酞酸酯的来源及污染现状、典型设施农业区土壤酞酸酯残留特征、农膜使用方式对土壤酞酸酯污染的影响、典型设施农业区蔬菜中酞酸酯残留特征等；第四章 设施土壤中酞酸酯的植物毒性效应，主要包括土壤酞酸酯对植物生长的影响和土壤酞酸酯对植物生理生化的影响等；第五章 设施土壤中酞酸酯的动物毒性效应，主要包括酞酸酯急性毒性对赤子爱胜蚓生长指标的影响、酞酸酯亚慢性毒性对赤子爱胜蚓的组织毒性、细胞毒性、基因毒性等；第六章 设施土壤中酞酸酯的污染风险评估，主要包括酞酸酯在生物体内积累状况、酞酸酯污染的健康风险评估方法以及典型区设施土壤酞酸酯污染的健康风险特征等；第七章 酞酸酯污染土壤的植物修复，主要包括豆科与禾本科植物间混作对酞酸酯污染土壤的修复作用、紫花苜蓿与重金属修复植物间混作对酞酸酯污染土壤的修复作用、植物联合修复酞酸酯污染土壤的应用前景等；第八章 酞酸酯污染土壤的微生物修复，主要包括土壤酞酸酯降解菌的筛选、分离与鉴定、降解特性以及酞酸酯污染土壤的微生物修复效应等；第九章 设施农业中农膜污染防治与调控对策，主要包括设施农业中农膜应用的经济、技术、综合管理对策等。

本书是上述环保公益性行业科研专项经费项目团队的集体成果，其内容框架是由滕应研究员、骆永明研究员主持拟定和完成的。全书九章，具体的撰写分工如下：前言：骆永明；第一章：曹云者，滕应，汪军，柳晓娟；第二章：马婷婷，滕应，任文杰；第三章：滕应，汪军，马婷婷；第四章：马婷婷，滕应，马文亭；第五章：马婷婷，骆永明，滕应，马文亭；第六章：骆永明，滕应，汪军，马婷婷；第七章：滕应，马婷婷，骆永明，任文杰；第八章：汪军，滕应，骆永明；第九章：曹云者，滕应，柳晓娟，汪军。全书由滕应和骆永明统稿、定稿。在本书出版过程中，得到了环境保护部科技标准司领导的关心和指导，得到了赵其国院士的悉心指导和黄标研究员、胡文友博士的帮助，在此一并表示诚挚的谢意！

由于作者水平有限，书中难免存在疏漏之处，敬请各位同仁批评指正。

骆永明

2013 年 12 月于南京

目录

第一章　设施农业发展、农膜应用现状及存在问题

设施农业属于高投入高产出，资金、技术、劳动力密集型的产业，是利用人工设施使传统农业逐步摆脱自然条件的束缚，实现农业现代化的一种有效方法。我国设施农业主要以日光温室、塑料大棚、小拱棚（遮阳棚）三类为主，也有少量的玻璃/PC板连栋温室。设施农业中大量使用塑料薄膜，农膜残留现象十分突出，残膜回收技术落后，导致较为严重的设施农业区环境污染。因此，本章较为系统地分析我国设施农业的发展、农膜使用现状以及农膜污染的环境问题，对进一步合理发展我国设施农业和优化农田环境管理具有重要的现实意义。

第一节　设施农业的发展现状

一、设施农业的概念、特点及发展历史

（一）设施农业的概念与特点

“设施农业”一词来源于日语中的“设施园艺”，部分欧美发达国家有“温室栽培”一词。随着相应技术的发展，相继出现了“设施园艺”、“设施畜牧业”、“设施水产业”、“设施栽培”等，作为一种新的农业生产类型，便产生了设施农业（毛罕平，2007；郭世荣等，2012）。设施农业是依靠现代科学技术形成的高技术产业，是农业实现规模化、商品化、现代化的集中体现，也是农业高产、优质、高效的有效措施。设施农业的发展程度已成为衡量一个国家农业现代化程度的重要标志之一（张乃明，2006）。

广义的设施农业包括设施种植和设施养殖，而狭义的设施农业指设施种植，通常也称为设施园艺（protected horticulture）或设施栽培（protected cultivation），是指在不适宜园艺作物（花卉、果树、蔬菜）生长发育的寒冷或炎热季节，利用保温、防寒或降温、防御设施、设备，人为地创造适宜园艺作物生长发育的小气候环境，不受或少受自然季节的影响而进行的园艺作物生产。本书论述仅指狭义的设施农业（张乃明，2006；张福墁，2001）。设施农业生产的特点包括：①设施农业的种植环境受到人为干预。设施农业是通过在植物周围人为建造以温室形式为主的设施来改变原本的植物生长环境，本身具有很大的主观能动性，人为干预和控制性强。②设施农业具有一定的地域性。地域差异带来各地气候、水体、土壤等环境的差异，面对不同的自然环境，如何使得当地作物能够更

加优质、多产，必然要求人为设计不同的设施农业条件。③设施农业具有农用物资高投入性。设施农业生产过程中需要投入大量农膜、农药、化肥等农用物资。④设施农业生产具有高科技和高附加值特点，发展设施农业需要相对较高建造及维护成本，也需要一定专业技术支持。现代设施农业已成为世界各国用以克服不利气候条件的影响，大幅度提高农产品产量和品质，实现全年作物生产均衡上市的有效方式。

（二）设施农业的发展历史

设施农业发展历史悠久，早在 18 世纪，英国、荷兰就出现玻璃温室，20 世纪 60 年代，美国成功研制无土栽培技术。1980 年，亚洲和地中海地区温室数量迅速增加，使得当时全世界用于蔬菜和花卉生产的温室面积达 22.0 万公顷，期间欧洲南部的温室主要生产蔬菜，而北欧则主要生产附加值高的鲜花和观赏植物（毛罕平，2007）。但当时的设施园艺栽培水平不高，直到二战以后，随着塑料薄膜的出现和玻璃工艺技术的改进，设施园艺才得到快速的发展。

早在两千多年前，中国就开始使用透明度高的桐油纸作覆盖物进行时令蔬菜的栽培。但在真正意义上的设施农业发展较晚，20 世纪 70 年代末，我国开始在一些大城市郊区进行以地膜覆盖、塑料拱棚和日光温室为主的保护地栽培。随后设施农业得到了长足发展，2010 年我国园艺设施面积超过 350 万公顷，其中日光温室面积超过 38 万公顷；设施蔬菜总产量超过 1.7 亿吨，占蔬菜总产量的 25％。同时，我国设施农业装备体系初步构建，支撑服务体系也已初步形成。发展设施农业得到了国家的高度重视，将加快园艺作物生产设施化、畜牧水产养殖规模化作为新一轮菜篮子工程建设的重点，并把“加快发展设施农业”作为推进农业结构战略性调整和加快发展现代农业的重要内容。可见，发展设施农业已成为我国实现农业现代化和农民创收的重要措施之一。

二、国内外设施农业发展现状与趋势

（一）国外设施农业发展现状

国外设施农业起步较早，技术较成熟，其中技术最先进的国家有荷兰、日本、以色列、加拿大和美国。发达国家不仅重视高水平的设施建设和能源投入，而且非常注重生态环境保护和资源循环利用，配有先进的设施栽培管理技术，实现作物全天候生产。除此之外，法国、西班牙、澳大利亚和英国等国家的设施农业也具有较高水平。总体上，发达国家设施农业呈现的特点是：具有先进的设施环境综合调控方法、农业机械化技术、新型覆盖材料的开发与应用程度、规范化栽培技术、采收后作物的商品化及营销手段等，并不断向高科技、自动化、智能化和网络化方向发展。而且设施农业作为支撑本国农业经济的重要产业，十分强调与生态环境相协调发展。表 1-1 和表 1-2 给出了世界部分国家设施农业面积、各设施类型面积的统计数据（郭世荣等，2012）。

表 1-1 世界各国设施农业面积（截至 2010 年底，单位：公顷）

国家	面积	国家	面积	国家	面积
中国	3 500 000	葡萄牙	2700	德国	3300
日本	49 049	塞浦路斯	733	罗马尼亚	7300
荷兰	10 800	埃及	32 800	波兰	6500
韩国	57 440	利比亚	5000	俄罗斯	6200
土耳其	49 746	叙利亚	4422	厄瓜多尔	2500
西班牙	71 698	突尼斯	8895	黑山	2250
意大利	72 800	希腊	14 981	克罗地亚	1410
以色列	26 000	巴西	17 000	匈牙利	5185
加拿大	2300	智利	1500	墨西哥	11 759
阿尔及利亚	6200	法国	26 500	澳大利亚	1300
黎巴嫩	4000	美国	27 000	英国	2419
约旦	3739	南斯拉夫	10 185	合计	4 055 611

表 1-2 主要国家设施农业的类型和面积（截至 2010 年底，单位：公顷）

国家	玻璃温室	塑料温室	拱棚	合计
中国	500	800 000	2 699 500	3 500 000
日本	2039	47 010	—	47 049
韩国	300	1700	55 440	57 440
荷兰	10 800	—	—	10 800
意大利	5800	37 000	30 000	72 800
西班牙	4800	53 843	13 055	71 698
美国	5000	22 000	—	27 000
加拿大	780	1520	—	2300
以色列	—	11 000	15 000	26 000
埃及	1000	6800	25 000	32 800

"—"未统计或没有数据。

（二）发达国家设施农业发展现状

1. 日本

目前，日本是世界上设施栽培技术最先进、栽培面积发展最迅速的国家之一。日本的温室设施类型以塑料温室为主，截至 2010 年底，日本设施农业总面积为 4.9 万公顷，其中塑料温室面积约 4.7 万公顷，占温室总面积的 95.9%，余下的为玻璃温室，其面积为 2039 公顷，占温室总面积的 4.1%。在发展设施农业的过程中，日本十分注重温室结构与性能的改进。目前，日本先进的温室配套设施和综合环境调控技术已处于世界先进行列。日本的温室具有较高的智能化、可控水平，可以通过计算机控制温度、湿度、二氧化碳浓度和肥料等因子，可全天候地监测设施内栽培植物所需的环境条件。而且日本设施农业具有较高的机械化、工业化水平，生产过程中经常使用小型、轻便、多功能、高性能的农业耕作机具和机器人等。据不完全统计，目前日本的植物工厂已达到 150 余家（郭世荣等，2012）。

2. 美国

美国早期的设施温室类型主要以木质结构为主，覆盖材料大多为玻璃。20 世纪 70 年代以后，温室大多为金属骨架材料，并采用了成本较低的覆盖材料，开始使用保温性能更佳的 PC 板，出现了一些自动化控温等技术（郑光华，1999）。截至 2010 年底，美国设施农业总面积为 2.7 万公顷，其中塑料温室 2.2 万公顷，占温室总面积的 81.5%，其余均为玻璃温室，仅占温室总面积的 18.5%。美国的温室多数为大型连栋温室，主要分布在南方的加利福尼亚州、亚利桑那州和东南部的佛罗里达州，美国建有世界最大的单栋温室，面积达 15 公顷。在设施栽培综合环境控制技术、设施园艺设备和生产管理技术等方面，开发的高压雾化降温、加湿系统以及夏季降温用的湿帘降温系统、环境控制传感器设备处于世界领先地位，有 82%的温室使用计算机进行环境控制，有 67%的温室种植者使用计算机，27%的农户还运用了网络技术。美国是无土栽培技术的重要发源地，其无土栽培知识和技术普及程度较高，还应用到探索太空农业和循环可再生生态系统方面（郭世荣等，2012）。

3. 以色列

以色列是一个沙漠面积占国土面积一半的国家，可耕土地有限且淡水资源极为匮乏，因此大力发展节水型设施农业成为以色列农业发展的重中之重。设施温室类型以塑料温室和大中小塑料拱棚为主，截至 2010 年，设施面积分别为 1.1 万公顷和 1.5 万公顷，分别占总设施面积的 42.3%和 57.7%。为了适合沙漠环境，以色列研发出一种适用于沙漠地带的太阳能温室，主要由移动帘幕、太阳能电池和热量处理设备三部分组成，可以达到白天吸收光照，夜间减少温室内部热量散失的作用。为了解决缺水难题，这种温室系统还同时配备计算机程控间歇性喷洒系统或滴灌系统，从而保证有限的水资源得以最合理的利用。此外，以色列还在温室覆盖材料、构造稳定性方面取得了巨大成就。以色列研制出世界领先的温室覆盖材料，覆盖材料主要包括聚乙烯和聚碳酸酯，材料坚固耐用，能对透过它的太阳光进行光谱控制，以影响作物的生长，能防止强风的破坏，使用寿命长。

4. 荷兰

荷兰耕地资源短缺，设施农业是以提高土地单位面积产量和发展高附加值的温室园艺作物为主要特色。截至 2010 年，荷兰设施农业总面积达到 1.1 万公顷，且全部为玻璃温室的设施温室类型。设施农业已成为荷兰农业创收的主要支撑点，目前荷兰设施农业创造的农业产值约占全国农业总产值的 20%，年出口额达 3.9×10^9 美元，占全国农产品出口额的 50.0%（张志斌，2012）。设施农业工业化水平较高，研制出先进的设施环境智能控制系统，例如根据作物对环境的不同需求，设施内的温、光、水、气、肥等环境因子可以全面有效地自动监测与调控，使设施土壤连作障碍不成为影响作物生长的限制因子。同时，荷兰现代化温室的标准化管理程度也相对较高，表现出高标准的现代农业产业化水平（张志斌，2012）。

（三）国外设施农业的发展趋势

近年来，随着农业环境工程技术的突破，集成了现代生物技术和工程技术的设施农业，其技术含量越来越高，并朝着自动化、智能化和网络化方向发展。总体而言，国外设施农业的发展呈现以下趋势：

1. 设施建筑的大型化

发达国家设施农业温室建造正向大型化方向发展。每栋温室的面积基本上都在 7.5 亩以上，连栋温室得到普遍推广，温室的室高在 4.5 m 以上，最高达到 6 m左右，温室空间扩大后，可进行立体栽培，便于机械化作业。

2. 设施设备的机械化和自动化

发达国家对温度、湿度、光照度等设施内部环境因素的调控已由过去单因子人工控制向多因子机械化和自动化控制系统发展。已建立了较为完备的设施农业的耕作机械设备、播种育苗和灌溉施肥的装置，体现了小型、轻便、多功能、高性能的优点，在设施农业的播种、育苗、定植、管理、收获、包装、运输等方面作业实现了机械一体化。同时，无线传感器网络技术、现代通信技术、智能控制技术、计算机视觉技术和空间技术等也不断应用于设施农业领域，使设施设备不断向自动化、智能化和网络化的方向发展。

3. 新型覆盖材料的研制

北欧国家多用玻璃，法国等南欧国家多用塑料，美国多用聚乙烯膜双层覆盖，日本多应用聚氯乙烯膜。温室覆盖材料呈多样化特点，且材料的保温、透光、遮阳、光谱选择性能渐趋完善，例如聚碳酸酯塑料板透光好，耐冲击强度好，使用寿命长；双层或多层聚碳酸中空板，重量轻、保温好、价格比较便宜。目前一些国家研发并应用可降解薄膜，以避免农膜残留的环境危害。

4. 环保温室节水、防虫技术的开发

为防治温室内部的化学物质的污染，发达国家重视在温室内减少农药使用量，发展超低量喷雾设备，大力发展生物防治技术。同时，十分重视在温室内部使用喷灌或滴灌等节水灌溉系统。各国设施农业的发展重心开始转向节能方向，主要途径包括发展风能、太阳能、地热资源及工业余热利用技术；改善温室结构与覆盖材料、小气候控制等提高能源利用效率的措施等。

（四）我国设施农业发展现状与趋势

改革开放以来，我国设施农业取得了长足的发展，仅设施栽培面积由 2007 年的 4500 多万亩，发展到 2011 年近 6700 万亩，居世界首位（秦海生等，2013）。截至 2012 年，设施园艺总面积约为 379 万公顷，日光温室 92.8 万公顷，占 24.5%。2010 年，设施蔬菜 335 万公顷，占 94.9%，设施果树 7.9 万公顷，占 2.6%，设施花卉 6.4 万公顷，占 2.5%（亓芳丽等，2013）。

我国设施农业紧跟国际先进水平，正在由传统的粗放型向现代集约化转变，由单纯追求数量向追求质量效益型转变。我国设施农业的发展主要呈现出 2 个特点：①设施农业标准化。目前，已大量涌现出一大批因地制宜的设施农业产业园区。以往散户居多的生产形式正逐渐改变为集约化的合作社或公司，形成区域化、系列化、成套化、标准化的建筑设施及相关设备，以及标准化的配套栽培技术。②设施农业的资源合理性发展。高效节能、无公害清洁生产将是设施发展的大趋势。一直以来，农民盲目追求产量使得农药、化肥等农用资源过分使用，尤其在设施农业这种集约型的生产模式下更是严重，直接危害就是土壤受到严重破坏，甚至影响到作物的产量和质量。因此，我国应发展生态型设施农业，以市场为导向，科技为先导，降低生产成本，提高产品质量，发展一条适合我国国情的设施农业生态高值新模式（毛罕平，2007）。

第二节 农膜分类、应用及残留现状

一、农膜的分类与应用

设施农业生产中的一项重要物资是农用薄膜，简称农膜。农膜是继种子、化肥、农药之后的农业重要生产资料，对设施作物主要起到增温、保水、防虫、防草等作用。农膜主要是指棚膜、地膜、饲草用膜、遮阳网、防虫网等现代农用覆盖材料，其中又以棚膜和地膜为主要类型（杨红兵等，2009）。目前，我国是世界上公认的农用塑料薄膜使用量最多的国家（吕江南等，2007）。本书论述的农膜特指棚膜和地膜。目前农业生产中使用的农膜原料为聚氯乙烯薄膜、聚乙烯薄膜、EVA多功能复合膜等。

（一）棚膜的种类及应用

大中小拱棚、日光温室运用的塑料覆盖材料被称为塑料棚膜。依照不同塑料棚膜的材料，常用的塑料棚膜主要有四种：

1. 聚氯乙烯（PVC）棚膜

聚氯乙烯（PVC）棚膜保温性、透光性、耐候性好，柔软，易造型，适合作为温室、大棚及中小拱棚的外覆盖材料。但薄膜比重大（1.3 g/cm^3），低温下变硬、脆化，高温下易软化、松弛；助剂析出后，膜面吸尘，影响透光；残膜不能燃烧处理，因有氯气产生。

2. 聚乙烯（PE）棚膜

聚乙烯（PE）棚膜质地轻（比重 0.92 g/cm^3），柔软，易造型，透光性好，无毒，适于做各种棚膜，是我国主要的棚膜品种。但该薄膜耐候性及保温性差，不易黏接。如果生产大棚薄膜，必须加入耐老化剂、无滴剂、保温剂等添加剂，才能适于生产的要求。

3. 乙烯-醋酸乙烯共聚物（EVA）棚膜

EVA树脂是近年来用于农业上的新的棚膜材料，用其制造的棚膜，透光性、保温性及耐候性都强于PVC或PE棚膜。EVA棚膜覆盖可较其他棚膜增产10%左右，可连续使用2年以上，老化前不变形，用后可方便回收，不易造成土壤或环境污染。

4. 调光性棚膜

在PE树脂中加入稀土及其他功能性助剂制成的调光膜，能对光线进行选择性透过，是能充分利用太阳光能的新型覆盖材料。与其他棚膜相比，棚内增温保温效果好，作物生化效应强，对不同作物具有早熟、高产、提高营养成分等功能。稀土还能吸收紫外线，延长农膜的使用寿命（乌云等，2009）。

（二）地膜的种类及应用

目前广泛使用的农用地膜主要是塑料地膜，材料以聚乙烯（PE）为主，聚氯乙烯（PVC）次之。覆盖地膜能起到保温护根、防冻、保墒、调节光照、节水、除草，以及控制土壤盐碱度的作用，进而促进作物早熟，提高作物产量和质量。依照地膜的功能，地膜的类型主要包括普通地膜、功能性地膜和新型地膜（可降解地膜等）。

1. 普通地膜

普通地膜是指无色透明塑料地膜（也称普通塑料地膜），其透光性好，膜内会形成雾滴，降低透光性。普通透明地膜按照原料不同可分为四大类，分别是高压低密度聚乙烯地膜（LDPE）、低压高密度聚乙烯地膜（HDPE）、线性低密度聚乙烯地膜（LLDPE）和共混地膜。

2. 功能性地膜

功能性地膜主要包括无滴塑料地膜和有色塑料地膜。无滴塑料地膜是在制造普通塑料地膜的过程中添加防雾滴剂，覆盖塑料地膜后，水汽在膜内不形成雾滴。有色地膜中应用最多是黑色塑料地膜。黑色塑料地膜是在聚乙烯中添加2%～3%炭黑色或黑色母料制得的。黑色塑料地膜不透光，可抑制杂草生长，能提高地温2～3℃。此外还有粉色地膜、双色地膜等。

3. 可降解地膜

由于大部分塑料薄膜不可降解或很难降解，一旦残留会对土壤造成严重污染，因此可降解地膜的研制与应用成为未来农膜的发展趋势。

（三）可降解地膜的种类及应用

目前，国内外广泛研究的可降解地膜，主要有生物降解地膜、光降解地膜、光/生物降解地膜、植物纤维地膜、液态喷洒薄膜和多功能农用薄膜等。国内研究开发较多的是生物降解地膜、光降解地膜和光/生双降解地膜。生物降解地膜分为化学合成高分子基地膜、天然高分子基地膜两大类。天然高分子基地膜主要有淀粉基地膜，其中玉米淀粉基地膜，成分以玉米淀粉为主，包括 PVA（聚乙烯醇类）脂肪类聚酯类化合物等，收获后 2～3 个月就能自行分解。填充型淀粉生物降解塑料的淀粉含量为 7%～30%，其降解性仅限于其中的淀粉部分，不能降解其中的塑料成分。

光降解地膜分为添加型光降解地膜和合成型光降解地膜两大类。光降解地膜主要采用在合成树脂中加入光敏剂的方法使之降解。该降解地膜受自然条件和作物种类的影响较大，而且埋入土壤部分无法降解。

光/生物降解地膜（又称双降解地膜），是将微生物敏感物质（如淀粉），与合成树脂共混，同时向体系内引入光敏剂，将合成树脂降解为低分子化合物，加入的微生物敏感物质自然被微生物降解。但该类型地膜，长期使用会导致土壤中塑料颗粒的积累，影响作物生长。

光降解地膜和光/生双降解地膜因其降解程度对环境的依赖性很强及降解的不彻底性，使其应用受到了一定限制，但由于光/生双降解地膜成本较低，降解重复性较好，地膜的成型加工简单易行（赵燕等，2010）。

（四）我国农膜生产与应用

目前，我国各种棚膜年使用量约 150 万吨，我国地膜覆盖面积平均每年增长 66.67 万公顷左右，2010 年地膜覆盖面积已达 1500 多万公顷，每年地膜的实际消费量约 45 万吨，居世界首位。我国使用的功能膜面积比重仅占 30%，远远低于国外的 80%。尽管我国农膜市场空间巨大，但农膜质量参差不齐。目前，全国高档农膜仅占农膜总产量的 2%，中档农膜占 20%，低档产品占 78%，低档农膜产品供过于求。因而我国农膜行业在数量和产业结构方面均具有较大的发展空间（杨红兵等，2009）。

二、国内外农膜使用现状

（一）国外农膜的使用现状

塑料薄膜正式应用于农业生产始于 19 世纪 50 年代初期，当时日本和欧美发达国家开始将低密度聚乙烯材料的塑料薄膜覆盖于地面用于农业生产。塑料薄膜的应用主要包括温室、大中拱棚、浅坑覆盖和地面覆盖，其中温室、拱棚的覆盖主要采用的原料是低密度聚乙烯（low density polyethylene，LDPE）、乙烯-醋酸乙烯酯（ethylene-vinyl acetate，EVA）或乙烯丁基丙烯酸酯（ethylene-butyl acrylate，EBA），而地膜的原料多采用线型低密度聚乙烯（linear low density polyethylene，LLDPE）。全世界每年农用消耗塑料制品共计 650 万吨，其中 10%以上用于地膜（Briassoulis et al.，2010）。欧洲和美国的塑料制品中有 4%用于农业（Briassoulis et al.，2012）。从不同农膜用途来讲，欧洲每年至少消耗 13 万吨的农用地膜，而全球年消耗大约 260 万吨。欧洲地膜和小型拱棚用量分别是每年 7.2 万吨和 7.5 万吨。意大利每年用于农业生产的塑料用量至少 35 万吨。其中 55%用于保护地覆盖，包括温室棚膜、小型拱棚、地膜等（Picuno et al.，2012）。

农膜的使用类型会依据设施类型的不同而有所变化。以下分别从适用范围、材质、厚度和使用寿命来分析不同设施类型下农膜的特点（Espi et al.，2006；Laverde，2002）。

1. 塑料温室和大中型塑料拱棚

世界上 80%塑料温室的面积集中在东亚地区，特别是中国、日本和韩国，15%处于地中海盆地地区，且各地温室的数量还在逐年递增。这种增加趋势以中国最高，非洲和中东地区次之，欧洲最低（Kyrikou et al.，2007）。全世界 80%的农膜材质来源于 LDPE、EVA 和 EBA 共聚物。除此之外，日本也用 PVC，其他国家还有用 LLDPE 材料的。所有农膜寿命在 6～45 个月。温室大棚膜的厚度一般在 80～220 μm，根据实际情况，每个温室覆盖 1～3 层膜不等。

2. 小型塑料拱棚

与温室和大中型塑料拱棚类似，中国仍然是世界上小型塑料拱棚使用面积增速最快的国家。小拱棚薄膜的材质一般选用 EVA 或 EBA 的聚合物，这是因为这两种材质可以更好地保证薄膜的透光性和保温性。所采用的薄膜厚度较温室和大中拱棚稍小，一般会低于 80 μm，且寿命在 6～8 个月。

3. 农用地膜

地膜覆盖技术是非常重要的一种设施类型，在全世界应用十分广泛。用于地膜覆盖的薄膜其厚度较棚膜更薄，一般在 12～80 μm，寿命也更短，只有 2～4 个月。为了提高这种薄膜的机械性能，塑料材质一般会选择 LLDPE。全世界 80%的地膜覆盖面积集中在中国，并且还在以每年 25%速度递增。其他国家的使用面积则较为稳定。

（二）国内农膜的使用现状

我国于 20 世纪 70 年代末开始使用塑料地膜覆盖技术，目前，我国是世界上公认的农用塑料薄膜使用量最多的国家（Espi et al.，2006）。农膜按用途可分为棚膜、地膜、苫盖膜、青贮膜等，其中棚膜、地膜是目前国内使用量最大的两个品种。《中国农业年鉴（2011）》统计数据显示，2010 年，我国农用塑料薄膜使用量为 217.3 万吨，比 2009 年增长了 4.5%。2005～2010 年，农膜使用量的增长率为 23.3%，而 2000～2005 年的增长率达到 32.0%（图 1-1），说明我国农膜使用量有增长放缓的趋势。从不同地区来看，排在前三位的地区分别是山东、新疆和河南，使用量分别为 32.3 万吨、17.1 万吨和 14.7 万吨，山东使用量是新疆的 1.9 倍，山东远远高于其他地区（图 1-2(a)）。

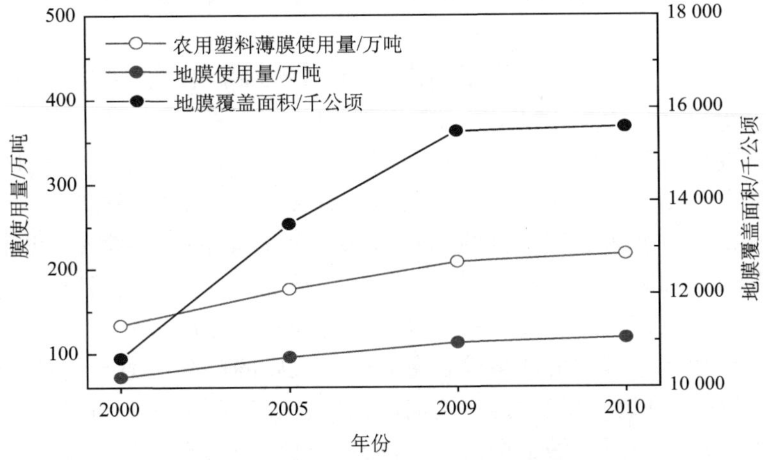

图 1-1　近十年我国农用薄膜使用情况

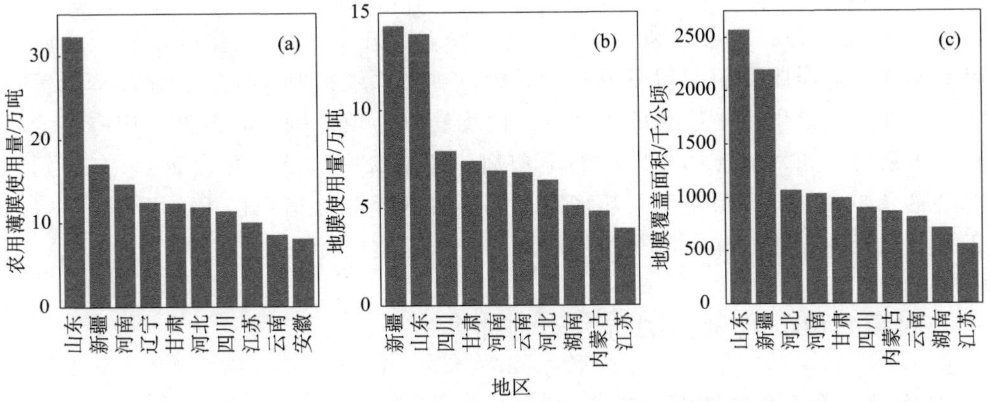

图 1-2　各地区农用薄膜使用情况（2010 年）

2010 年，我国地膜使用量为 118.4 万吨，比 2009 年增长了 5.0%（图 1-1），排在前三位的地区分别是新疆、山东和四川，使用量分别为 14.3 万吨、13.9 万吨和 7.9 万吨，其中新疆和山东远高于其他地区（图 1-2（b））；我国地膜覆盖面积总计为 15 595.6 千公顷，比 2009 年增长了 0.6%（图 1-1），排在前三位的地区分别是山东、新疆和河北，覆盖面积分别为 2568.4 千公顷、2199.6 千公顷和 1066.1 千公顷，仍然以山东和新疆贡献率最高（图 1-2（c））。

另据农业部报道，2010 年全国园艺设施面积增加到 4500 万亩，功能性棚膜的比重占棚膜年销量 40%以上；地膜覆盖栽培面积将扩大到 3.1 亿亩以上，地膜的年耗用量增加到 78 万吨左右；畜牧、水产专用暖棚面积扩大到 150 万亩左右，氨化膜、青贮膜、缠绕膜的年需求量将达到 30 万吨左右（赖金梅等，2012）。

第三节　农膜生产使用及回收过程中存在的问题

设施农业的快速发展，温室大棚和地膜覆盖栽培技术，不仅在农业增产增效方面起了重要作用，并满足了广大人民群众对农产品需求的多样化。然而，设施农业的快速发展，使得农膜用量的不断增加，在土壤中的农膜残留也不断增加，形成白色垃圾，导致土壤生产力下降，作物生长受限。随着我国设施农业的快速发展和农膜的大量使用，农膜残留带来的环境问题日趋严峻。

农膜生产制造过程中的环境问题主要包括农膜的高分子原料制备中带来的环境问题和农膜加工成型过程中的污染问题。目前，我国市场上的农膜基本以聚乙烯、聚氯乙烯以及聚丙烯酸酯等为原料制造，合成和生产这些原料会用到各种添加剂（如增塑剂、稳定剂、着色剂、填充剂、阻燃剂等），并消耗大量的水资源，同时产生大量的废弃物，这些废弃物不仅对环境造成污染，也会对人体健康构成威胁（Duty et al.，2003；金朝晖等，1997）。有研究表明，邻苯二甲酸二异辛酯（DEHP）还具有胚胎毒性和致畸性（赵振华，1991），而大剂量的增塑剂暴露引起麻醉作用，误服可引起胃肠道刺激，中枢神经系统抑制、麻痹、血压降低等疾病。此外，农膜生产中用到的添加剂中的增塑剂、填充剂、着色剂等中有些含有有机污染物（如目前应用较广泛的增塑剂—邻苯二甲酸酯类化合物），有些则含重金属（如着色剂、阻燃剂、热稳定剂、润滑剂等都含有 Cd、Pb、Zn、Al 等），在生产过程中，通过挥发以及粉尘的形式进入环境而导致污染。

一、农膜残留的定量方法与污染物种类

（一）设施土壤农膜残留调查方法

基于设施农业中农膜使用与地膜覆盖以及种植方式的特殊性，只能通过田间调查的方式估算出土壤农膜的残留量。通常，对于经常使用农用地膜的地块来说，其地势一般比较平坦，农膜污染程度较为平均。因此，根据农田土壤环境质量监测技术规范要求，在选定研究范围内，选择 5 年及以上覆膜年限的设施土

壤，设置采样区域，每个采样区域分为 3 个采样地块，利用梅花布点的方法取 0.25 m^2 耕层土壤（0～20 cm），以长期不使用农膜的地块作为对照。土壤经风干后过 1 mm 筛分离出土壤中的残留膜，然后用超声波洗净，风干，检测农膜在土壤中的残留量、块状大小及分布状态并分类称重。此外，记录采样相应地区的农事活动（包括作物种植制度、化肥使用、整地方式和农田管理）和农膜施用情况（包括农膜施用种类、用膜历史和农膜清理方式等）。

（二）农膜残留降解释放的污染物

残留农膜降解释放的污染物包括无机污染物和有机污染物。无机污染物主要是农膜生产过程中添加的稳定剂溶出的重金属。农膜生产过程中，需要在农膜原料中增添一些稳定剂，这些稳定剂大部分为重金属盐类，主要包括 Pb、Cd、Zn、Ba、Sn 等，其中以 Pb 和 Cd 的化合物作为稳定剂居多。由于这些重金属离子与农膜中的高分子之间以范德华力相连接，因而很容易从农膜中溶出，直接影响土壤性质、作物生长、农产品品质，并通过食物链危害到人类健康（朱白澍等，2010；李德成等，2003）。

农膜残留引起土壤有机污染主要是由于农膜生产过程中大量使用增塑剂（如邻苯二甲酸酯类、已二酸酯类、磷酸酯类等）、抗氧化剂（丁基化甲基酚苯、亚磷酸酯等）以及阻燃剂（如十溴二苯醚、四溴双酚等）等有机化合物，在自然条件下，经过太阳长期照射会发生分解和挥发，从而扩散和残留在环境中。我国农膜生产中的增塑剂多为邻苯二甲酸酯类化合物（即酞酸酯），由于酞酸酯并未集合到农膜原料分子中，仅是以氢键或范德华力彼此连接，随时间的推移，可由农膜中逐渐释放到环境中，对空气、水和土壤等介质造成污染。当土壤中残留大量的农膜时，势必导致土壤中酞酸酯类化合物的累积（Hu，2003）。酞酸酯中大部分为环境激素类和“三致”类化合物（林兴桃等，2003；赵振华，1991），其在土壤中的累积将导致农产品质量下降（吴志辉等，2006），并会影响到人类健康。因此，在发展设施农业时，应做好农膜清理和废弃农膜处置工作，减少土壤中农膜残留，确保农产品质量安全。

二、农膜残留引起的环境问题

（一）农膜残留对土壤物理性质的影响

农膜是聚烯烃类高分子化合物，具有不透气、不透水的特点，聚集在土壤耕作层和表层，会影响土壤水分渗透性、含水量、孔隙度和容重等。土壤水分含量和孔隙度随着残留农膜数量的增加而下降，土壤容重增大。当农膜残留量达到

225 kg/hm^2 时，土壤容重增加 18.2%、土壤孔隙度降低 13.8%、土壤含水量降低 11.7%。水分下渗速度与土壤中地膜残留量呈对数相关关系，当残留量达到 360 kg/hm^2 时，水分下渗速度只相当于对照的 67%（赵素荣等，1998）。此外，由于残膜的存在导致干旱地区地下水难以下渗，造成土壤次生盐碱化风险。残留在土壤中的地膜还可能使土壤孔隙度下降，通透性降低，在一定程度上破坏农田土壤的气体正常循环与交换，影响到土壤微生物正常活动，降低土壤肥力水平，造成耕地质量下降。

（二）农膜残留对土壤化学性质的影响

农用塑料薄膜可以在土壤中存留 200～400 年，在自然条件下极难降解，大量残膜严重破坏土壤环境，不利于土壤养分的矿化释放和肥力的提高。不同覆膜年限对土壤碱解氮的含量影响较小，但随着覆膜年限的延长土壤有效磷含量明显下降。据刘建国等（2010）测定，新疆覆膜棉田碱解氮的含量连作 5 年、10 年、15 年和 20 年分别为种植 1 年的 1.48 倍、1.58 倍、1.78 倍和 2.52 倍；土壤有效磷的含量则呈相反的趋势，连作 10 年、15 年和 20 年分别相当于种植 1 年的 70.86%、77.91%和 61.66%；土壤有效钾的含量则呈现先增加后减少的趋势。可见，农膜残留对土壤化学性质的影响主要体现在对土壤肥力的影响上（刘建国等，2010）。

（三）农膜残留对土壤生态与生物活性的影响

大量的农膜残留降低了土壤的通透性，使得土壤空气的循环和交换无法正常进行，导致土壤中 CO_2 浓度升高，同时大量残膜在土壤耕作层内构成的薄膜隔离层，从而影响土壤微生物的活动。此外，残留农膜还会释放出增塑剂 PAEs（即酞酸酯）以及重金属等污染物，对土壤酶活性及微生物多样性方面造成影响。研究表明，土壤中 DEHP 施加量达 100 mg/kg 时显著抑制了土壤脱氢酶活性，30 d 时与对照相比降低了约 30%，而且发现 DBP 和 DEHP 土壤浓度达 50 mg/kg 时，均对微生物生物量碳、土壤基础呼吸以及过氧化氢酶活性表现抑制效应，抑制作用随处理浓度的增加而加强。此外，PAEs 对浮游植物有直接损害作用，如降低藻类细胞叶绿素 a 含量，破坏藻类细胞内含物，抑制藻类细胞分裂等。对于浮游动物（如大型蚤、轮虫），PAEs 影响大型蚤的消化速率和繁殖率，影响轮虫的种群生长和有性繁殖，并且不同 PAEs 表现不同的致毒效应，碳链越长生物毒性越强（高军等，2008）。

（四）农膜使用与残留对水体和大气环境的影响

地膜残留在土壤中，也积存于灌溉沟渠，影响水体环境质量。同时，农膜生产中使用了大量的增塑剂和稳定剂，在其使用过程中这些添加剂等有害物质会缓慢释放到土壤中，从而污染土壤，并随灌溉水以及作物生产过程而污染地下水。自然条件下农膜中许多易挥发的有毒有害物质会缓慢挥发到大气中，有时候农民们常常采用焚烧的方式处理农膜，在燃烧的过程中农膜会释放出氯化氢（HCl）、二噁英等多种有害的气体，造成大气污染。有研究表明温室大棚内空气中DEHP的浓度可高达（550±210）ng/m^3（Wang et al.，2002），土壤与大气中的酞酸酯含量存在一定的相关性（朱媛媛等，2010）。某些有毒添加剂，含铅、镉等重金属或者PAEs等有机污染物会先通过土壤富集于蔬菜、粮食及动物体中，人食用后直接影响健康。

三、农膜残留对作物生长的影响

农膜残留对土壤的物理性状产生了不良影响，导致作物根系成弯曲、变短，吸水、吸肥的性能降低，妨碍植物根系下扎，影响根系对水分和养分的吸收，造成作物出现残苗或缺株断垄而大幅度减产；残膜对作物产量影响的大小与覆膜年限的长短及残膜量有关。当土壤含残膜58.5 kg/hm^2，可使玉米减产11%～23%，小麦减产9%～16%，大豆减产5.5%～9%，蔬菜减产14.6%～59.2%。农膜残留导致花生减产率高达32.9%，当土壤中残膜量达到75 kg/hm^2时，花生产量减少10.9%～15.7%；棉花单株结果数减少0.8～1.0个，棉花产量降低7.3%～21.6%（王频，1998）。连续覆膜的时间越长，残留量越大，对农作物产量影响越大，连续使用15年以后，耕地将颗粒无收。

其次，农膜残留除了对植物的根系和种子造成影响外，还影响作物地上部分的生长发育。有研究结果表明，残膜对棉花的株高、地上部分生物量无显著影响，但降低了单株结铃数、落铃率等产量性状；同时导致棉花蕾期推迟和株高降低（武崇信等，1995）。此外，农膜释放的增塑剂能在土壤中挥发，对农作物、蔬菜产生毒性，破坏叶绿素及叶绿素的合成，导致干物质的积累受阻，使农作物特别是蔬菜作物生产缓慢或黄化死亡而减产，导致作物品质下降。

第四节 我国部分典型设施农业区农膜使用现状调查

一、典型设施农业区的确定

（一）研究区选择依据

我国是蔬菜生产大国，为不断提升蔬菜产业生产经营专业化、规模化、集约化，依据我国蔬菜产业的发展特点，国家发改委和农业部于2012年1月印发了

《全国蔬菜产业发展规划（2011～2020年）》，以下简称《规划》。该《规划》综合考虑地理气候、区位优势等因素，将全国蔬菜产区划分为华南与西南热区冬春蔬菜、长江流域冬春蔬菜、黄土高原夏秋蔬菜、云贵高原夏秋蔬菜、北部高纬度夏秋蔬菜、黄淮海与环渤海设施蔬菜六个优势区域（图1-3），黄淮海与环渤海设施蔬菜优势区域的特点是冬春光热资源相对丰富，距大城市近，适宜发展设施蔬菜。2007年，环渤海及黄淮海地区设施蔬菜面积约占全国设施蔬菜总面积的60%（张真和，2009）。《规划》中还列出了204个设施蔬菜产业重点县（市、区）名单，分布在辽宁、北京、天津、河北、山东、河南及安徽中北部、江苏北部地区共8个省（市）。设施蔬菜重点县（市、区）的筛选条件是日光温室与大中棚面积达到2000公顷（3万亩）或以上，蔬菜外销量达到15万吨或以上，人均占有蔬菜量达到350 kg或以上，以解决冬春淡季蔬菜供应为主。除黄淮海与环渤海设施蔬菜优势区之外，长江中下游地区和西北地区的设施蔬菜面积相对较大，2007年这两个地区设施蔬菜面积分别占全国的20%和7%，其他地区分布则比较零散。

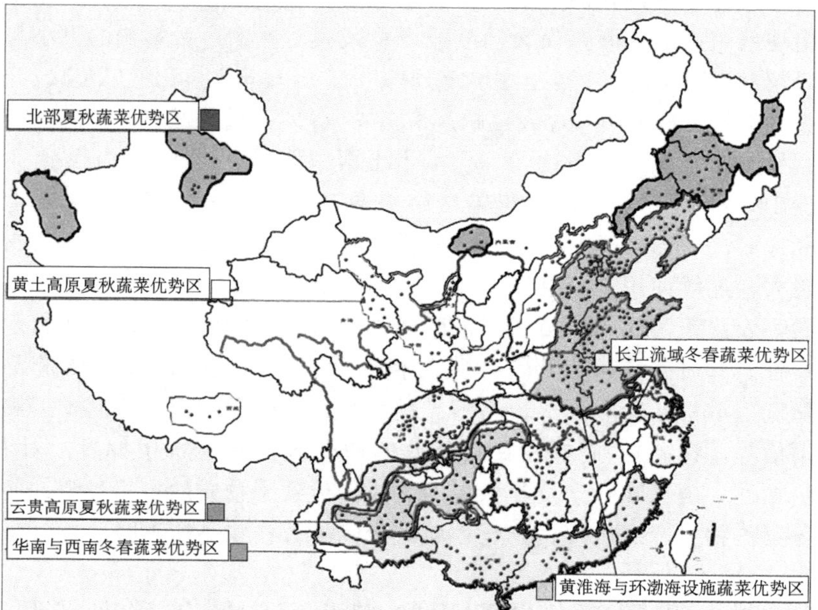

图1-3　全国蔬菜生产优势区域布局图

引自《全国蔬菜产业发展规划（2011～2020年）》

（二）研究区域

本调查依据《规划》，将黄淮海与环渤海地区设施蔬菜优势区作为调查重点，并兼顾其他5个非设施蔬菜优势区，筛选沈阳新民、北京大兴、河北永清、山东寿光、江苏铜山、江苏南京和云南晋宁作为研究对象进行了详细的实地调查。以下是对调查地区概况的介绍。

A. 辽宁新民。新民市位于辽宁省中部偏北，沈阳市西北部，地处东经120°26′～120°20′，北纬41°31′～42°17′，总面积3314.7平方公里。新民气候温和，属暖温带半湿润大陆性季风气候。新民是闻名全国的农业大县（市），全市有270万亩肥沃耕地，盛产玉米、水稻和小麦及各类蔬菜瓜果种子，远近闻名。

2012年，辽宁新民全市总耕地面积269万亩，农作物计划总播种面积达到305万亩，复种指数1.13。其中粮豆作物播种面积200万亩左右；蔬菜及两瓜播种面积90万亩，其中设施农业45万亩，两瓜播种面积40万亩（含复种面积）；油料作物8万亩，其它经济作物7万亩。上半年蔬菜总产量117.49万吨，总产值25.48亿元。设施农业总面积已达45万亩，其中日光温室17万亩，冷棚28万亩。露地蔬菜播种面积60万亩。设施农业蔬菜产量163.15万吨，产值31.3亿元，纯收20.1亿元，占蔬菜总收入的71%。全市设施农业面积超万亩乡镇有8个，超5000亩规模乡镇10个。居沈阳市各县区之首，全省名列前茅。全市地膜覆盖面积达60万亩，比去年增加2万亩。

B. 北京大兴。大兴区，地处北京南郊平原，东经116°13′～116°43′，北纬39°26′～39°51′，辖区总面积1036平方公里，区位优势得天独厚，素有“京南门户”、“绿海甜园”之称。现有耕地面积57.6万亩，其中，蔬菜22万亩，西甜瓜10万亩，甘薯4.5万亩，果树20万亩。北京市大兴区蔬菜种植面积居京郊各区县的首位，蔬菜生产区集中在南六环以外的礼贤、长子营、魏善庄、安定、榆垡等8个镇，种植的品种有番茄、大白菜、茄子、黄瓜、油菜和生菜等100余个。2011年，全区蔬菜播种面积已达1.71万公顷。近年来，大兴加大保护地蔬菜建设，从无到有，目前已初具规模。

C. 河北永清。永清县隶属河北省廊坊市，位于河北中部，京、津、保三角地带中心，幅员面积776平方公里，总人口38.2万人。2009年底，河北永清全县蔬菜种植面积达到32万亩，其中设施蔬菜26万亩，年产无公害蔬菜140万吨，产值20.4亿元，占农业总产值的47%。全县蔬菜种植品种达到13大类120多个，形成了深冬蔬菜、早春菜、厚皮甜瓜、胡萝卜和香菜五大特色瓜菜生产基地，实现了四季生产，周年上市。该县先后被确定为“环首都无公害蔬菜生产区中心县”、“全国无公害农产品（种植业）生产基地达标单位”、“无农药残留放心菜生产基地”和“国家无公害蔬菜生产标准化示范区”。

截至2012年底，永清县设施农业面积共计31.8万亩，其中，中小拱棚9万亩，大拱棚10.9万亩，日光温室11.9万亩。永清县蔬菜占地面积28万亩，播种面积38.5万亩。2013年蔬菜播种面积已达到41万亩。

D. 山东寿光。山东省寿光市位于北纬 36°41′～37°19′，东经 118°32′～119°10′，地处山东半岛中北部、渤海莱州湾南畔，总面积为 2180 km^2，其中耕地 1.48 万亩。寿光具有“春季干旱少雨，夏季炎热多雨，冬季干冷少雪”的气候特点（李树辉，2011），良好农业自然条件的优势使寿光成为山东省的农业大县（市），也成为全国著名的蔬菜之乡，它拥有我国北方最大的蔬菜批发市场，是我国重要的蔬菜价格形成和信息交流中心，产品远销国内外，蔬菜生产已成为推动当地县域经济发展的重要力量（苗锦山等，2011；贾存财，2011）。

寿光是我国最大的设施蔬菜生产基地，是《全国蔬菜产业发展规划（2011～2020 年）》中 204 个设施蔬菜产业重点县（市、区）之一。到 2011 年 1 月，全市蔬菜种植面积达到 84 万亩，高标准蔬菜大棚发展到 40 万个，现代化智能育苗温室发展到 80 万平方米。随着设施农业的不断发展，近年来寿光市农膜用量和地膜覆盖面积均呈上升趋势，2010 年地膜覆盖面积达到 3.98 万公顷，占当地耕地总面积的 44.2%。

E. 江苏铜山。江苏省铜山县位于东经 116°43′～117°42′、北纬 34°01′～34°35′，地处江苏省西北部，总面积 2035 km^2。2010 年 8 月，农业部发文公布了全国首批 50 个国家级现代农业示范区，铜山作为苏北地区唯一区县位列其中。铜山县蔬菜产业起步较早，目前已拥有多个国家现代蔬菜生产示范区和大型蔬菜交易市场，蔬菜产业已成为铜山县发展的重要经济来源（王岩岩，2010）。

铜山是《规划》中 204 个国家设施蔬菜产业重点县（市、区）之一。据统计，铜山县设施农业规模占耕地面积比重为 16.9%，居全省领先地位（巫建华等，2009）。高效设施农业规模连片种植面积达 40 万余亩。2009 年底铜山县设施农业面积发展到 3 万公顷，设施蔬菜种植面积 4.47 万公顷；全县目前中小棚占比约为 65%，钢架大棚 10%，日光温室 25%（平英华等，2010）。

F. 江苏南京。江苏省南京市位于北纬 31°14″～32°37″，东经 118°22″～119°14″，地处长江下游平原，总面积 6597 km^2（不含水域），是全国历史文化名城和“长三角”经济区的中心城市之一。全市属北亚热带季风气候区，光热水资源充足，自然要素时空组合较好。全市农用土地 658 万亩，其中耕地面积 24.56 万公顷，人均耕地 0.04 公顷（0.60 亩）。

从 2008 年起，南京市设施农业得到了较快的发展，截至 2009 年底，除畜牧、水产设施外，南京设施农业面积达到 111.5 万亩，比 2005 年增长了 78.8%。南京设施农业中以设施蔬菜的比重最大（陈友等，2010），且设施蔬菜的面积仍在不断扩大。目前，全市设施蔬菜总面积达 1.24 万公顷，比 2000 年增加了近 6667 公顷，并已建成一批千亩以上设施蔬菜基地，如江宁的谷里、禄口、汤山等设施蔬菜基地。设施农业推动了农膜等农资物品的用量，目前南京市农膜年用量大约为 4700 万吨。

G. 云南晋宁。云南省冬无严寒，夏无酷暑，四季如春，无霜期长，光照充足，雨量充沛，云南省利用自身优越的气候条件，逐渐将蔬菜种植发展成为本省的特色产业。蔬菜出口额占云南省农产品出口总额的 34.6%，出口创汇超过烟草。同时，设施蔬菜产业比重在不断加大，2010 年云南省设施蔬菜生产面积达 150 万亩，同比增加 18 万亩，占云南省蔬菜种植面积的 13.5%。昆明市是本省的经济文化中心，气候温和，交通方便，具备设施农业的发展和产品流通的较好条件，目前昆明市蔬菜设施面积占全省设施总面积的 60%左右，其规模还在迅速扩大。“十一五”期间，全市以花卉蔬菜为主体的设施农业大棚 10 000 公顷，已成为昆明市现代农业发展的重要标志（陈继顺等，2012）。晋宁县是昆明市设施农业发展较快的地区之一。

（三）调查方法

本次调查于 2011 年 8 月至 2013 年 6 月进行，调查采取发放问卷与现场访谈相结合的形式，具体过程是调查者依据问卷向被调查者提问，并给予被调查者对问题的解释，确保被调查者在了解问卷的基础上作答，确保问卷结果真实可靠。

调查选取农户（合作社代表、公司代表）为对象设计问卷，问卷涵盖内容见表 1-3。其中，农户（合作社代表、公司代表）为本次调查的重点，有效问卷数 64 份，访问人次 69 人，农户个数 56 户、公司（含合作社）个数 7 个，采土样个数 211 个。

表 1-3　调查问卷涵盖内容

分类	调查内容
1. 设施概况	种植年限、设施类型、棚龄、大棚个数、大棚材质、闷棚方式等
2. 种植方式	蔬菜种类、种植时间等
3. 农膜使用及回收	棚膜和地膜的类型、厚度、使用量、更换频率、价格、购买地、品牌及产地、回收方式、处理处置方式、残留量、对可降解农膜的认识等
4. 个人情况	收入、培训、人口、文化程度

二、典型设施农业区农膜使用状况

通过对我国 7 个典型设施农业区的农膜使用和残留情况进行调查，共获得有效问卷 82 份。综合问卷结果，从设施农业区生产经营模式、设施类型、农膜类型、农膜厚度和农膜使用强度 5 个方面，论述我国部分典型设施农业区农膜的使用状况。

（一）生产经营模式

7个典型设施农业区生产经营模式统计的有效问卷82份，其中农户承包土地个数是75个，合作社或者公司经营为7个，农户和公司（或合作社）所占比例分别为91%和9%。虽然调查区土地经营模式仍以散户经营形式为主，但目前很多设施农业区为了发展设施农业，使其逐步实现规模化、集约化、品牌化，并更好更快地实现增收，“公司（合作社）＋基地＋农户”的运行模式逐渐兴起，多元化的经营模式不仅可以实现公司（合作社）与农户的互利共赢，而且能够有力推动设施农业的发展。

（二）设施类型

农业设施类型很多，这些类型是由小到大、由简单到复杂、由初级到高级逐渐发展起来的。常见的设施类型有塑料拱棚、日光温室、现代化温室。目前我国日光温室主要集中在山东、河北、辽宁等地。2011年，山东省日光温室与塑料大棚的面积比约为3∶5（郭世荣等，2012）。我国南方是以塑料大棚作为主要设施类型，同时发展温室设施，如2009年江苏省钢架大棚设施面积94.28万亩，日光温室及智能温室面积27.96万亩，分别占全省设施园艺面积的19.3%和5.8%（巫建华等，2009）。

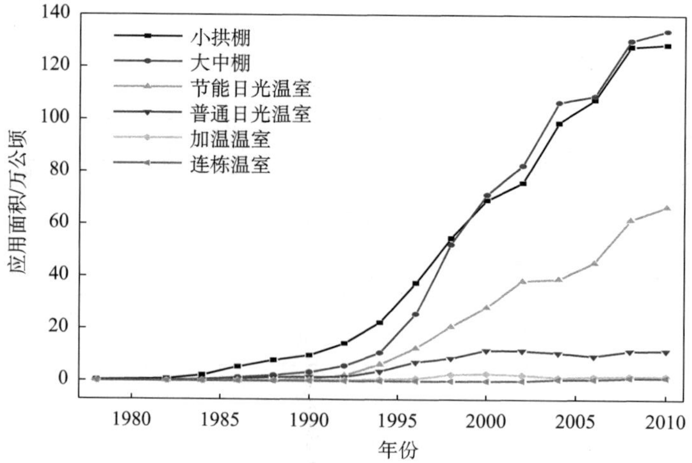

图1-4　全国设施蔬菜面积及结构类型逐年变化

我国设施蔬菜在几十年的不断发展中，也逐渐形成了特有的设施类型模式。图1-4给出了1978～2010年我国设施蔬菜面积及结构类型的变化趋势（郭世荣等，2012）。由图1-4可知，1995年之前，小拱棚的应用面积高于大中棚，从1995年开始，大中棚增长率升高，到2000年应用面积超过小拱棚，居所有类型之首。节能日光温室和普通日光温室的应用面积也在逐年攀升，其中节能日光温室的增长率明显更高。2010 年，全国日光温室（节能日光温室和普通日光温室）的应用面积为总设施面积的 23%，小拱棚占 37%，大中拱棚占 39%（郭世荣等，2012）。由此可见，我国设施蔬菜的设施类型已逐渐形成：以日光温室和塑料大棚为主，中小拱棚配套衔接；保证传统设施类型稳步增长，同时加强高新技术设施类型投入的发展趋势。调查结果显示，江苏铜山、南京和云南晋宁全部应用塑料拱棚，其中铜山和南京的塑料大棚、中棚和小棚应用比例约为 3∶3∶1，相比之下晋宁县中小拱棚比例稍高，这可能与晋宁在蔬菜产业发达程度偏弱有关；山东寿光日光温室和塑料拱棚的面积比例约为 1∶1；河北永清县中小拱棚、大拱棚和日光温室的面积比约为 3∶4∶4。调查结果符合我国总体的发展规律。

(三) 农膜使用类型

所调查的典型设施地区中棚膜类型多样，棚膜功能主要包括普通型、耐老化和防流滴；合成材料主要包括聚乙烯（PE）、聚氯乙烯（PVC）和乙烯-醋酸乙烯共聚物（EVA）。调查中显示，永清县的被调查对象中，67%的农户使用聚氯乙烯材料农用棚膜，33%的农户视具体情况而定。部分农户在种植黄瓜等需高温的蔬菜时使用聚氯乙烯材料棚膜，其他作物则使用聚乙烯材料；部分拥有拱棚和日光温室的农户则在拱棚上使用聚乙烯材料，日光温室上使用聚氯乙烯材料。这样做的原因主要是聚氯乙烯的比重较大，膜的厚度较大，更易于保温，创造高温条件。总体来看，棚膜类型的选择主要取决于温度和作物类型。

典型设施农业区地膜使用类型的统计结果如图 1-5 所示。由图 1-5 可以看出，50%的农户使用功能性黑色地膜，达到总数的一半；27%的农户使用普通 PE 白色透明地膜，比起黑色地膜的使用农户数，其比例明显减少；4%的农户使用兼具黑色地膜和普通地膜特性的黑白配色地膜；16%的农户根据气候或蔬菜

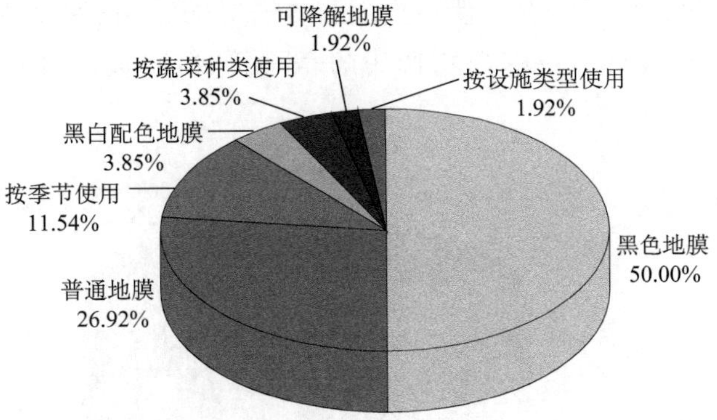

图 1-5　典型设施农业区地膜的使用类型统计

（$n=52$，n 为有效问卷数，下同；图标中数值代表样本数所占比例）

种类的不同来决定使用黑色地膜还是普通白色地膜。相比 PE 地膜，可降解地膜的使用率仅占 2%。而且发现地膜使用类型无明显的区域性差异。

(四) 农膜厚度

典型设施农业区棚膜的使用类型统计如图 1-6 所示。由图 1-6 可以看出，7 个典型设施农业区棚膜厚度在 0.06～0.12 mm 的范围。我国标准《农业用聚乙烯吹塑棚膜（GB4455-2006）》推荐的农用棚膜厚度为：普通聚乙烯棚膜推荐厚度不低于 0.03 mm，聚乙烯耐老化棚膜和聚乙烯流滴耐老化棚膜不低于 0.06 mm。依据此推荐值，明确调查区棚膜均符合国家要求。

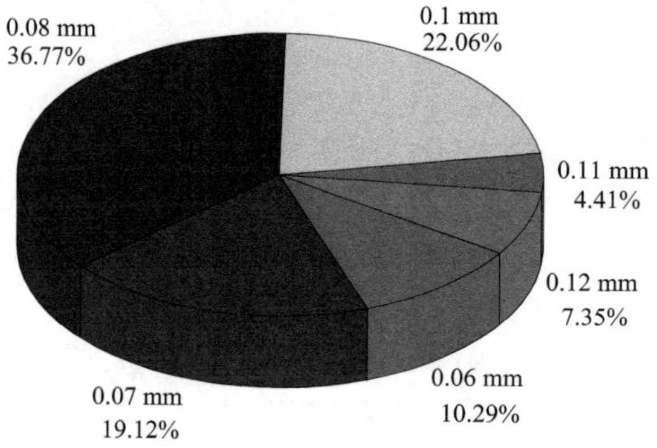

图 1-6 典型设施农业区棚膜的使用厚度统计
（n=68；图标中数值分别代表厚度及其样本数所占比例，下同）

与棚膜的推荐值不同，我国标准《聚乙烯吹塑农用地面覆盖薄膜（GB 13735-92)》对农用地膜产品的厚度有明确规定，农用地膜厚度应在（0.008±0.003)mm。由图 1-7 可以看出，仅有 24%的农户使用的是符合国标的厚度为 0.008 mm 的地膜；12%的农户使用的 0.005～0.006 mm 的地膜，达到了我国标准的下限值；其余 64%的农户均使用的是不符合国家规定的超薄地膜，厚度仅为 0.002～0.004 mm。

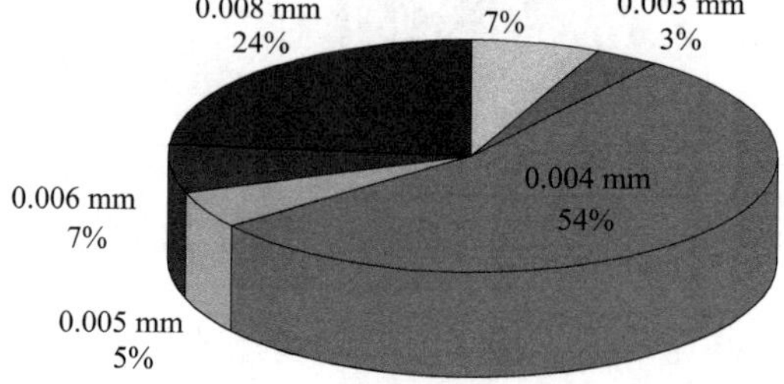

图 1-7 典型设施农业区地膜的使用厚度统计（n=59）

（五）农膜使用强度

一般来讲，农膜的用量是评估农膜行业发展和设施农业规模的重要指标之一。农膜的用量从微观角度考虑是由地膜的比重、厚度、覆盖面积和理论覆盖度四个因素决定的（冯国铭，1997）。宏观上讲，农膜用量会受到当地设施类型、地理气候特征和经济条件等因素的影响，可以说农膜用量具有较强的地域性。根据实地调查数据，分别对各个典型设施农业区每年每亩农膜用量进行了计算，并用农膜使用强度来表示，其计算公式如下：

$$D=\frac{Q\times F}{S}$$

其中，D 为农膜使用强度，kg/(hm^2·a)；Q 为每棚每次使用量，kg；F 为使用频率，times/a；S 为单个大棚的面积，hm^2。

统计检验表明，各地区棚膜和地膜的使用强度样本并不符合正态分布，因此取其中位值进行分析讨论。图 1-8（a）显示了各地区棚膜使用强度分布。由图 1-8（a）可以看出，7 个地区中棚膜使用强度从大到小分别是山东寿光(1875 kg/(hm^2·a))>辽宁新民(1575 kg/(hm^2·a))>河北永清(1500 kg/(hm^2·a))>北京大兴(1350 kg/(hm^2·a))>江苏铜山(904 kg/(hm^2·a))>江苏南京(755 kg/(hm^2·a))>云南晋宁(425 kg/(hm^2·a))。由于江苏南京和云南晋宁样本量较少，因此数据范围可能并不足以反映真实情况。总体上看，我国北方地区的棚膜使用强度高于南方，原因主要是北方地区棚膜的更换频率较高，基本一年更换一次，而铜山、南京和晋宁的棚膜更换次数是 2～4 次/年，表明在设施农业发达程度上北方较领先，尤其是寿光市，已位于我国各地区的前列。

7 个典型设施农业区地膜的使用强度如图 1-8（b）所示。7 个地区中地膜使用强度从大到小分别是江苏铜山(215 kg/(hm^2·a))>江苏南京(188 kg/(hm^2·a))>山东寿光(158 kg/(hm^2·a))>云南晋宁(141 kg/(hm^2·a))>辽宁新民(75 kg/(hm^2·a))=河北永清(75 kg/(hm^2·a))=北京大兴(75 kg/(hm^2·a))。通过调查得知，各地用膜基本均为超薄地膜，且各地地膜覆盖方式基本一致，设施面积与覆膜面积关系相对稳定，且都是一次性地膜，不存在重复利用问题，因此，造成各地区地膜使用强度差异主要与种植作物种类有关。茄果类和瓜类蔬菜都要用到地膜，而叶菜类则不用地膜覆盖，因此种植茄果类或瓜类蔬菜的地膜用量相对更大；且一年种植 2 季茄果类或瓜类蔬菜的用地模量是种植 1 季该类蔬菜的 2 倍。

根据调查，研究发现沈阳、大兴和永清这 3 个地区一般为一年只种植 1 季茄果类蔬菜，即茄果类与叶菜类轮作，有的大棚甚至不种该类蔬菜，因此导致该地区地膜使用量偏低。而种植蔬菜的种类受到社会、经济和自然因素的影响，也存在一定的主观性。

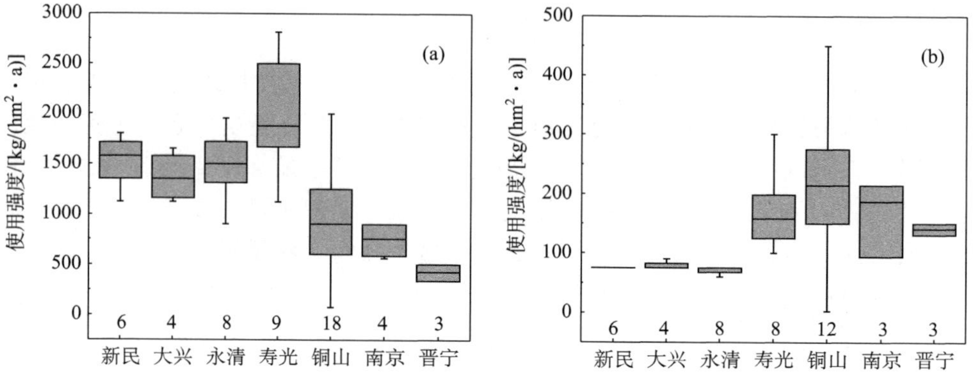

图 1-8　各地区农膜使用强度统计图

(a) 图表示棚膜；(b) 图表示地膜；横坐标上的数字表示样本量

参 考 文 献

陈继顺，包涛，曾倩. 2012. 昆明设施农业可持续发展的思考. 云南农业，(3)：36-37.

陈友，杨小金，陈永红，等. 2010. 探索南京都市区“十二五”期间发展高效设施农业的途径与对策. 金陵科技学院学报，(001)：57-62.

冯国铭. 1997. 怎样计算农膜用量. 致富之友，(1)：14.

高军，陈盾清. 2008. 酞酸酯污染土壤微生物效应与过氧化氢酶活性的变化特征. 水土保持学报，22 (6)：166-169.

郭世荣，孙锦，束胜，等. 2012. 国外设施园艺发展概况、特点及趋势分析. 南京农业大学学报，35 (5)：43-52.

郭世荣，孙锦，束胜，等. 2012. 我国设施园艺概况及发展趋势. 中国蔬菜，(18)：3.

贾存财. 2011. 山东设施蔬菜产业发展调研及民和县设施蔬菜产业发展——山东设施蔬菜产业发展的调研报告. 青海农林科技，1：33-34.

金朝晖，李红亮，柴英涛. 1997. 酞酸酯对人与环境的危害. 上海环境科学，16 (12)：39-42.

赖金梅，张晓红，高建明，等. 2012. 高透明线性低密度聚乙烯专用料的市场概况. 塑料工业，40 (4)：23-27.

李德成，李忠佩，周祥，等. 2003. 不同使用年限蔬菜大棚土壤重金属含量变化. 农业生态环境，19 (3)：38-41.

李树辉. 2011. 北方设施菜地重金属的累积特征及防控对策研究. 北京：中国农业科学院.

林兴桃，王小逸，任仁. 2003. 环境内分泌干扰物——邻苯二甲酸酯的研究，环境污染与防治，25 (5)：286-289.

刘建国，李彦斌，张伟，等. 2010. 绿洲棉田长期连作下残膜分布及对棉花生长的影响. 农业环境科学学报，29 (2)：246-250.

吕江南，王朝云，易永健. 2007. 农用薄膜应用现状及可降解农膜研究进展. 中国麻业科学，

29（3）：150-156.

毛罕平. 2007. 设施农业的现状与发展. 农业装备技术，33（5）：4-9.

苗锦山，刘彩霞，郎德山，等. 2011. 寿光设施蔬菜种业发展存在的问题、原因及对策. 长江蔬菜，（1）：1-3.

平英华，陈永生，陈明江，等. 2010. 关于江苏省设施农业发展的调查报告. 农业装备技术，36（5）：43-46.

亓芳丽，杨佳. 2013. 设施农业发展瓶颈：装备水平亟待提升. 农机质量与监督，（2）：27-27.

秦海生，贾宝军. 2013. 我国设施农业发展研究. 农机市场，（2）：20-22.

王频. 1998. 残膜污染治理的对策和措施. 农业工程学报，14（13）：185-188.

王岩岩. 2010. 江苏铜山：跨入农业第一方阵. 经济，（11）：35.

乌云，白剑臣. 2009. 我国塑料棚膜的发展现状分析. 内蒙古石油化工，（8）：78-79.

巫建华，王宝海，杨意成，等. 2009. 江苏省设施园艺发展现状与对策. 农业工程技术（温室园艺），（9）：23.

吴志辉，杨宇峰，聂湘平，等. 2006. 酞酸酯对龙须菜（*Gracilar lemaneiformis*）的生态毒理研究. 海洋科学，30（5）：46-50.

武崇信，解红娥，任平合，等. 1995. 残留地膜对土壤污染及棉花生长发育的影响. 山西农业科学，23（3）：27-30.

杨红兵，李洁涛. 2009. 农用薄膜的现状和发展趋势. 监督与选择，3：68-69.

张福墁. 2001. 设施园艺学. 北京：中国农业大学出版社.

张乃明. 2006. 设施农业理论与实践. 北京：化学工业出版社.

张真和. 2009. 我国设施蔬菜发展中的问题与对策. 中国蔬菜，1：1-3.

张志斌. 2012. 国外设施园艺的发展与启示. 江苏农业学报，28（4）：861-866.

赵素荣，张书荣，徐霞，等. 1998. 农膜残留污染研究. 农业环境与发展，（3）：7-10.

赵燕，李淑芬，吴杏红，等. 2010. 我国可降解地膜的应用现状及发展趋势. 现代农业科技，（23）：105-107.

赵振华. 1991. 酞酸酯对人与环境潜在危害的研究概况. 环境化学，10（3）：64-68.

郑光华. 1999. 美国设施农业发展概况. 世界农业，3：13-16.

朱白澍，梁涛. 2010. 我国设施农业土壤障碍现状. 磷肥与复肥，25（3）：73-75.

朱媛媛，田靖，杨洪彪，等. 2010. 空气和土壤中酞酸酯的污染及其相关性分析. 环境污染与防治，32（2）：41-45.

Briassoulis D, Dejean C. 2010. Critical Review of Norms and Standards for Biodegradable Agricultural Plastics Part I. Biodegradation in Soil. Journal of Polymers and the Environment, 18（3）, 384-400.

Briassoulis D, Hiskakis M, Babou E, et al. 2012. Experimental investigation of the quality characteristics of agricultural plastic wastes regarding their recycling and energy recovery potential. Waste Management, 32（6）: 1075-1090.

Duty S M, Singh N P, Silva M J, et al. 2003. The relationship between environmental exposure to phthalates and DNA damage in human sperm. Environ. Health Perspect, 111:

1164- 1169.

Espi E，Salmeron A，Fontecha A，et al. 2006. Plastic films for agricultural applications. Journal of Plastic Film and Sheeting，22 (2)，85-102.

Hu X Y，Wen B，Shan X Q. 2003. Survey of phthalate pollution in arable soils in China. Journal of Environmental Monitoring，5：649-653.

Kyrikou I，Briassoulis D. 2007. Biodegradation of agricultural plastic films：a critical review. Journal of Polymers and the Environment，15 (2)：125-150.

Laverde G. 2002. Agricultural films：Types and applications. Journal of Plastic Film and Sheeting，18 (4)：269-277.

Picuno P，Sica C，Laviano R，et al. 2012. Experimental tests and technical characteristics of regenerated films from agricultural plastics. Polymer Degradation and Stability，97 (9)：1654-1661.

Wang X K，Guo W L，Meng P R，et al. 2002. Analysis of phthalate esters in air，soil and plants in plastic film greenheuse. Chinese Chemical Letters，13 (6)：557-560.

第二章　土壤与植物中酞酸酯分析方法的优化

酞酸酯（phthalate esters，PAEs），全球每年生产和使用量已超过3亿吨，在全球范围内带来的污染问题日益加剧。不但在农田土壤、地表水、沉积物中浓度较高，甚至在大气和地下水中也能够检出高浓度的酞酸酯（Hu et al.，2003；Wang et al.，2008a，2008b；Xu et al.，2008；Zhang et al.，2009）。酞酸酯污染最为普遍，深受全球关注，酞酸酯类污染物被称为“第二个全球性的PCB污染物”。

但是，目前对于土壤中酞酸酯的分析方法并无严格的标准方法，通常情况下，土壤中有机污染物的分析方法存在溶剂用量大、提取时间长、回收率低、操作过程复杂及空白样品值偏大等问题。土壤中酞酸酯分析方法的优化过程主要包括对提取溶剂、提取方法、净化分离方法以及定性定量分析等环节的系统调整，以期建立溶剂用量少、空白值低、回收率更接近于100%，且最好能够满足多种土壤类型中不同浓度的酞酸酯分析方法。因此，较为全面地剖析影响土壤中酞酸酯分析的各种因素和环节，是改进和优化其分析方法的前提。

本章首先概述了目前存在的土壤与植物中酞酸酯的分析方法，然后重点介绍了优化后的土壤与植物中酞酸酯的分析方法，为开展土壤和植物中酞酸酯污染的调查工作提供方法学支持。

第一节　土壤与植物中酞酸酯分析方法概述

一、土壤及植物样品中酞酸酯的提取方法

土壤中酞酸酯分析的样品前处理常用方法一般有索氏提取、超声提取、加速溶剂萃取和微波辅助萃取等（Chee et al.，1996；蔡全英等，2005；关卉等，2007；Blair et al.，2009；Mo et al.，2009；Lin et al.，2010；Xia et al.，2011）。近年来，除了微波辅助萃取之外，其他三种方法得到了广泛的应用。

索氏提取是利用溶剂回流和虹吸原理，使固体物质每一次都能为纯的溶剂所萃取，萃取效率较高。超声提取是基于超声波的特殊物理性质，通过压电换能器产生的快速机械振动波来减少目标萃取物与样品基体之间的作用力，从而实现固液之间的萃取分离。超声波的振动匀化（sonication）使样品介质内各点受力一致、样品萃取更均匀。超声提取无需高温，在20～50 ℃水浴中即可实现；常压萃取、萃取效率高，20～40 min即可获最佳提取率；适用性广，对溶剂和目标

萃取物的性质（如极性）没有特殊要求；操作简单、方便。相对索氏提取而言，超声提取在提取剂用量与提取时间上有一定的优越性，能有效控制分析过程中受其他介质的污染，并能获得良好的回收率，由于其操作简单和设备简易等优点，所以被广泛运用（Li et al.，2006；丛惠芳等，2008；Mo et al.，2009）。

加速溶剂萃取（aecelerated solvent extraction，ASE）是一种较新的高效萃取技术。一般情况下，高温可加快目标分析物从基体上解吸和溶解动力学过程，从而减少萃取时间；加热溶剂可使溶剂的溶解能力增强，减少溶剂用量；萃取过程中保持一定压力，能使溶剂保持液相，提高萃取效率（Lin et al.，2010）。加速溶剂萃取通过升高温度（短时间内可以达到加热温度 50～200 ℃）、增大压力（500～3000 psi①）以及增加物质溶解度和溶质扩散效率来提高萃取的效率。其突出优点是有机溶剂用量少（19 样品只需 1.5 L 溶剂）、提取速度快（一般 15 min 一次循环）且回收率高，已成为土壤样品中有机污染物提取的方法之一。对于酞酸酯这类特殊性质的有机污染物来说，加速溶剂萃取由于使用加速溶剂萃取仪这种较为精密的提取仪器而显示了它的独特优势。目前，美国戴安公司（Dionex）的 ASE100、ASE200、ASE300 技术，已经可以实现对 1200 多种化合物的萃取。加速溶剂萃取法也被美国 EPA 和 NIST（美国国家标准和技术研究所）所认可，定为 EPA 方法 3545 和 3545A。随着加速溶剂萃取仪的逐渐普及，使用该方法进行酞酸酯样品提取也越来越普遍，且能够达到较好的效果。

二、土壤及植物样品中酞酸酯的净化方法

土壤是一种极其复杂的基质，选择一种适当的净化方法是准确进行土壤中污染物定性定量的前提。关于土壤样品的净化，当前最常用的方法有弗罗里硅土层析柱净化、氧化铝-硅胶层析柱净化、凝胶净化系统（GPC）净化、C_{18} 净化柱净化和凝胶渗透色谱净化等方法。Cao 等（2011）采用索氏提取-固相萃取柱净化分离、高效液相色谱测定土壤中六种酞酸酯，回收率良好，可达 95.3%～108.0%。超声提取配合固相萃取柱净化以及气相色谱检测农膜中酞酸酯的回收率可达 90.2%～111.4%（Zhou et al.，2012）。

然而，酞酸酯样品的净化多数情况下采用柱层析的方法，包括干法和湿法柱层析，都能达到较好的效果。其中弗罗里硅土层析柱净化、氧化铝-硅胶层析柱净化是比较常用的、简便快捷的方法。其主要原理是根据物质在各种填料上的吸附力不同而对多组分样品进行净化分离，整个层析过程即吸附、解吸、再吸附、再解吸过程。而由于各种填料的粒径略大，所以一般选择干法装柱的方式。层析

① 1psi＝6.895×10^3 Pa

流动相可以根据样品的极性进行选择，甲醇、氯仿、正己烷、丙酮、二氯甲烷等单纯溶剂或混合溶剂都可以在层析净化过程中加以使用。

关于层析柱的填料组成和淋洗液的配方与体积，当前也已经有大量的研究。蔡全英等（2005）使用氧化铝（2 g）＋硅胶（10 g）＋无水硫酸钠（3 g）的层析柱净化分离，采用二氯甲烷洗脱（约 50 mL）。关卉等（2007）采用正己烷湿法装柱，从下至上依次为硅胶 12 cm，氧化铝 6 cm，无水硫酸钠 2 cm，先用 15 mL正己烷淋洗出烷烃类化合物，再用 40 mL 丙酮/正己烷（2∶8）淋洗酞酸酯。廖翀等（2008）使用弗罗里硅土进行净化，正己烷∶丙酮（4∶1，体积比）进行洗脱。李存雄等（2010）使用 5 g 佛罗里硅土干法装柱，以 20 mL 正己烷、20 mL（丙酮）∶(正己烷)＝1∶4 预淋洗，再用 60 mL（丙酮）∶(正己烷)＝1∶1 洗脱。张中华等（2010）则利用硅胶/氧化铝（质量比 2∶1）层析柱先以 40 mL 正己烷淋洗，再用 40 mL 正己烷和丙酮混合溶剂（8∶2，体积比）洗脱。可见，使用适宜的柱填料及淋洗配方，通过改变填料的吸附能力以及淋洗液的极性以达到分离目标化合物和杂质的目的。

三、土壤及植物样品中酞酸酯的测定方法

环境中酞酸酯的分析方法主要有气相色谱法（GC）、高效液相色谱法（HPLC）、分光光度法（包括紫外和荧光法）、气质联用法（GC-MS）（Toda et al.，2004；周相娟等，2010；张利飞等，2010）和液质联用法（HPLC-MS）等（李满秀等，2005；程爱华等，2007；丛惠芳等，2008）。Rastogi（1998）使用 GC/ECD 对酞酸酯进行检测，检测限达到 5 mg/kg 左右，GC/ECD 也被 USEPA 列为第 625 个检测方法（Leung et al.，1993）。王玲玲等（2009）采用 GC/MS 分析土壤中的酞酸酯。罗财红等（2010）使用气相色谱-三重四极杆质谱（GC-MS/MS）测定沉积物中酞酸酯。Liang 等（2010）使用 HPLC 分析土壤样品中的六种酞酸酯优先污染物；而微型乳胶动电色谱测定六种酞酸酯也收到了良好的效果（Lin et al.，2010）。若仅分离常见的六种优先污染物，使用普通的检测手段便可以达到，但如需将多种结构相近的异构体进行定性定量分析，那么传统的低分辨色谱、色质联用技术将不能满足监测需要。因此高分辨色谱-高分辨质谱（HRGC-HRMS）是未来发展的一个趋势，而多级质谱（MS-MS）联用由于其更高的灵敏度和选择性，将成为未来监测和分析环境中酞酸酯最有力的手段之一。

第二节　土壤中酞酸酯分析方法的优化

本方法以 EPA 规定的土壤中六种优先控制的酞酸酯为目标污染物，对比加

速溶剂萃取和超声提取、比较六种柱层析净化方式，获得优化的前处理方法，再结合 GC-MS 测定得到可靠的酞酸酯分析方法。以我国东部四种代表性的土壤为基质并借助标准替代物以及土壤标准物质进行质量控制分析，得到一套可靠、适用土壤类型广、简便的酞酸酯分析方法。具体优化方法如下：

仪器与设备：ASE200（Dionex，USA）；GC-MS 气质联用仪（Agilent 7890GC-5975MSD 配用 CTC 自动进样器），色谱柱为 DB-5 弹性石英毛细管柱（30 m×0.25 mm×0.25 mm），配备 EI 源，携带 Chemstation 工作站。低速自动平衡离心机 LDZ5-2（北京医用离心机厂）；数控超声波清洗器 KQ-600DB（昆山市超声仪器有限公司）；数显恒温水浴锅 HH-6（国华电器有限公司）。旋转蒸发仪 Rotavapor R-215、Vacuum controller V8-50、Vacuum Pump V-700（BüCHI Labortechnik AG，Switzerland）；微型涡旋混合仪 WH-3（上海沪西分析仪器厂）；冷冻干燥系统 FreeZone 2.5—Liter Freeze Dry Systems（Labconco Corp. USA）；超纯水机 Mili-Q Academic（Milipore Corp. USA）；氮吹仪 SE812（北京帅恩科技有限责任公司）。

试剂与材料：六种酞酸酯标准物质 DMP（98.0%）、DEP（99.9%）、BBP（99.0%）、DBP（99.1%）、DEHP（99.6%）和 DnOP（99.6%）；标准替代物 $DBP\text{-}D_4$（100 μg/mL）和内标物 BB（99%）。两种土壤标准参照物 CRM 119-100（BNAs-Sandy Loam 6）和 136-100（BNAs-Clay 1）。分析纯正己烷、丙酮和二氯甲烷，色谱纯正己烷，无水硫酸钠、中性氧化铝、层析用硅胶、柠檬酸、磷酸氢二钠和乙二胺四乙酸二钠，弗罗里硅土。

供试土壤：选择中国科学院红壤生态实验站（江西鹰潭红壤站）的旱地红壤、南京栖霞山的黄棕壤、山东寿光的棕壤土和中国科学院东北地理与农业生态研究所（黑龙江海伦农田生态系统国家野外科学观测研究站）的黑土等四种土壤作为添加基质，并选择浙江省台州市某电子垃圾拆解区附近的污染农田土壤作为实际样品进行测定和添加回收验证。

采集 0～15 cm 表层土壤样品，以梅花型布点法采样后，将土样置于布土袋中，带回实验室，风干后过 60 目筛，置于−20 ℃保存备用。供试土壤的基本理化性质见表 2-1。

表 2-1　供试土壤的基本理化性质

土壤类型	有机质/(g/kg)	有效钾/(mg/kg)	有效氮/(mg/kg)	有效磷/(mg/kg)	黏粒体积百分含量/%	pH
红壤	9.1	114.8	64.3	17.9	51.4	4.7
黄棕壤	14.6	102.8	96.8	14.4	16.7	7.4
棕壤	17.6	125.7	132.3	18.4	10.4	8.6
黑土	48.7	123.1	239.7	17.6	34.9	7.2
水稻土	36.5	118.6	177.5	15.1	38.8	5.8

一、土壤样品中酞酸酯提取方法的优化

(一) 加速溶剂萃取方法

土壤加标回收：取 ASE200 配套的干净的萃取池，用丙酮：正己烷（1∶1，体积比）润洗三次，温和氮气流下吹干。将萃取池一端的螺母拧实，加入 2～3 个适当大小的滤纸片并于底部压实，加入两药匙的石英砂。

准确称取 2.00 g 过 60 目筛的冻干土壤，放入干净的 100 mL 玻璃烧杯中，准确加入 0.2 mL 含六种酞酸酯及替代物的混合标液（1 mg/L）后将土拌匀，并加入 600 ℃预烘烤 6 h 的硅藻土约 5 g，用药匙拌匀，全部装入萃取池并敲实。加一药匙的石英砂于烧杯中，使石英砂尽量带走烧杯上残留的土样，重复两次后，全部转移入萃取池。补加一些石英砂以填充萃取池的缝隙，将萃取池中的固体敲实后盖上螺母并编号，使用二氯甲烷上机进行提取，提取程序为：预热 5 min，加热 5 min，静态提取 5 min，压力 1500 psi，提取温度 100 ℃，氮气吹扫 120 s，淋洗液体积 36 mL，循环 2 次。

将提取液转移到梨形瓶中，40 ℃水浴，410 mbar① 下旋转蒸发浓缩，转速 80 r/min，浓缩至 1 mL 左右，加入 5 mL 正己烷混匀，再旋转蒸至 1～2 mL（真空度调整为 350 mbar，其余同上），浓缩液待柱层析净化后采用 GC-MS 测定分析。

(二) 超声提取方法

土壤加标回收：准确称取 10.00 g 过 60 目筛的冻干土壤，放入干净的玻璃离心瓶中，准确加入 1 mL 含六种酞酸酯及替代物的混标液（1 mg/L）后再加入 1∶1（体积比）的丙酮和正己烷混合溶剂 30 mL，涡漩混合均匀后静置过夜。在水温 25 ℃，100%功率下超声 30 min，离心（1500 r/min，5 min）后上清液用中速定性滤纸过滤于离心瓶中。再向离心瓶中加入 1∶1（体积比）丙酮和正己烷混合溶剂 20 mL，超声 15 min，同样条件离心、过滤。再重复 1 次，合并 3 次上清液（约 70 mL）旋转蒸发（350 mbar，40 ℃水浴及转速 80 r/min）至 1 mL 左右，加入 5 mL 正己烷混匀，再旋转蒸发浓缩至 1～2 mL（条件不变），浓缩液待柱层析净化采用 GC-MS 测定分析。

(三) 加速溶剂萃取与超声提取效果比较

由图 2-1 可以看出，两种提取方法均能将六种目标化合物较好的回收。使用超

---

① 1mbar＝100Pa

声提取时，多组分回收率在80%～110%，而使用加速溶剂萃取获得的六种目标物的回收率在90%～110%；加速溶剂萃取获得的六种组分回收率较为平均，均更接近于100%，且样品重复间的相对标准偏差更小，提取效果优于超声提取。

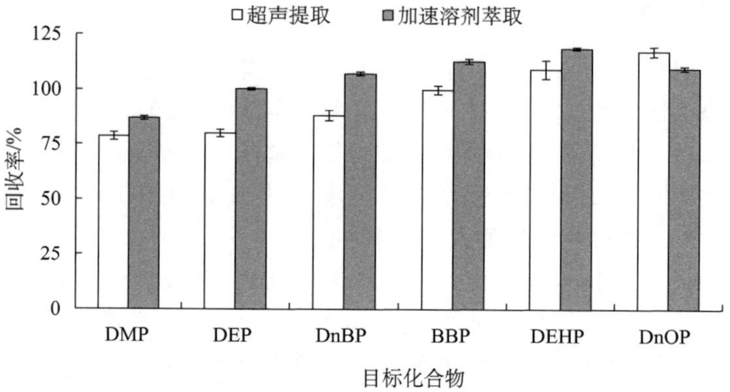

图 2-1 红壤中六种酞酸酯的超声提取和加速溶剂萃取回收率

加速溶剂萃取之所以能取得较好的酞酸酯提取效果，主要取决于方法自身的特点。由于酞酸酯这类半挥发性有机物的提取随着与空气接触时间的延长，带入的背景值会不断增大。而加速溶剂萃取的提取时间短，而且是在封闭体系中进行，避免了样品过多地、长时间地暴露在空气中，对于易分解、易氧化、不稳定和易挥发化合物十分适用，因此，也更适合用于酞酸酯的提取。另外，加速溶剂萃取使用的溶剂量少，仅为超声提取的一半左右，更加减少了由于溶剂的使用而带来的背景干扰（邵昶铭等，2009）。使用加速溶剂萃取还减少了诸如超声提取前处理中的过滤环节所消耗的时间，减少了样品与空气的接触时间等，因此，加速溶剂萃取的提取效果优于超声提取。

二、土壤样品中酞酸酯净化方法的优化

（一）层析填料配方及淋洗液的选择

采用内径 1 cm，长 26 cm 的玻璃层析柱，用少许索氏抽提过的脱脂棉堵住下端。选择不同的柱填料装柱并使用不同的淋洗液配方，利用干法柱层析进行样品净化，填料及淋洗液配方如下：

（1）单配方层析柱

① 填料：硅胶 5 g（少量无水硫酸钠用于去除水分）；淋洗液：使用 15 mL 正己烷预淋洗，添加样品浓缩液后使用乙酸乙酯淋洗（方法一）。

② 填料：弗罗里硅土 5 g（少量无水硫酸钠用于去除水分）；淋洗液：使用10 mL 正己烷预淋洗，添加样品浓缩液后使用正己烷∶丙酮（1∶4）淋洗（方法二）。

（2）复合层析柱配方

① 填料：无水硫酸钠 2 g、中性氧化铝 6 g、硅胶 12 g、无水硫酸钠 1 g。

淋洗液：

a. 使用 15 mL 正己烷和 15 mL 正己烷：丙酮（1：1）预淋洗，添加样品浓缩液后使用正己烷：丙酮（1：1）淋洗（方法三）。

b. 使用 15 mL 正己烷和 15 mL 正己烷：丙酮（4：1）预淋洗，添加样品浓缩液后使用正己烷：丙酮（4：1）淋洗（方法四）。

② 填料：无水硫酸钠 2 g、弗罗里硅土 4 g、活性炭 0.5 g、无水硫酸钠 1 g。

淋洗液：

a. 使用 15 mL 正己烷和 15 mL 正己烷：丙酮（1：1）预淋洗，添加样品浓缩液后使用正己烷：丙酮（1：1）淋洗（方法五）。

b. 使用 15 mL 正己烷和 15 mL 正己烷：丙酮（4：1）预淋洗，添加样品浓缩液后使用正己烷：丙酮（4：1）淋洗（方法六）。

将所有淋洗液收集于带刻度的离心瓶，并经旋转蒸发仪（压力 350 mbar、40 ℃水浴及转速 80 r/min）蒸至 1～2 mL，加色谱纯的正己烷 5 mL，再按上述条件旋转蒸至<1 mL，加入内标物后再用色谱纯的正己烷定容至 1 mL，涡旋混匀后上机测定。

由于土壤中含有的色素相对较少，以上六种柱层析净化方式基本可以将大部分杂质去除到不影响检测的范围内。

（二）淋洗曲线的绘制

为了便于比较淋洗曲线，淋洗液的总体积均设计为 60 mL，淋洗过程中每 10 mL 收集 1 管，收集后氮吹浓缩，正己烷定容至 1 mL，上机检测。设置空白对照，以排除溶剂、填料和玻璃仪器带来的背景污染。每个处理设置三个重复。通过综合衡量回收率、淋洗时间和淋洗液体积等，选出最佳净化方式。

（三）不同装柱方式和淋洗方式比较

（1）回收率比较

添加浓度为 1000 μg/L 的目标污染物混标 1 mL，使用六种净化方法分别进行层析实验所得到的各种目标物的回收率情况如图 2-2 所示。可以看出，该分析条件基本满足环境中酞酸酯物质痕量分析的要求。

（2）淋洗曲线比较

考虑到准确收集各种淋洗条件下目标物的流出信息，将每种淋洗液的总体积扩大至 60 mL，将六种柱层析净化方法的淋洗液分别进行收集和测定，按照结果绘制淋洗曲线，如图 2-3。

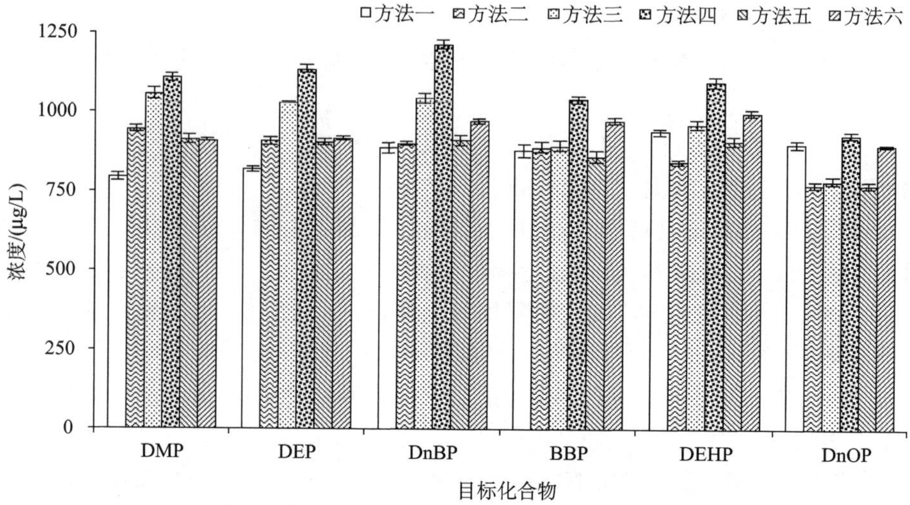

图 2-2　六种净化方式回收率结果比较

通过淋洗曲线可以看出，方法四中，六种目标物几乎都主要在第 20 mL 处被淋洗出来，且当淋洗液的总体积达到 40 mL 时，后面的淋洗液中就已经基本上不含有目标化合物了，因此该方法淋洗液用量少、淋洗速度快，较适合六种酞酸酯的净化。综合各项指标分析，方法四为最佳净化方法。

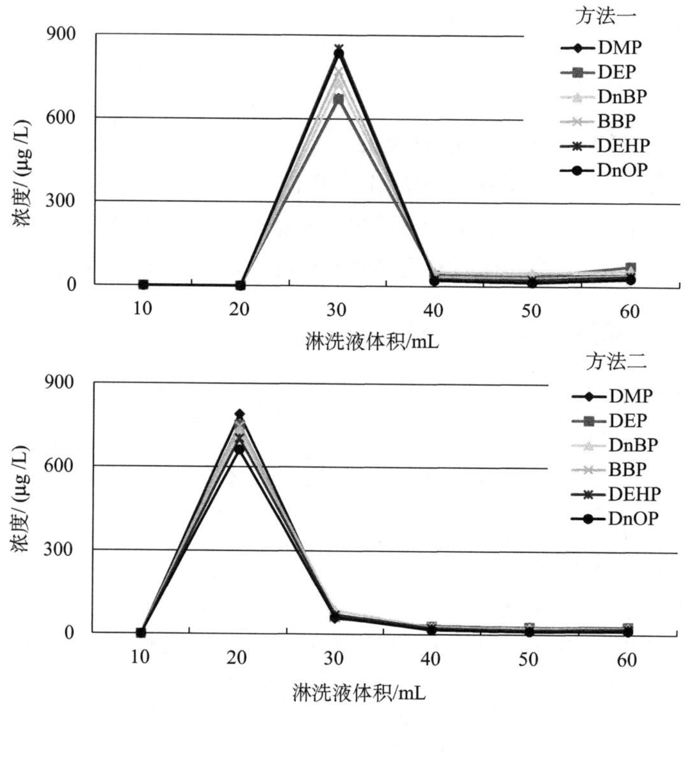

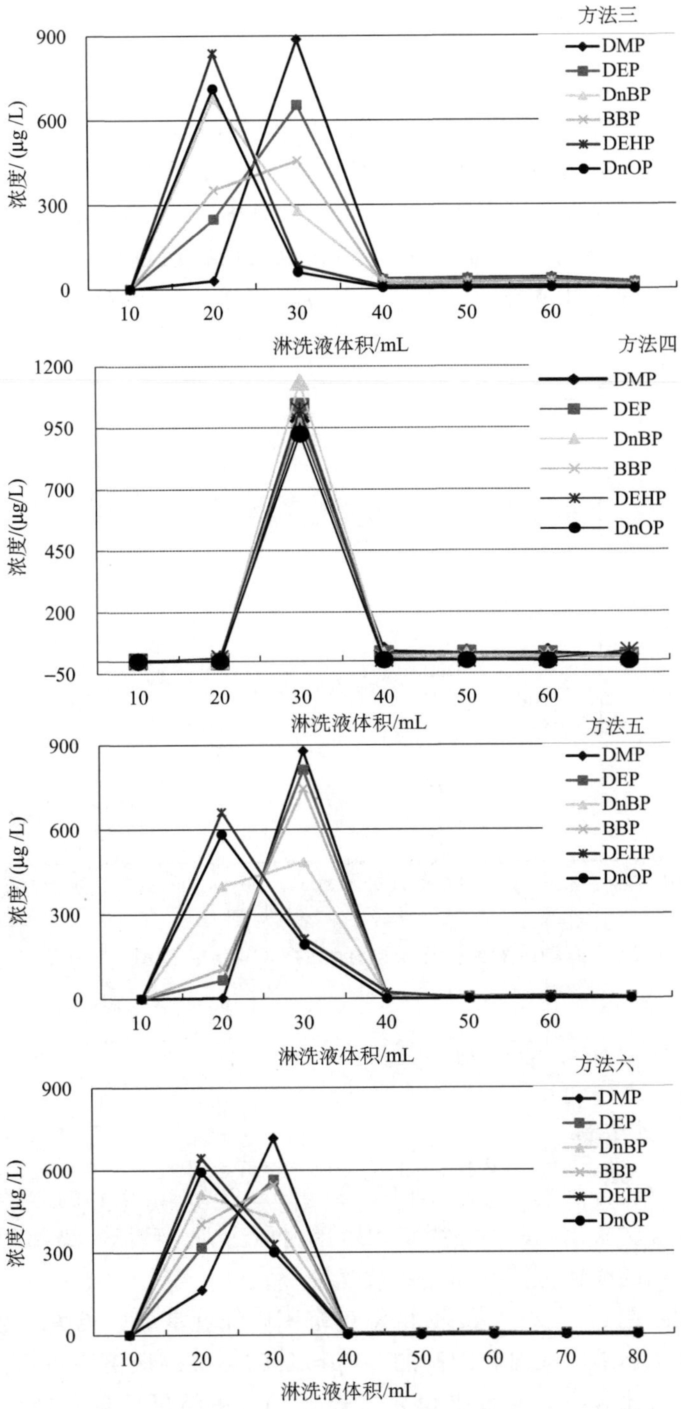

图 2-3　六种淋洗方式的淋洗曲线比较

三、酞酸酯的测定方法

酞酸酯采用 GC-MS 进行测定，具体色谱条件如下：柱温 50 ℃（保持 1 min），以 30 ℃/min 升至 200 ℃（保持 1 min），再以 8 ℃/min 升至 280 ℃（保持 3 min），不分流进样。使用 Agilent GC-MS 的 ChemStation 的选择性离子检测（selected ion monitoring，SIM）模式以及内标法进行定量分析。图 2-4 为浓度为 1 mg/L 的六种酞酸酯目标物的混合标准样品（含内标物）。

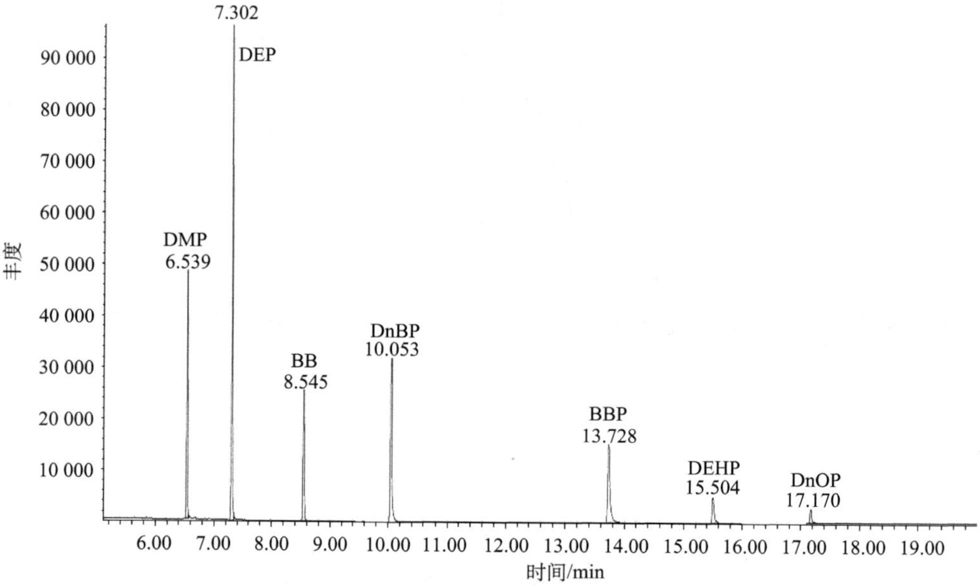

图 2-4 六种酞酸酯标样及内标物的 GC-MS 色谱图（1 mg/L）

四、酞酸酯分析的质量控制

（一）标准曲线的绘制

使用标准物质分别配制 7 个不同浓度（20～2000 μg/L）的六种目标污染物的混合标准溶液，采用 GC/MS 测定，运用内标法进行目标污染物的定量，建立标准曲线。得到的线性范围和相关系数见表 2-2。

六种酞酸酯在 20～2000 μg/L 的浓度范围内线性良好，相关系数均在 0.997 以上。同时使用标准曲线对新配制的 20 μg/L 的标准物质溶液进行定性和定量，并与真实值进行比较，计算标准偏差（表 2-3）。由结果可见六种目标物分析的相对标准偏差均小于 20%，满足分析要求。

表 2-2　六种酞酸酯的线性方程、相关系数等参数

化合物	线性方程	相关系数 R	相对响应因子 RRF（RSD，$n=7$）	特征离子 m/z
DMP	$y=127.9x+87.52$	0.9987	0.02713	163.0，77.0，194.0
DEP	$y=402.9x+139.3$	0.9994	0.01820	149.0，77.0，222.0
DnBP	$y=-527.5x+128.6$	0.9971	0.07516	149.0，223.0，278.0
BBP	$y=-2319x+88.91$	0.9974	0.07543	149.0，91.0，206.0
DEHP	$y=-2372x+59.75$	0.9977	0.08395	149.0，167.0，249.1
DnOP	$y=-309.5x+58.04$	0.9973	0.11540	149.0，167.0，279.1

表 2-3　六种酞酸酯的测定值及标准偏差

化合物	DMP	DEP	DnBP	BBP	DEHP	DnOP
测定值/(μg/L)	19.06	20.73	20.80	19.82	20.72	21.16
SD	0.1476	0.1625	0.1157	0.1273	0.1509	0.1202

(二) 仪器检出限（instrument detection limits，IDLs）的确定。

按上述程序连续分析 7 次浓度为 20 μg/L 的混合标准溶液，根据 ChemStation 的 Signal-to-Noise 方法获得进样的信噪比（S/N），计算这种分析条件下的仪器检出限。

$$\text{IDLs}=3Q\times N/S$$

其中，Q 为进样浓度，N 为噪音值，S 为信号值。

通过进样分析和计算获得了所选分析条件下的仪器检测限（表 2-4）。结果表明，这种分析条件基本满足环境中酞酸酯物质的痕量分析。

表 2-4　连续分析 7 次 20 μg/L 标准液的平均信噪比和仪器检测限

化合物	DMP	DEP	DnBP	BBP	DEHP	DnOP
信噪比 S/N	195.27	260.73	315.07	283.09	226.49	630.74
仪器检测限/(μg/L)	0.31	0.23	0.19	0.21	0.26	0.10

(三) 方法检出限（method detection limits，MDLs）的确定

在四种供试基质土壤中，添加 5 倍于方法检出限浓度的六种酞酸酯污染物后，使用优化的分析方法进行前处理，连续七次进样分析，并按照下式计算方法检出限：

$$MDLs = S \times t_{(n-1, 0.99)}$$

其中，S 是七次结果的标准偏差，$n-1$ 为自由度，0.99 表示置信区间为 99%（Kim et al.，2007）。

如表 2-5 所示，四种基质中方法检出限介于 0.002～0.29 mg/kg，可以满足酞酸酯分析的要求。

表 2-5　不同土壤基质中 7 个平行样品分析的方法检出限　（单位：mg/kg）

土壤基质	DMP	DEP	DnBP	BBP	DEHP	DnOP
红壤	0.04	0.06	0.07	0.03	0.03	0.02
黄棕壤	0.06	0.05	0.08	0.07	0.10	0.11
棕壤	0.12	0.05	0.08	0.09	0.12	0.10
黑土	0.09	0.11	0.12	0.13	0.29	0.19

（四）空白样品分析

由于酞酸酯类化合物的分析容易受到各种背景因素的干扰，因此样品分析过程中，设置空白样品处理是非常必要的。质量控制过程中，除了待测样品的分析，还需要进行三种样品的分析：全过程空白（即使用相同的仪器和试剂，按照样品处理的过程进行处理得到的空白值，表征所有实验操作、实验试剂、试验器皿和人为污染以及仪器分析等所带来的分析误差，其目的是在当前分析条件下，确保目标物的分析不受严重干扰及实验操作的精确性）、土壤基质空白（扣除不同土壤基质带来的背景干扰）、基质加标样品（在不同土壤基质中分别添加 10 倍于方法检出限浓度的六种酞酸酯目标物，再进行提取分析测定，用于验证分析方法在该种土壤类型中的适用性）。使用回收率、标准偏差等衡量结果的重现性和可靠性。

（五）全过程空白

从图 2-5 可以看出，使用优化的分析方法测得的六种酞酸酯的全过程空白值介于（1.10±0.03）～(37.08±1.46)ng，其中 DnBP 和 DEHP 有略高的背景值，且相对标准偏差也较大，表明两种化合物在环境中存在的背景值相对较高，样品分析测定时的误差也较大。

DnBP 和 DEHP 是增塑剂中最常用的两种酞酸酯类化合物，DnBP 常被用作橡胶黏合剂、电缆外皮以及各种涂料；而 DEHP 主要是用于生产食品包装袋、儿童玩具、建材以及医疗器材。含有这两种化合物的塑料制品在人们生活中的应用较为广泛，而且它们在实验室中的高背景值也较高。某些实验室用品（如聚乙

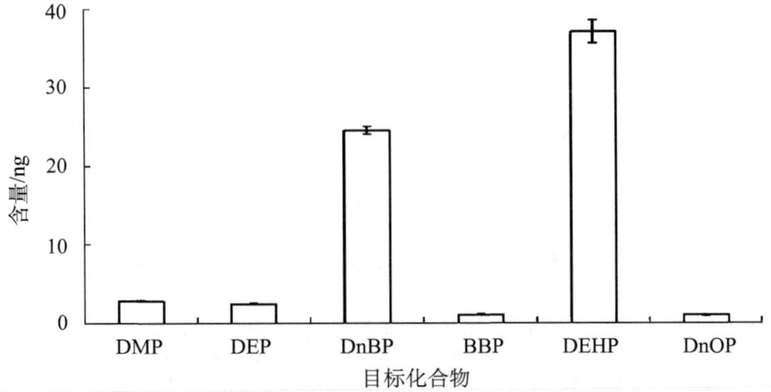

图 2-5　六种酞酸酯在全过程空白中的含量

烯软管）含 DEHP 量可高达 2×10^7 μg/kg，实验室空气中的酞酸酯含量也在 300～700 ng/m^3（Giam et al.，1975；Tienpont et al.，2005）。因此，这两种污染物的环境背景值也较高。

（六）不同土壤中的基质空白

空白土壤加标样品的测定是为了明确不同的土壤基质对目标污染物测定的影响。使用浓度为 1 mg/L 的六种酞酸酯目标物的混合溶液向四种土壤中进行添加，使用优化后的方法进行样品分析，并计算目标物的添加回收率和标准偏差，结果见表 2-6。

表 2-6　四种供试土壤的基质空白测定结果

化合物	红壤		黄棕壤		棕壤		黑土	
	浓度/(μg/kg)	SD	浓度/(μg/kg)	SD	浓度/(μg/kg)	SD	浓度/(μg/kg)	SD
DMP	39.4	3.2	32.1	0.6	50.0	2.7	27.5	3.3
DEP	3.9	0.2	17.3	0.3	4.9	0.1	11.8	0.3
DnBP	104.4	1.6	142.6	2.1	126.8	2.0	49.2	1.7
BBP	—	—	—	—	—	—	—	—
DEHP	152.3	2.2	194.5	0.6	182.5	7.2	427.0	7.5
DnOP	10.0	1.6	10.8	1.0	9.6	2.4	7.6	1.9
总和	310.0		397.3		373.8		523.1	

“—”为低于检测限即未检出。

对于不同土壤类型的基质来说，则以黑土中六种目标污染物的总含量为最高。这可能与酞酸酯类物质本身的性质有关。因为在有机质含量较高的土壤或沉积物中，酞酸酯类物质更容易被吸附，且不容易转移，而黑土是四种基质中有机质含量最高的，因而对酞酸酯的吸附，尤其是对高分子质量的亲脂性强的DEHP组分的吸附最为明显，导致了其在基质空白中含量较高。

从四种土壤基质的空白值来看，六种目标污染物中，以DnBP和DEHP的含量较高，其次则是DMP，三种物质的含量分别为49.2～142.6 μg/kg，152.3～427.0 μg/kg和27.5～50.0 μg/kg。与美国土壤允许浓度值相比除了黑土中的DnBP和四种土壤中的DMP超标以外，其他均在允许范围内（表2-7）。

表2-7　六种酞酸酯目标物在美国土壤中的浓度限值

目标化合物	DMP	DEP	DnBP	BBP	DEHP	DnOP
允许浓度/(mg/kg)	0.02	0.07	0.08	1.22	4.35	1.20
治理目标值/(mg/kg)	2.00	7.10	8.10	50.00	50.00	50.00

（七）基质添加回收率

在四种基质土壤中按照0.1 mg/kg的浓度添加六种目标污染物的混合液，之后使用优化的方法分析测定，结果见表2-8。从表2-8可以看出，四种土壤中六种酞酸酯的平均回收率在74.9%～119.2%范围内，其中红壤为80.3%～119.2%，黄棕壤为75.0%～112.7%，棕壤土为80.0%～118.6%，黑土为79.1%～118.6%，且标准偏差均小于10%。各目标物的回收率均接近美国EPA的回收率范围，符合分析要求。

表2-8　四种基质土壤中六种酞酸酯的添加回收率　　（单位：%）

土壤基质	DMP		DEP		DnBP		BBP		DEHP		DnOP	
	R	*RSD*	*R*	*RSD*	*R*	*RSD*	*R*	*RSD*	*R*	*RSD*	*R*	*RSD*
红壤	80.3	3.9	81.5	3.3	90.4	5.3	101.9	2.8	111.5	2.7	119.2	2.8
黄棕壤	75.0	1.8	76.5	2.2	80.9	1.9	94.9	1.1	104.3	0.9	112.7	0.9
棕壤	80.3	3.7	84.9	2.6	99.1	1.8	98.6	1.2	109.3	2.6	108.2	1.0
黑土	81.1	14.1	79.8	14.8	89.0	16.6	98.0	14.2	105.5	19.9	109.5	13.2
EPA-8270	93.2		95.8		90.8		91.2		94.2		89.9	

*R*为回收率，*RSD*为相对标准偏差。

邵昶铭和朱文萍（2009）利用加速溶剂萃取和凝胶渗透色谱净化（gel permeation chromatography，GPC）的方法，结合气质联用测定土壤中六种酞酸酯，其回收率达65.5%～104.4%，略低于本方法的结果。凝胶渗透色谱是1964年由J. C. Moore首先研究成功的，是按溶质分子的大小进行分离的一种色谱，在确定的仪器和实验条件下，物质的淋出体积与其分子质量有关，分子质量越大淋出体积越小。由于 GPC 的淋洗过程、浓缩过程都是直接暴露在空气中，而本方法的柱层析色谱法只有上端填料暴露于空气中且真空条件下旋转蒸发浓缩的，因而与空气接触时间更短，多组分的回收率更加稳定。

罗财红等（2010）采用内标法定量测定了沉积物中的 17 种酞酸酯，而其综合回收率由于多种组分的存在而范围较宽，为 50.5%～107.9%。加速溶剂萃取还被用于福建省三个地区土壤中酞酸酯的分析中，回收率在 81.7%～116.7%（Lin et al.，2010），与本方法结果大致相同，但其使用的是微乳电动色谱进行测定。毛细管微乳液电动色谱（MEEKC）是 20 世纪 90 年代发展起来的一种电动色谱新技术，可以同时分离水溶性、脂溶性、带电或不带电的物质，所分离物质的极性范围较宽，尤其适合于分析成分复杂的样品。

（八）土壤标准物质分析

根据选择的实际土壤基质的类型，选择了酞酸酯的两种土壤标准物质，即 CRM 119-100（BNAs-Sandy Loam 6）和 CRM136-100（BNAs-Clay 1），按照优化的方法进行前处理和分析测定，比较测定值与标准物质参考值之间的差异。测定值基本上处于给定置信区间（95%）之内（表 2-9），证明优化的酞酸酯分析方法比较可靠。

表 2-9　土壤标准物质测定值与参考值的比较

化合物	给定的置信区间/(mg/kg)		测定值/(mg/kg)	
	119～100	136～100	119～100	136～100
DMP	8.29～11.17	2.85～3.42	8.64±0.08	2.93±0.06
DEP	4.21～5.26	1.29～1.64	4.55±0.09	1.49±0.09
DnBP	—	0.64～0.80	—	0.73±0.08
BBP	12.06～16.34	6.61～8.32	13.75±0.10	6.84±0.07
DEHP	7.65～9.94	0.82～0.96	9.38±0.17	0.92±0.11
DnOP	4.93～6.54	4.78～5.71	6.31±0.14	5.47±0.12

“—”为标准物质中不含有的组分。

（九）实际污染土壤样品分析

将长三角某电子垃圾拆解区的污染农田土壤作为实际样品，进行分析并验证分析方法的可靠性；同时分析平行样品，了解分析方法在实际样品测定过程中的重现性。在全过程空白样品中添加替代物 DnBP-D_4，得到替代物的添加回收率为 94.8%±7.8%，该结果保证了本优化方法满足土壤中酞酸酯物质痕量分析的要求。而实际污染农田土壤分析结果如表 2-10 所示，六种酞酸酯总浓度约为

4.2 mg/kg，该取样点距离最近的电子垃圾拆解点距离约为 250 m。此结果与其他研究报道的六种酞酸酯目标污染物在电子垃圾拆解点 100 m 范围内时的总浓度可达 9.1～50.6 mg/kg，1000 m 时可达 2.6～17.6 mg/kg（Zhang et al.，2010）的结果基本一致，结果在可信范围内。

表 2-10 实际污染土壤中酞酸酯的分析结果

化合物	测定值/(mg/kg)			测定平均值/(mg/kg)	*SD*
	*R*1	*R*2	*R*3		
DMP	0.228	0.203	0.187	0.2060	0.0210
DEP	0.029	0.032	0.037	0.0330	0.0038
DnBP	0.638	0.688	0.684	0.6700	0.0280
BBP	0.067	0.057	0.048	0.0577	0.0095
DEHP	2.829	2.544	2.699	2.6890	0.1400
DnOP	0.467	0.662	0.515	0.5470	0.1000
标准替代物			回收率/%		
DnBP-D_4	82.88	86.57	91.21	86.89	0.041

第三节 植物中酞酸酯分析方法的优化

一、植物中酞酸酯提取方法的优化

正如本章第二节所示，加速溶剂提取对酞酸酯的提取效果较好，在提取过程中受到其他干扰因素最少，因此针对植物中酞酸酯的提取，仍然采用加速溶剂萃取法。具体方法：首先，取 ASE200 配套的干净的萃取池，用丙酮∶正己烷（体积比，1∶1）润洗三次，温和氮气流下吹干。将萃取池一端的螺母拧实，加入 2～3 个适当大小的滤纸片并于底部压实，加入两药匙的石英砂。其次，将植物表面的泥土、砂子清洗干净后，用蒸馏水冲洗植物并用吸水纸吸干表面水分，放入冷冻干燥机中干燥后剪碎并放入组织研磨器，称取植物样品粉末 1.00 g，加入 600°C 预烘烤 6 h 的硅藻土约 5 g，用药匙拌匀，全部装入萃取池并敲实，补加一些石英砂以填充萃取池的缝隙，将萃取池中的固体敲实后盖上螺母并编号，使用二氯甲烷上机进行提取，提取程序为：预热 5 min；加热 5 min；静态提取 5 min；压力 1500 psi；提取温度 100 ℃；氮气吹扫 120 s；淋洗液体积 36 mL；循环两次。最后，将提取液转移到梨形瓶中，40℃水浴 410 mbar 下旋转蒸发浓缩，转速 80 r/min，浓缩至 1 mL 左右，加入 5 mL 正己烷混匀，再旋转蒸至1～2 mL（真空度调整为 350 mbar，其余同上），浓缩液待柱层析净化。

二、植物中酞酸酯净化方法的优化

植物提取液净化方法同土壤样品净化方法。采用内径 1 cm，长 26 cm 的玻璃层析柱，用少许索氏抽提过的脱脂棉堵住下端。依次装入无水硫酸钠 2 g、中性氧化铝 6 g、硅胶 12 g 和无水硫酸钠 1 g，首先使用 15 mL 正己烷和 15 mL 正己烷：丙酮（4：1）预淋洗，添加样品浓缩液后使用正己烷：丙酮（4：1）淋洗。将淋洗液收集于带刻度的尾型瓶，并旋转蒸发（压力 350 mbar、40 ℃水浴及转速 80 r/min）至 1～2 mL，加色谱纯的正己烷 5 mL，再按上述条件旋转蒸至<1 mL，加入内标物后再用色谱纯的正己烷定容至 1 mL，涡旋混匀。

由于叶菜类的植物样品中含有较多的色素，为减少样品上机测定时色素等杂质带来的干扰，还需要对植物样品提取溶液进一步酸洗。将层析后的浓缩样品用正己烷定容到 5 mL 并转移到 30 mL 比色管中，添加优级纯的浓硫酸 2 mL，涡旋震荡 1 min，静置 3 min 后，用移液枪吸取上层正己烷，并转移到尾形瓶中。再往比色管中添加 3 mL 正己烷，萃取一次，合并上层正己烷；再重复一次。在酸液层中添加饱和氢氧化钠溶液 4 mL 后，添加 3 mL 正己烷萃取混合液，并将上层正己烷合并于尾形瓶，重复两次。将所有合并的正己烷旋转蒸发浓缩（真空度 290 mbar、40 ℃水浴及转速 80 r/min）至小于 1 mL，加入内标物后再用色谱纯的正己烷定容至 1 mL，涡旋混匀后上机测定。

三、植物中酞酸酯的加标回收率测定

根据我国典型设施农业区的主要农作物种类，选择了市售的几种常见设施蔬菜的可食部分进行添加回收率验证，添加浓度为 1000 μg/kg，以检验分析方法

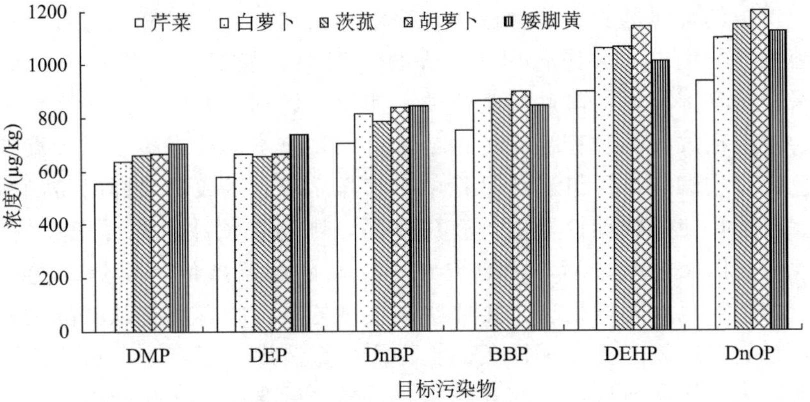

图 2-6　几种蔬菜中的酞酸酯添加回收率分析

的适用性和可靠性。如图 2-6 所示，几种蔬菜的添加回收率均在 50%～120%，除了 DMP 和 DEP 两种小分子的酞酸酯分析可靠性较差之外，其他四种均能达到分析要求。

第四节　酞酸酯分析的质量保证措施

样品分析过程的质量控制对最终分析结果的准确性起着至关重要的作用。尤其是酞酸酯这类特殊的有机污染物，分析过程中更容易受溶剂、器皿和实验室环境等因素的影响（Reid et al.，2007），因此，更需要对分析过程中的多种分析结果的因素严格控制。环境背景是酞酸酯准确分析的主要限制因素（Tienpont et al.，2005），特别是 DnBP 和 DEHP 两组分。某些实验室用品，如聚乙烯软管等含 DEHP 量可高达 2×10^7 μg/kg，实验室空气中含量可达 300～700 ng/m^3（Giam et al.，1975；Tienpont et al.，2005），因此酞酸酯分析过程中对背景污染的控制要求更为严格（汤国才等，1993；孟平蕊等，1995；陈永山，2010）。

根据样品采集和分析的不同阶段，主要将影响环节分为前、中、后三个时期，所有实验过程都要严格按照三个时期所有的注意事项进行操作，以保证将各环节带来的背景干扰降至最低。

一、样品采集和保存

对于土壤样品的分析来说，合格的样品是最终能够得到准确分析数据的首要因素，因此，在采集样品的过程中防止样品受到污染是非常重要的。样品的采集要有代表性，根据不同的采样要求选择合适的采样工具，对于需要进行酞酸酯含量分析的土壤样品，自然不能使用塑料制的或是含有塑料部分的采样工具。此时最好使用清洁的金属器具，本方法建议采用不锈钢铲进行采样，且在采样之前使用有机溶剂进行润洗，并进行风干（条件许可时，最好进行氮气流下的风干），以减少采样器具上黏附的酞酸酯类物质。使用不锈钢或者竹片或小木铲等挖取土壤时，为避免存放样品过程带来的污染，可以将土壤样品直接装入带聚四氟乙烯衬垫棕色磨口玻璃瓶，尽量避免过程中土壤样品与人手或者采样时带的橡胶手套的接触。若选择使用玻璃仪器进行盛放样品，则还必须注意采样瓶在使用之前，经过常规清洗以及过酸之后，尚需要在 400 ℃的高温条件下烘烤。洗涤采样瓶时，对应的瓶盖也要同样处理。需要明确注意的是，所有测定酞酸酯的样品均不可以在自封袋内盛放。装入采样瓶的土样需尽量装满、压实、不留空隙，并及时盖好瓶盖，减少样品与环境的交互作用。采样之后要注意样品的保存，尤其是含有酞酸酯类污染物的样品，不能烘干或风干，应该在冷冻干燥机中干燥除水后进行分析。不能立即分析的样品应置于−20 ℃冰箱中保存，以减少目标污染物的损失。

二、样品分析前处理

当前对土壤酞酸酯的前处理方法众多，从对设备要求比较简单的超声萃取到使用较昂贵设备的加速溶剂萃取，以及一些新型的提取方法和仪器，提取过程和使用的溶剂等都存在着巨大的差异，前处理过程中需要用到的各种玻璃器皿的种类和数量也存在较大差异，因此该过程易带来背景值污染。为了尽量减少这个过程中引入的背景杂质的干扰，要尽量选择提取步骤少、提取时间短、溶剂使用量较少、操作流程相对简单且使用的器皿数量较少以及与环境空气接触尽量较少的提取方式，最终达到降低前处理过程中带来的背景值的目的。然而，当选择了一定的提取方式后，样品的提取步骤、溶剂用量、操作流程、器皿数量基本上不变，因此可以人为改变条件控制提取时间、使用较好的溶剂、使用较为洁净的器皿以及尽量减少样品与环境空气接触时间等。

控制提取时间最重要的一点体现在样品前处理的操作程度上，也就是说，在保证各步骤都能达到预期效果的基础上，尽量加快各环节的操作，从而便可以减少样品与环境空气接触时间。在对样品的整体前处理时间进行分析时发现，由于样品前处理的熟练程度上的差别，不同实验操作者在一个样品的处理时间上的差别可以达到 5 倍之多，而延长样品的分析时间所带来的可能的背景值是超乎想象的。当实验操作者较为熟练时（每个样品前处理控制在 6 h 之内），测定的全过程空白值（以 DnOP 组分为例）基本可保持在 0.5 mg/L（样品定容体积为 1 mL 的情况下）以内，而当操作人员对每个样品前处理控制在 1.5 d 左右时，该组分的背景值可以达到 105 mg/L 左右，无法满足有机污染物痕量分析的要求。这一对比结果可以充分说明，在保证各步骤都能达到预期效果的基础上，尽量加快各环节的操作的重要性以及环境中的酞酸酯背景值的不可忽略性，而这种背景主要来源于实验室空气。

在加快前处理流程的同时，还需要对试剂和器皿进行处理，减少分析中的背景污染。所有有机溶剂在使用前必须经过重蒸。有研究表明实验室使用的分析用水和有机溶剂也含痕量的酞酸酯，有些甚至超过 1 μg/L。由于分析用水主要用于清洗玻璃器皿，因此，其中的痕量酞酸酯可以通过高温烘干后并使用有机溶剂润洗的方式进行去除。柱层析净化过程中使用的各种填料在使用前需要在马弗炉中 400 ℃以上烘烤至少 6 h，以去除杂质干扰，并尽快转入干燥器中保存备用。每隔一段时间还需要重新进行活化，以保持填料的吸附活性。同时，各种玻璃仪器表面也会吸附酞酸酯类物质，带来背景干扰，因此玻璃仪器的清洗也要特别注意。首先使用清洗剂超声洗涤两次，再在清水中超声两次，将玻璃器皿烘干后，使用浓度为98%的分析纯浓硫酸进行浸泡，再分别以自来水和去离子水冲洗干净。值得一提的是，很多清洁剂中也含有酞酸酯类物质，因此，为了在清洗玻璃器皿的过程中不增加或尽量减少引入酞酸酯的可能，在清洗过程中的清水超声清洗时需要特别注意，可多进行一次清水超声清洗，以保证将使用洗涤剂而带来的背景酞酸酯去除干净。不带刻度线的玻璃仪器，如梨形瓶、普通漏斗、层析柱等还需要置于马弗炉中400 ℃烘烤，以去除杂质干扰。

此外，各环节的操作也要严格按照规范的操作方法进行，以减少背景干扰。如尽管柱层析所用填料使用前在马弗炉中进行了长时间的高温活化，但是由于这类物质本身较为活泼的化学性质，存放过程中仍然会不可避免地吸附一部分酞酸酯，因此需要严格进行柱层析初期的预淋洗操作，以尽量洗涤出填料上吸附的目标化合物。分析过程中的浓缩环节也是可以优化的，一般若非样品提取体积特别小，建议使用旋转蒸发浓缩的方法，而尽量减少使用氮吹或小柱浓缩的方式，以减少样品在空气中的暴露时间，从而降低空气带来的背景污染。

三、分析测试

色谱分析过程中GC-MS仪器的进样口隔垫、填充物、O形环、进样针刺穿进样口隔垫产生的隔垫碎屑、色谱柱污染及流失和气源系统是最主要污染来源。可以采用走空溶剂（色谱纯正己烷）的方式检查色谱分析过程中可能带来的酞酸酯污染。另外，要选择合适的标准物质对所使用的分析方法和分析结果的准确性进行验证和评估。同时，进行空白校正，空白来自分析试剂、试样中与被测组分共存的组分、器皿、溶剂以及环境（主要是空气和灰尘）。空白影响分析结果的准确度和精密度以及检测方法的检出限和灵敏度，尤其在痕量物质的分析过程中影响明显。一定要在分析样品的同时分析全过程空白、基质空白、平行样品等，控制各环节带来的干扰。此外，样品上机检测过程中，还应注意空白溶剂、标准样品、样品重复等测定、标准品校正以及内标物的使用，以保证分析测试的准确性。每次实验分析必须包括待测样品（14个左右）、全过程空白（2～3个）、相应土壤类型的基质空白（2～3个）和土壤标准参照物（每分析约100个样品，需分析一次对应土壤类型的标准参照物），以保证实验结果的可靠性。每次上机分析的标准溶液也必须现用现配，以保证分析结果的准确性。全过程空白、空白加标、加标回收、加标样品平行和样品平行的测定过程中，必须使用内标物进行定量，以确保过程的质量控制。

参考文献

蔡全英，莫测辉，李云辉，等. 2005. 广州、深圳地区蔬菜生产基地土壤中邻苯二甲酸酯研究. 生态学报，25（2）：283-288.

陈永山，骆永明，章海波，等. 2011. 设施菜地土壤酞酸酯污染的初步研究. 土壤学报，48（3）:516-523.

程爱华，王磊，张睿，等. 2007. 水中微量邻苯二甲酸酯类物质实用分析方法的确定. 环境工程，25（3）：77-79.

丛惠芳，王丽霞，邵蕾. 2008. 超声波萃取-液相色谱-质谱法测定蔬菜中的酞酸酯. 食品科技.（8）：222-224.

关卉，王金生，万洪富，等. 2007. 雷州半岛典型区域土壤邻苯二甲酸酯（PAEs）污染研究. 农业环境科学导报，26（2）：622-628.

李存雄，方志青，张明时，等. 2010. 贵州省部分地区土壤中酞酸酯类污染现状调查. 环境监测管理与技术，22（1）：33-36.

李满秀，王华燕. 2005. 荧光法测定环境样品中的邻苯二甲酸酯. 分析化学，33（9）：1315-1317.

廖翀，杨坪，赵云芝，等. 2008. 串联四极杆质谱（GC-QqQ-MSPMS）测定土壤中的邻苯二甲酸酯与多环芳烃. 中国环境监测，24（5）：12-16.

罗财红，郭志顺，孙静. 2010. 快速溶剂萃取-气相色谱-三重四极杆质谱法测定沉积物中的酞酸酯. 色谱，28（5）：487-490.

孟平蕊，王西奎，徐广通，等. 1996. 济南市土壤中酞酸酯的分析与分布. 环境化学，15（5）：427-432.

邵昶铭，朱文萍. 2009. 快速溶剂萃取-凝胶渗透色谱净化-GC/MS 分析土壤中酞酸酯（PAEs）. 干旱环境监测，23（2）：73-76.

汤国才，蔡玉祺，王珊龄. 1993b. 农膜增塑剂在农田中的残留. 农村生态环境，（3）：36-39.

王玲玲，王潇磊，刘丹，等. 2009. 土壤介质中酞酸酯类污染物分析方法研究. 中国环境监测，25（4）：4-7.

张利飞，杨文龙，董亮，等. 2011. 苏南地区农田表层土壤中多环芳烃和酞酸酯的污染特征及来源. 农业环境科学学报，30（11）：2202-2209.

张中华，金士威，段晶明，等. 2010. 台州电子废物拆解地区表层土壤中酞酸酯的污染水平. 武汉工程大学学报，32（7）：28-32.

周相娟，赵玉琪，李伟，等. 2010. 气相色谱/质谱法测定塑料食品包装中柠檬酸酯. 食品与机械，26（5）：65-67.

Blair J D，Ikonomou M G，Kelly B C，et al. 2009. Ultra-trace determination of phthalate ester metabolites in seawater，sediments，and biota from an urbanized marine inlet by LC/ESI-MS/MS. Environmental Science and Technology，43（16）：6262-6268.

Cao B，Ma J，Li Y M Z，et al. 2011. Determination of phthalic acid esters in soils by soxhlet technology-high precision liquid chromatography. Journal of Geology，35（1）：73-77.

Chee K, Wong K, Lee K. 1996. Microwave extraction of phthalate esters from marine sediment and soil. Chromatographia, 42: 378-384.

Giam C S, Chan H S, Neff G S. 1975. Sensitive method for determination of phthalate ester plasticizers in open-ocean biota samples. Analytical Chemistry, 47: 2225-2229.

Hu X Y, Wen B, Shan X Q. 2003. Survey of phthalate pollution in arable soils in China. Journal of Environmental Monitoring, 5: 649-653.

Kim S C, Carlson K. 2007. Temporal and spatial trends in the occurrence of Human and veterinary antiobiotics in aqueous and river sediment matrices. Environmental Science and Technology, 41: 50-57.

Leung S C, Giang B Y. 1993. Phthalate esters as potential contaminants during GC analysis of environmental samples using electron capture and mass spectrometric detectors. Bulletin of Environmental Contamination and Toxicology, 50 (4): 528-532.

Li X H, Ma L L, Liu X F, et al. 2006. Phthalate ester pollution in urban soil of Beijing, People's Republic of China. Bulletin of Environmental Contamination and Toxicology, 77: 252-259.

Liang P, Zhang L L, Peng L L, et al. 2010. Determination of phthalate esters in soil samples by microwave assisted extraction and high performance liquid chromatography. Bulletin of Environmental Contamination and Toxicology, 85 (2): 147-151.

Lin Z A, Zhang J H, Cui H M, et al. 2010. Determination of phthalate esters in soil by microemulsion electrokinetic chromatography coupled with accelerated solvent extraction . Journal of Separation Science, 33 (23-24): 3717-3725.

Mo C H, Cai Q Y, Tang S R, et al. 2009. Polycyclic aromatic hydrocarbons and phthalic acid esters in vegetables from nine farms of the Pearl River Delta, South China. Archives of Environmental Contamination and Toxicology, 56: 181-189.

Rastogi S C. 1998. Gas chromatographic analysis of phthalate esters in plastic toys. Chromatographia, 47 (11-12): 724-726.

Reid A M, Brougham C A, Fogarty A M, et al. 2007. An investigation into possible source of phthalate contamination in the environmental analytical laboratory. International Journal of Environmental and Analytical Chemistry, 87 (2): 125-133.

Tienpont B, Frank D, Eric D, et al. 2005. Pitfalls and solutions for the trace determination of phthalates in water samples. Chromatographia, 61: 365-370.

Toda H, Sako K, Yagome Y, et al. 2004. Simultaneous determination of phosphate esters and phthalate esters in clean room air and indoor air by gas chromatography-mass spectrometry . Analytica Chimica Acta, 519 (2): 213-218.

Wang F, Xia X H, Sha Y J. 2008a. Distribution of phthalic acid esters in Wuhan section of the Yangtze River, China. Journal of Hazardous Materials, 154: 317-324.

Wang P, Wang S L, Fan C Q. 2008b. Atmospheric distribution of particulate and gas-phase phthalic esters (PAEs) in a Metropolitan City, Nanjing, East China. Chemosphere, 72

(10): 1567-1572.

Xia X H, Yang L G, Bu Q W, et al. 2011. Levels, distribution and health risk of phthalate esters in urban soils of Beijing, China. Journal of Environmental Quality, 40 (5): 1643-1651.

Xu G, Li F H, Wang Q H. 2008. Occurrence and degradation characteristics of dibutyl phthalate (DBP) and di- (2-ethylhexyl) phthalate (DEHP) in typical agricultural soils of China. Science of the Total Environment, 393: 333-340.

Zhang D, Liu H, Liang Y, et al. 2009. Distribution of phthalate esters in the groundwater of Jianghan plain, Hubei, China. Frontiers of Earth Science in China, 3 (1): 73-79.

Zhang Z H, Jin S W, Duan J M, et al . 2010. Surface soil contamination levels of phthalates in Taizhou electronic waste disposing district. Journal of Wuhan Institute of Chemical Technology, 32: 28-32.

Zhou X, Shao X, Shu J J, et al. 2012. Thermally stable ionic liquid-based sol-gel coating for ultrasonic extraction-solid-phase microextraction-gas chromatography determination of phthalate esters in agricultural plastic films. Talanta, 89 (30): 129-135.

第三章　设施农业区土壤及植物酞酸酯污染特征

酞酸酯已成为全球最普遍的一类有机污染物，被称作“第二个全球性的PCB污染物”。在我国，酞酸酯的土壤污染问题从20世纪80年代开始受到关注（赵振华，1986；胡晓宇等，2003）。研究发现，济南市郊、北京市郊温室土壤、北京城郊土壤、浙江省台州市电子垃圾拆解点附近农田、东莞某菜地、苏南13个农田表层土壤样品中的酞酸酯总含量可达0.575 μg/kg～8.0 mg/kg（孟平蕊等，1996；Ma et al.，2003；蔡全英等，2005；Li et al.，2006；Liu et al.，2009；赵胜利等，2009；张利飞等，2011）。农膜残留是农田土壤酞酸酯的主要来源（汤国才等，1993；Wormuth et al.，2006），设施大棚内的土壤酞酸酯污染不容忽视。

1969年，日本首次从自然界的植物体中提取到包括DEHP的几种酞酸酯（Asakawa et al.，1969）；后来又发现玉米、高羊茅、小麦、大豆苗等的地上部对酞酸酯的积累（Dorney et al.，1985），标志着酞酸酯对植物的污染已引起关注。而我国大棚蔬菜中酞酸酯的总含量介于0.07～55.1 mg/kg。调查的植物种类包括空心菜、生菜、胡萝卜、红辣椒、菜心、萝卜、冬瓜、黄瓜、南瓜、大白菜、芥菜、蚕豆、甘蓝、油菜、豇豆、茄子、大豆、雪里蕻、小青菜、芹菜、菠菜、卷心菜、大蒜、苋菜、小麦和玉米（庞金梅等，1995；蔡全英等，2003；曾巧云等，2005；2006；2007；Cai et al.，2006；2008；王丽霞等，2007；Du et al.，2009；Mo et al.，2009；刘文莉等，2010；李米等，2010；于立红等，2010；2011；Zornikova et al.，2011；Fu et al.，2011），最常检测到的两种酞酸酯组分分别是DnBP和DEHP，含量为0.32～14.26 mg/kg干重和0.51～(52.0±3.1)mg/kg，接近或高于欧盟食品最高限制浓度（DnBP为0.3 mg/kg，DEHP为1.5 mg/kg）（Laturnus et al.，2007）。因此需加强典型设施农业区各种蔬菜的酞酸酯污染研究。

设施蔬菜已成为农业产业结构调整的主要模式，是许多地区的支柱产业。三十多年来，我国蔬菜种植面积由1990年的661万公顷，到2010年年底已达到1867万公顷，约占农作物总种植面积的14.5%，其中设施菜地面积约为466.7万公顷，并以每年10%的速度继续增长（喻景权，2011；全国蔬菜产业发展规划2011～2020，2012）。农膜和有机肥是设施农业发展和改善设施蔬菜生产条件的重要保证。随着设施蔬菜的大规模发展，大量农膜和有机肥被引入设施菜地，2010全国农用塑料薄膜使用量达到217.3万吨，其中地膜用量为118.4万吨，地膜覆盖面积达到1559.1万公顷（中国统计年鉴，2011），肥料用量达到6300

万吨，其中氮肥用量达 3292 万吨（Guo et al.，2010；Zhao et al.，2010）。大量农膜和肥料的使用，不仅导致土壤环境与质量发生显著变化（Anikwe et al.，2007），而且导致设施菜地土壤酞酸酯污染。因此，研究设施菜地酞酸酯污染特征，对改善设施土壤环境质量，提高农产品品质具有重要意义。因此，选取了我国几个典型设施农业发展区，对其土壤和蔬菜中酞酸酯含量进行了调查与分析，明确典型设施农业生产区域土壤和蔬菜的酞酸酯污染特征，为促进设施农业的可持续发展提供理论依据。

第一节　我国设施土壤中酞酸酯的来源及污染现状

一、常见酞酸酯种类、化学性质及用途

酞酸酯（PAEs）即邻苯二甲酸酯，是目前世界上生产量最大、应用面积最广的人工合成有机化合物。酞酸酯作为增塑剂广泛应用于塑料、汽车、服装、化妆品、润滑剂和农药等行业，少量用作去污剂的生产原料，很容易随着各种塑料制品的制造和使用释放到环境中，对空气、水和土壤等介质造成污染。

（一）常见酞酸酯的种类及化学性质

目前，商品化使用的酞酸酯约有 14 种，其中六种被美国国家环保总局（Environmental Protection Agency of the United States，USEPA）列为优先控制的有毒污染物（结构式见图 3-1），八种被世界野生动物基金会（World Wildlife Fund，WWF）列为环境激素类物质，中国也将 DMP、DnBP 和 DnOP 作为优先控制的污染物（周文敏等，1991；林兴桃等，2003）。

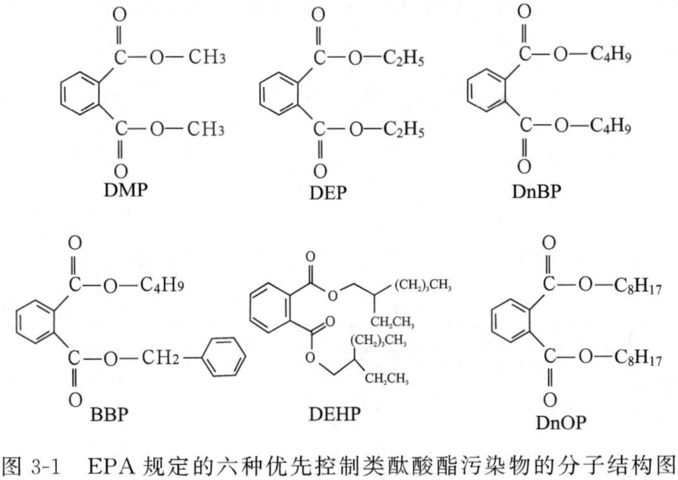

图 3-1　EPA 规定的六种优先控制类酞酸酯污染物的分子结构图

酞酸酯多为无色透明油状的黏稠液体，通常是由酞酸酐和醇反应得到（俞力平等，1997）。表 3-1 列出了 11 种酞酸酯的物理化学性质，由表可知，酞酸酯亨利常数低、沸点高、蒸汽压低、难溶于水，只能缓慢挥发到大气中，并强烈地吸附于颗粒物上，仅有少量以气态存在。而由于其比重与水相近、难燃烧、凝固点低、易溶于有机溶剂和脂类且具有相当宽的液态温度范围和很大的流动性等特殊的物理化学性质，决定了酞酸酯类物质的特殊环境行为。在水-底泥体系中，酞酸酯大多吸附于底泥上，特别是烷基链较长的酞酸酯。已测得 DEP、DnBP 和 DEHP 的水/底泥分配系数 K_p 分别为 1、22 和 1400，其中分子质量较大、烷基链长的 DEHP 的 K_p 值最高，说明其较强的吸附性和难迁移性（Russell et al.，1983）；水中约 90％的 DEHP 吸附于底泥上，底泥中有机碳含量越高，其吸附越强烈。虽然酞酸酯在水中的溶解度很低，但是由于水体表层有机物的吸附或溶解，也能导致酞酸酯含量的大大增加（倪进治等，2006；Xu et al.，2008）。酞酸酯在环境中的迁移情况与其烷基链的长度和结构有很大关系。其正辛醇/水分配系数 K_{ow} 值与烷基链的长度和结构相关，烷基链越长，K_{ow} 值越大，而 K_{ow} 值越大，酞酸酯越易被有机物吸附，在不同介质中的迁移速度也就越慢。

表 3-1　邻苯二甲酸酯的物理化学特性*

名称	分子质量/(g/mol)	$\log K_{ow}$	亨利常数/[atm/(mol/m³)]	水溶性/(mg/L)	蒸汽压/mmHg
DMP	194.18	1.6	1.97×10^{-7}	4000	3.08×10^{-3}
DEP	222.24	2.42	6.10×10^{-7}	1080	2.1×10^{-3}
DPrP	250.29	3.27	4.03×10^{-7}	108（20℃）	1.32×10^{-4}
DnBP	278.34	4.5	1.81×10^{-6}（23℃）	11.2	2.01×10^{-5}
DPP	306.4	4.1	3.06×10^{-8}	0.082	7.53×10^{-7}
DHP	334.45	6.82	2.57×10^{-5}	0.05	1.40×10^{-5}
BBP	312.36	4.73	1.26×10^{-6}	2.69	5.28×10^{-6}
DCHP	330.42	6.2	1.00×10^{-7}	4	8.69×10^{-7}
DEHP	390.56	7.6	2.70×10^{-7}	0.27	1.42×10^{-7}
DOP	390.56	8.1	2.57×10^{-6}	0.022	1.00×10^{-7}
DOA	370.57	6.11	4.34×10^{-7}（20℃）	0.78（22℃）	8.50×10^{-7}

* 无注明情况，均表示 25℃ 条件，参考数据主要来自 Syracuse Research Corporation（SRC，New York，USA，）数据库。

(二) 六种优控类酞酸酯的主要用途

DMP与DEP配合可以用于醋酸纤维素的薄膜、清漆、透明纸和模塑粉等的制作以及硝基纤维素的制作。DMP还可用作丁腈胶的增塑剂、驱蚊油（原油）、聚氟乙烯涂料、过氧化甲乙酮以及滴滴涕的溶剂。DEP除了用作增塑剂、溶剂、润滑剂，还能作为定香剂、有色或稀有金属矿山浮选的起泡剂、气相色谱固定液、酒精变性剂、喷雾杀虫剂。DnBP与大多数橡胶和树脂兼容性良好，溶剂化作用强，用作耐水性、耐热、耐油抽出性的增塑剂，如PVC的添加剂、丙烯酸涂料、过氯乙烯涂料、丙烯酸氨基及阳极电泳涂料等。BBP用作PVC的主增塑剂，与树脂相溶性好，并与聚苯乙烯、醋酸乙烯树脂、硝酸纤维素等互溶性好、塑化速度快、填充剂容量大、耐水和耐油抽出；常与其他增塑剂配合，用于含大量填充剂的塑料地板、装饰材料及瓦楞板等；用于具有良好透明性和光滑表面的制品及压延法制泡沫人造革。增塑剂中最常使用的是DEHP，它主要用在PVC塑料制品如保鲜膜、食品包装、玩具、导管、输液袋等，用量通常为30%～50%。2011年的台湾饮料安全事件，正是一些不法厂商用DEHP代替成本较高棕榈油添加进食品中而引起的。DnOP大量用于生产橡胶、塑料、润滑剂、黏合剂、涂料、高分子助剂、印刷油墨用软化剂及电容器油等。

二、设施土壤中酞酸酯的来源

设施农业生产中大量使用农膜、农药、有机肥、化肥、污泥农用以及污水灌溉，使得大量的酞酸酯被带入设施土壤。通过对不同来源的酞酸酯含量分析表明，不同农用化学品中酞酸酯含量差异较大。由图3-2可知：不同来源的酞酸酯含量差异显著，地膜中酞酸酯含量最高，其次是鸡粪、食用菌渣、棚膜等，鸭粪中酞酸酯含量最低；不同污染源酞酸酯含量介于1.43 mg/kg至119.4 mg/kg，不同颜色农膜中酞酸酯含量差异显著，黑色地膜中酞酸酯含量为119.4 mg/kg，白色地膜为50.8 mg/kg。鸡粪、菇渣、农膜、猪粪、牛粪、商品有机肥以及鸭粪的总酞酸酯含量分别为6.84 mg/kg、6.40 mg/kg、4.89 mg/kg、4.57 mg/kg、3.65 mg/kg、2.95 mg/kg和2.24 mg/kg。农膜以及有机肥是土壤中酞酸酯的主要来源。此外，有研究表明空气中酞酸酯的沉降、污水灌溉以及农药施用等是土壤中酞酸酯的重要来源。

三、我国土壤酞酸酯污染现状

酞酸酯是一类环境激素类化合物，不但在农田土壤、地表水、沉积物中浓度

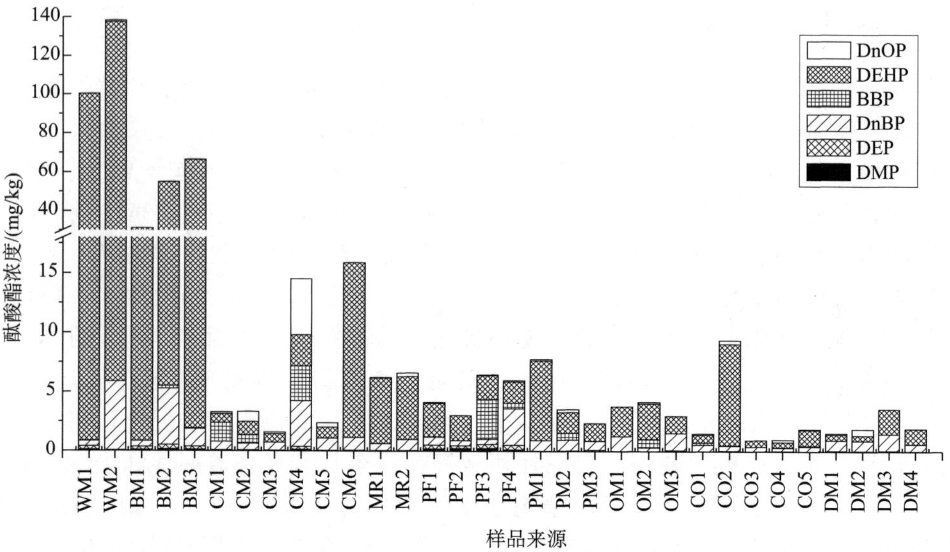

图 3-2　不同农业化学品中酞酸酯的含量

（WM 表示白色农膜，BM 表示黑色农膜，CM 表示鸡粪，MR 表示菇渣，PF 表示棚膜，PM 表示猪粪，OM 表示牛粪，CO 表示商品有机肥，DM 表示鸭粪）

较高，甚至在大气和地下水中也能够检出高浓度的酞酸酯（Hu et al.，2003；Wang et al.，2008a；Wang et al.，2008b；Xu et al.，2008；Zhang et al.，2009）。20 世纪 80 年代，我国开始关注土壤酞酸酯污染问题，并开展了一系列的研究（赵振华，1986；胡晓宇等，2003）。从全国来看，北至哈尔滨，西至贵州，南到雷州半岛以及东部沿海城市均检测到酞酸酯污染，而且多数已经达到 mg/kg 数量级（Hu et al.，2003；关卉等，2007；Zeng et al.，2008；李存雄等，2010）。DnBP 和 DEHP 两种组分比英国的 Hamble Series 的黏土、Evesham Serier 的重黏土高出 1～2 个数量级，比丹麦 Roskilde 农业土壤（不包括污泥施用土壤）高出 2～3 个数量级，也高出荷兰土壤污染目标值 0.1 mg/kg 的标准（Vikelsøe et al.，2002；Gibson et al.，2006；Carlon，2007）。酞酸酯在我国农田土壤中的累积正在不断地加剧，孟平蕊等（1996）研究发现济南市郊区的 0～20 cm 表层土壤中 DEHP、DnBP 和 DEP 总浓度最高可达 8.35 mg/kg。2003 年，太湖沉积物中包含酞酸酯在内的 17 种环境激素类物质浓度比 1985 年提高了两倍以上（Wang et al.，2003）。北京市郊温室土壤中酞酸酯以 DnBP 和 DEHP 为主，总浓度为 1.3～3.2 mg/kg（Ma et al.，2003）。蔡全英等（2005）研究发现广州和深圳地区典型蔬菜基地土壤中的 DnBP 和 DEHP 的浓度最大，分别可达到 18 mg/kg和 16 mg/kg，各种酞酸酯组分的总浓度高达 3～46 mg/kg。对北京城郊农业土壤的研究表明，DnBP、DEHP 和 DiBP 是主要污染物，六种优先控制类酞酸酯总浓度为 0.51～8.0 mg/kg（Li et al.，2006）。Xu 等（2008）发现在哈尔滨和邯郸两个地区，无论是耕种的露天土壤还是温室土壤，DBP 和 DEHP 都是土壤中的典型酞酸酯类污染物，DBP 已经高达 2.75～29.37 mg/kg；DEHP 也达到了 1.15～7.99 mg/kg。Liu 等（2009）发现浙江省台州市的电子垃圾拆解区附近的农田土壤中 DEHP、DnBP 和 DEP 最易检出，占总量的 94%以上。Zeng 等（2009）发现广州城区土壤普遍存在酞酸酯污染，DiBP、DnBP 和 DEHP 是主要的成分，占 16 种酞酸酯总浓度的四分之三以上。赵胜利等（2009）发现珠三角东莞土壤的酞酸酯含量最高，菜地土壤中平均含量都比果园高，DEP 和 DnBP 均超过了美国土壤酞酸酯控制标准。张利飞等（2011）研究发现苏南地区 13 个农田表层土壤样品中总酞酸酯的浓度在 0.575～762 μg/kg，其中 DnBP 和 DEHP 含量最高。

我国北方土壤酞酸酯的平均污染程度高于南方，农膜残留是农田土壤酞酸酯的主要来源（汤国才等，1993；Wormuth et al.，2006），设施大棚内的酞酸酯污染容易被忽视。监测数据显示，一些设施大棚内土壤 DnBP 浓度达 3.6 mg/kg，DEHP 浓度达 3.4 mg/kg，棚内空气 DEHP 亦达（550±210）ng/m^3（Wang et al.，2002）；华南一些蔬菜基地土壤酞酸酯总量可达 35.62 mg/kg（蔡全英等，2005）。未耕种的土壤中，酞酸酯的含量一般较低，温室土壤则相对较高（Xu et al.，2008）；珠三角大部分地区菜地土壤的平均酞酸酯含量比果园高，可能是菜地土壤中农膜使用更普遍所致（赵胜利等，2009）。

第二节　典型设施农业区土壤酞酸酯污染特征

为明确不同区域设施农业土壤酞酸酯的分布差异，分别采集了华东地区的上海青浦（QP）、徐州铜山（TS）、山东寿光（SG）和南京（NJ），华北的河北（HB）和北京（BJ）以及西南地区的昆明（KM）和成都（CD）等地区的设施蔬菜基地土壤样品，通过分析检测出这些区域土壤中酞酸酯的含量，进一步明确了这些区域土壤酞酸酯污染状况和分布特征。

一、华东地区土壤中酞酸酯的污染特征

华东地区大多处于我国东南沿海地区，人口众多，蔬菜需求量大，设施农业发展迅速。通过对华东地区几处设施蔬菜基地土壤样品的分析来看，几乎所有的土壤样品都检出含有两种以上的酞酸酯，部分地区土壤酞酸酯含量较高。华东地区不同地点设施菜地土壤中酞酸酯的含量如图 3-3 所示。不同地区的土壤酞酸酯

以 DEHP、DnBP 和 DnOP 三种酞酸酯为主，其他三种酞酸酯的含量均低于 0.03 mg/kg；青浦地区土壤中各种酞酸酯含量在四个地区中最低，山东寿光土壤中酞酸酯含量最高，铜山与南京土壤中酞酸酯含量差异较小。DEHP 含量最高的为寿光土壤，其次为南京、铜山和青浦土壤，其平均浓度分别为 3.80 mg/kg、2.12 mg/kg、1.43 mg/kg 和 0.22 mg/kg；DnBP 含量最高为铜山土壤，其次为寿光、南京和青浦土壤，其平均浓度分别为 1.23 mg/kg、0.67 mg/kg、0.20 mg/kg 和 0.01 mg/kg；DnOP 含量最高为南京土壤，其次为青浦、寿光和铜山土壤，其平均浓度分别为 0.25 mg/kg、0.06 mg/kg、0.01 mg/kg 和 0.01 mg/kg。不同地区土壤中酞酸酯含量及分布特征的差异较大，这可能与不同区域农膜用量、覆膜时间以及种植年限等条件差异有关。此外，施肥灌溉以及农耕方式可能也会导致土壤酞酸酯含量的差异。

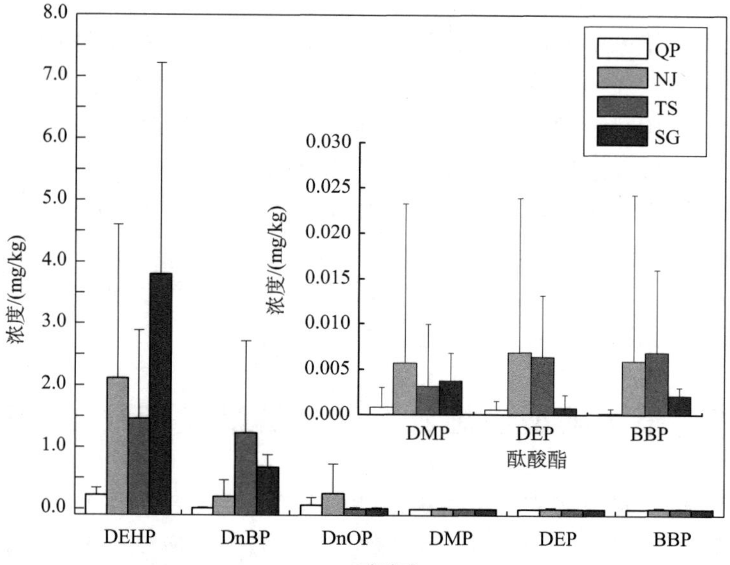

图 3-3　华东地区不同设施菜地土壤酞酸酯分布特征

二、华北地区土壤中酞酸酯的污染特征

华北地区主要选择河北和北京两个省市的典型设施蔬菜生产基地进行调研并采集土壤样品，通过分析明确该区域土壤钛酸酯的分布情况，结果表明酞酸酯在所有土壤样品中均有检出，其中 DEHP 和 DnOP 是主要污染物，DMP 在所有土壤样品中均未检出。河北地区设施土壤中 DEHP 和 DnOP 含量显著高于北京城郊设施土壤，但 DEP、DnBP 和 BBP 含量要低于北京设施菜地土壤（图 3-4）。河

北、北京设施菜地土壤中 DEHP 平均含量分别为 0.454 mg/kg 和 0.354 mg/kg，河北与北京设施土壤中 DnOP 的含量为 0.073 mg/kg 和 0.007 mg/kg，其余几种酞酸酯的含量均小于 0.01 mg/kg。

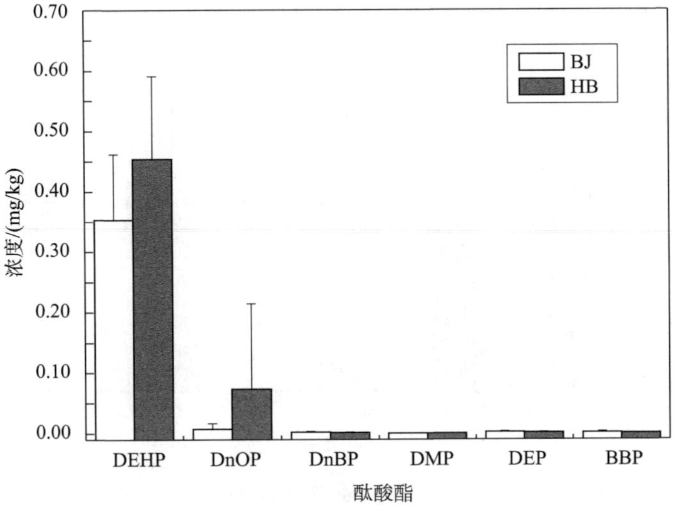

图 3-4　华北地区不同设施菜地土壤酞酸酯分布特征

三、西南地区土壤中酞酸酯的污染特征

西南地区设施土壤酞酸酯污染调查主要包括昆明和成都地区城郊主要设施农业基地，通过对采集的土壤样品分析表明，所有土壤样品中酞酸酯的检出率为 100%。图 3-5 表明，西南地区各种土壤酞酸酯含量均低于 0.35 mg/kg；昆明地区设施土壤中酞酸酯以 DEHP、DnOP 和 DnBP 为主，成都地区土壤酞酸酯主要以 DEHP 和 DEP 为主；两个地区土壤中均未检出 BBP，而 DMP 含量均低于 0.001 mg/kg。昆明地区土壤中 DEHP、DnOP 和 DnBP 的平均含量分别为 0.18 mg/kg、0.13 mg/kg 和 0.02 mg/kg；成都地区土壤中 DEHP、DEP 和 DnOP 的平均含量分别为 0.10 mg/kg、0.02 mg/kg 和 0.003 mg/kg。两个地区土壤酞酸酯含量差异明显，这主要是由于两个地区农膜使用时间以及频率、农膜质量的差异等造成的。

四、不同区域土壤中酞酸酯含量的差异

不同地区设施农业土壤总酞酸酯的平均浓度差异显著（图 3-6），总体来看寿光地区土壤酞酸酯含量最高，其次是铜山和南京，其酞酸酯总量分别为 4.49 mg/kg、2.72 mg/kg 和 2.59 mg/kg；成都地区土壤酞酸酯总量最低，仅

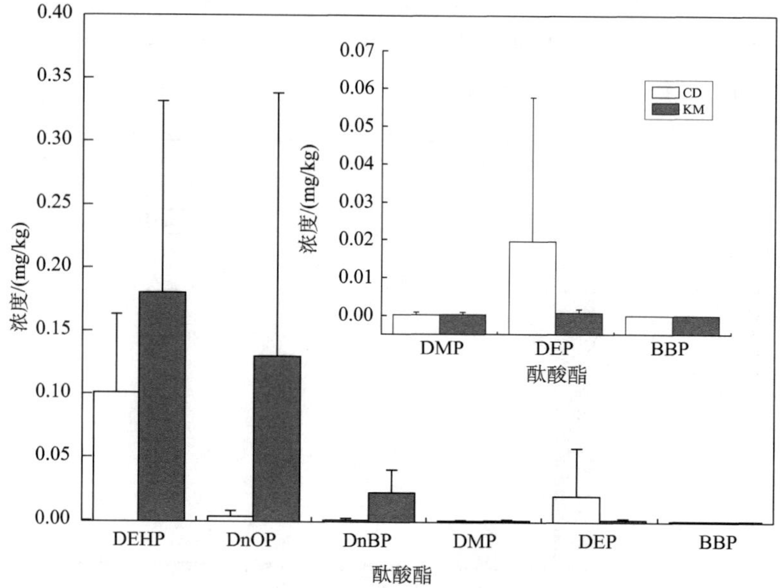

图 3-5　西南地区不同设施菜地土壤酞酸酯分布特征

为 0.12 mg/kg。这种差异可能与设施农业发展历史和农膜使用年限具有一定的内在联系。因为寿光、铜山以及南京地区城郊设施农业发展历史大多在 10 年以上，甚至在寿光和铜山有的地方设施农业种植和农膜使用历史已近接近 20 年，而成都由于地理位置和气候的原因，设施农业发展较晚，大多设施农业种植年限多在 5 年以内，而且农膜也并非连续使用。因此，不同地区土壤酞酸酯总量差异

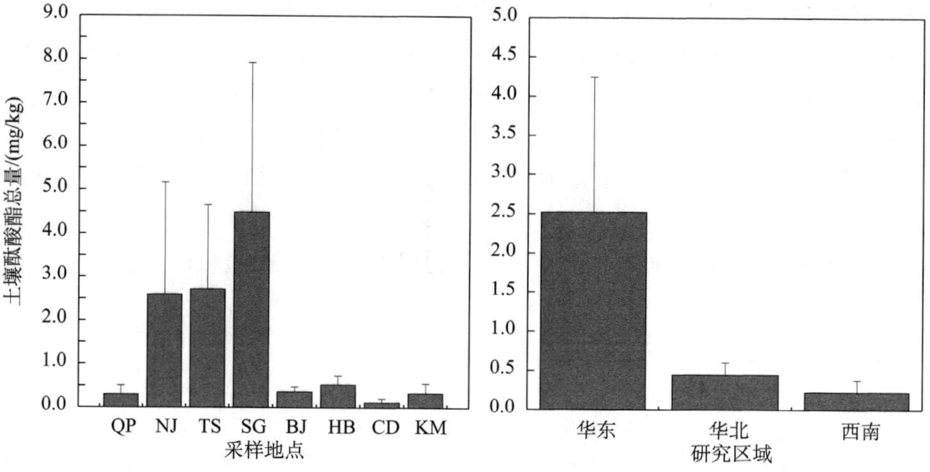

图 3-6　不同地区设施菜地土壤六种酞酸酯总量

较大。华东地区土壤酞酸酯总量显著高于华北和西南地区，西南地区和华北地区土壤酞酸酯含量均低于 0.50 mg/kg。华东、华北和西南地区土壤中酞酸酯总量分别为 2.52 mg/kg、0.45 mg/kg 和 0.23 mg/kg。

第三节　农膜使用方式对土壤酞酸酯污染的影响

我国南北横跨多个纬度带，气候差异大，四季温度变化较大。在设施农业的发展历程中，农膜的使用方式多种多样，那么不同农膜使用方式是否对土壤酞酸酯污染产生影响，本研究在调查过程中对这一问题进行了调查。通过调查四种不同农膜使用模式，明确了农膜使用模式对土壤酞酸酯污染的影响。四种农膜使用模式分别为：①双层棚膜和单层地膜，外层棚膜常年覆盖，内层棚膜覆盖冬春两个季节（GL）；②采用轮作模式，半年种植水稻半年种植温室蔬菜（HS）；③常年单层棚膜和地膜覆盖（SS）；④常年覆盖棚膜和单层地膜两年后单层地膜不盖棚膜一年，并以此为一个循环（PK）。在采集不同农膜使用模式下的土壤样品时，同时采集露地土壤作为不同模式下的对照土壤。

一、农膜使用模式对土壤酞酸酯的影响

不同农膜使用模式下土壤中酞酸酯的残留浓度不同，总体上随农膜用量和使用时间的增加而增加。不同农膜使用模式下，土壤中六种酞酸酯的总浓度变化较大，其浓度介于 0.15～9.68 mg/kg，平均浓度为 1.70 mg/kg。图 3-7 表明，采样点 GL4、GL12、GL23、GL34、GL35、GL39、PK3、PK15、PK17 和 PK18

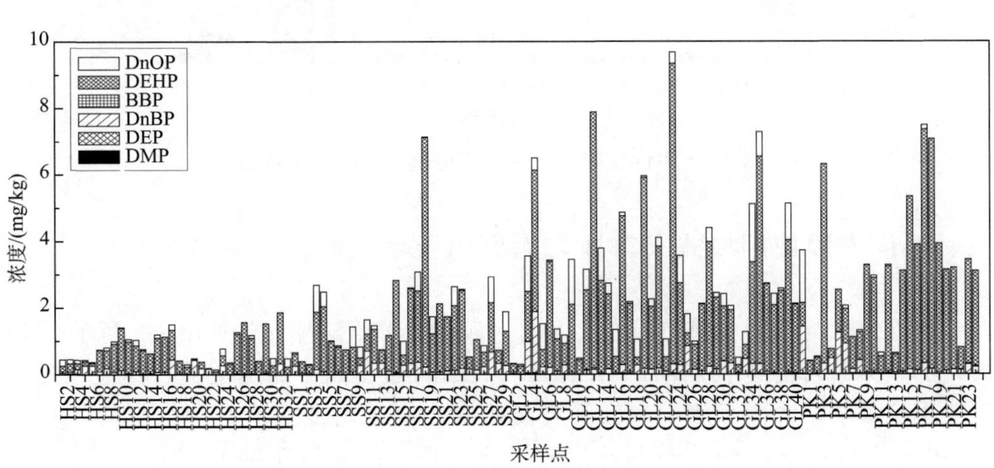

图 3-7　不同农膜使用模式下土壤酞酸酯含量

的酞酸酯含量较高，其浓度分别为 6.50 mg/kg、7.89 mg/kg、9.68 mg/kg、5.12 mg/kg、7.29 mg/kg、5.13 mg/kg、6.31 mg/kg、5.34 mg/kg、7.49 mg/kg 和 7.06 mg/kg，这可能与长期使用农膜和大量施用有机肥有一定的关系。此外，SS18 土壤酞酸酯含量也高达 7.18 mg/kg，这可能是由于其使用的农膜是新膜酞酸酯释放的较多。图 3-8 表明，不同农膜使用模式下土壤 DMP、DEP、DnBP、BBP、DEHP 和 DnOP 的检出率分别为 57.4%、76.2%、87.7%、61.5%、100%和 80.3%，其浓度从高到低依次为 DEHP、DnOP、DnBP、DEP、DMP 和 BBP，其中 DEHP 和 DnBP 的平均浓度分别为（1.72±1.79）mg/kg 和（0.19±0.27）mg/kg。PK 和 GL 模式下土壤酞酸酯含量显著高于 HS 和 SS，这表明农膜使用时间长和使用量大导致土壤酞酸酯含量高；HS 的各种酞酸酯含量最低，表明水旱轮作能够有效降低土壤酞酸酯的含量；四种农膜使用模式下土壤中酞酸酯均以 DEHP、DnOP 和 DnBP 为主。

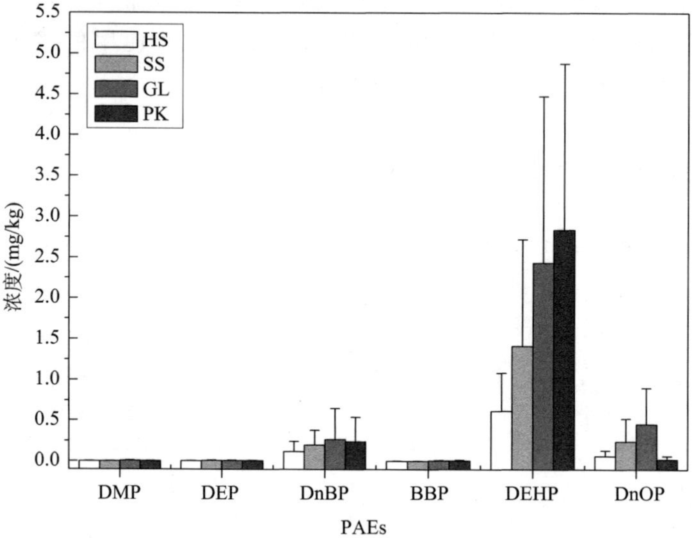

图 3-8　不同农膜使用模式下土壤酞酸酯分布特征

二、不同农膜使用模式下露地与大棚内土壤酞酸酯污染特征

露地土壤与不同农膜使用模式下的大棚内土壤酞酸酯含量如图 3-9 所示。HS 模式下，大棚内土壤中 DMP、DEP 和 DnOP 含量稍高于露地土壤，其他几种农膜使用模式下，大棚土壤中酞酸酯含量均显著高于露地土壤。HS、SS、GL 和 PK 模式下大棚土壤中酞酸酯总量分别比对应露地土壤酞酸酯含量高 79.3%、421%、610%和 568%；四种农膜使用模式下，土壤中 DEHP 平均含量均高于

0.5 mg/kg，其他种类的酞酸酯含量均低于 0.5 mg/kg，HS、SS、GL 和 PK 土壤中 DEHP 含量分别为（0.62±0.47）mg/kg、（1.42±1.31）mg/kg、（2.44±2.04）mg/kg 和（2.84±2.04）mg/kg。由此可见，HS 模式下土壤酞酸酯污染残留最轻，其余几种模式下土壤酞酸酯累积较为严重。

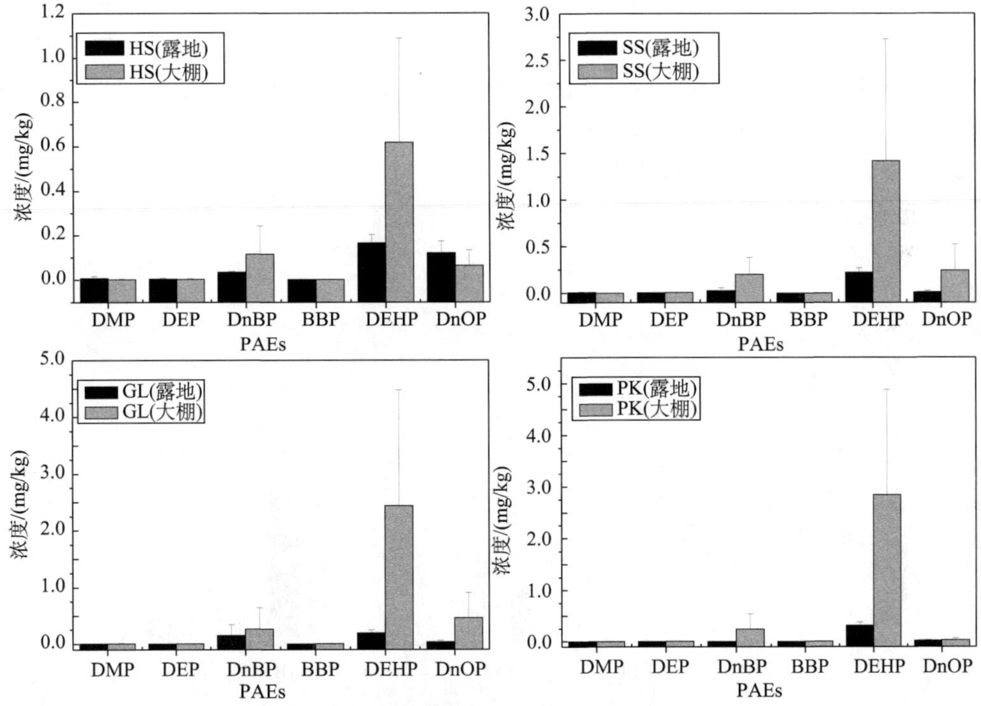

图 3-9　不同农膜使用模式下大棚与露地土壤酞酸酯含量

有研究表明，新鲜土壤或沉积物中有机质含量达到 10%时，其中 DnBP 和 DEHP 环境风险的限值分别为 0.7 mg/kg 和 1.0 mg/kg。GL、SS 和 PK 模式下，土壤 DEHP 含量均高于 1.0 mg/kg 的限制，但 DnBP 均没有超过环境风险限值。与美国土壤酞酸酯污染最大允许限值和治理浓度相比可知，四种农膜使用模式下，土壤 DMP、DEP 和 BBP 的浓度均低于最大允许限值。但是，土壤 DnBP 在 HS、SS、PK 和 GL 模式下的超标率分别达到了 45%、75%、68%和 69%；土壤 DEHP 在 SS、PK 和 GL 模式下的超标率为 14.7%、3.4%和 18.2%；土壤中 DnOP 在 GL 模式下的超标率为 8%。由此可知，不同农膜使用模式下的环境风险由高到低分别为 PK、GL、SS 和 HS；长期覆膜和大量使用农膜都将增加土壤酞酸酯污染的环境风险。因此，在设施农业发展过程中，应因地制宜，合理使用农膜尤其是地膜，同时应适时揭膜，降低土壤覆膜时间，从而降低土壤酞酸酯污染风险。

第四节 典型设施农业区蔬菜中酞酸酯积累特征

本研究对南京地区周边设施蔬菜基地湖熟（HS）、谷里（GL）、锁石（SS）以及普朗克（PLK）种植的多种蔬菜中酞酸酯含量进行了调查，不同设施基地蔬菜中酞酸酯含量变化如图 3-10 所示。四个采样基地蔬菜可食部分六种酞酸酯总含量介于（0.79±0.63）～(3.01±2.13) mg/kg；不同种类酞酸酯组分从高到低依次为 DEHP、DnBP、DnOP、DEP、DMP 和 BBP。其中 DEHP、DnBP 和 DnOP 是设施蔬菜中的主要酞酸酯类污染物。

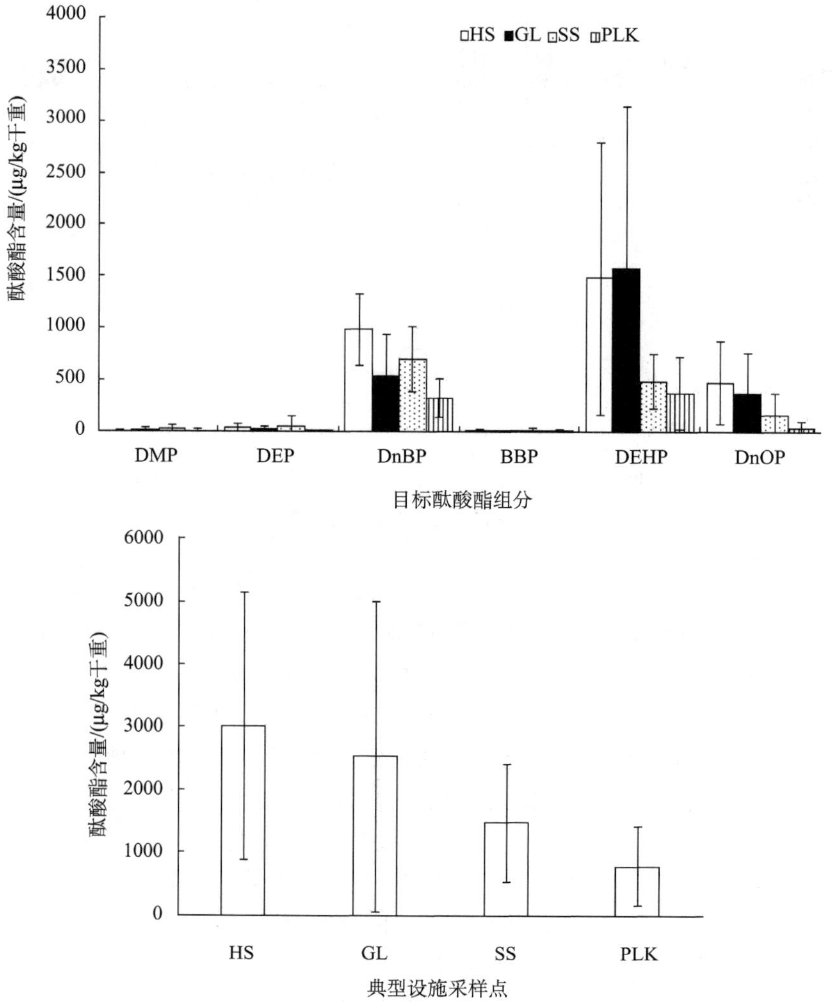

图 3-10 四个典型设施农业区植物样品中的酞酸酯组分和含量

四个设施蔬菜基地蔬菜样品中的酞酸酯分布特征及含量如图 3-11 所示。湖熟的蔬菜样品中酞酸酯含量差别较大，六种目标物的总含量介于 1.07～6.34 mg/kg，主要酞酸酯成分为 DEHP、DnBP 和 DnOP，其含量分别为（1.49±1.32）mg/kg、(0.99±0.35)mg/kg 和(0.48±0.40)mg/kg，占蔬菜中酞酸酯总量的 98.16%；谷里的蔬菜样品中可食部分中的六种目标物的总量介于 0.39～7.15 mg/kg，其中 DEHP、DnBP 和 DnOP 的含量分别为（1.58±1.58)mg/kg、(0.54±0.41)和(0.38±0.40)mg/kg，占到六种目标酞酸酯总量的 98.09%；锁石设施基地蔬菜样品中六种酞酸酯总含量介于 0.78～2.71 mg/kg；其中 DnBP、DEHP 和 DnOP 的含量分别为（0.71±0.31)mg/kg、(0.49±0.26)mg/kg 和(0.17±0.20)mg/kg，占到六种目标酞酸酯总量的 92.62%；普朗克有机蔬菜基地的不同蔬菜中酞酸酯含量及差别都较小，六种酞酸酯目标物的总含量介于 0.37～

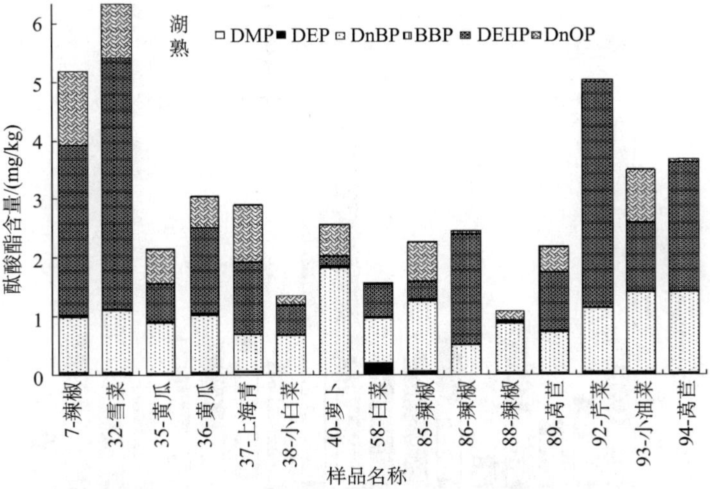

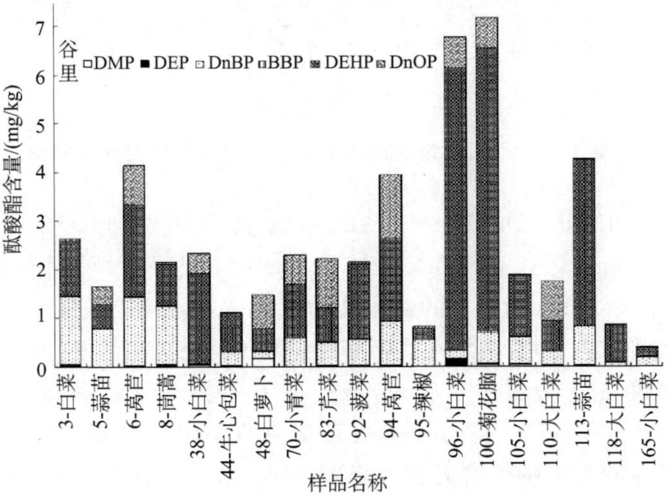

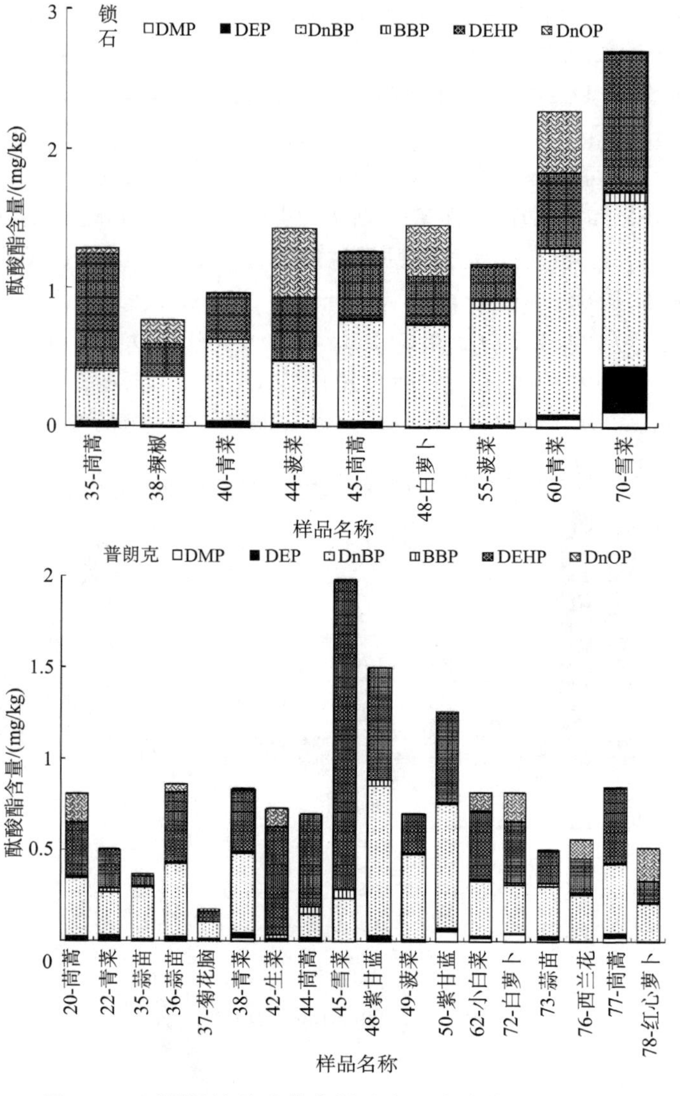

图 3-11 不同设施基地蔬菜样品中的酞酸酯组分和含量

1.99 mg/kg，DEHP、DnBP 和 DnOP 的含量分别为（0.38±0.35）mg/kg、（0.33±0.19）mg/kg 和（0.05±0.06） mg/kg，占到六种目标酞酸酯总量的 75.35%。叶菜类对酞酸酯的总的富集能力都比较强，不同蔬菜对不同目标污染物的积累作用差别较大。叶菜类的雪菜和芹菜中总含量较高，果实类辣椒含量为最高，其总酞酸酯含量均超过了5 mg/kg；地下茎类的莴苣和萝卜等酞酸酯含量 3 mg/kg；酞酸酯富集较严重的谷里蔬菜基地的小白菜、菊花脑以及蒜苗三种蔬菜，茼蒿和菠菜对酞酸酯的富集能力相当；同一蔬菜品种在不同采样点的酞酸酯含量也各不相同。

湖熟基地不同蔬菜对酞酸酯的积累作用差异较大，叶菜类的雪菜和芹菜中总含量较高，果实类以辣椒含量为最高，地下茎类的莴苣和萝卜等酞酸酯含量也较高，其对应的土壤中酞酸酯含量也较高，蔬菜中酞酸酯含量与对应样点土壤中酞酸酯总量具有一定的正比关系。谷里基地不同蔬菜中酞酸酯含量差别更加明显。小白菜和牛心包菜所处大棚内土壤中酞酸酯含量虽高，但蔬菜中富集量并不大，说明虽然土壤是植物体内酞酸酯的重要来源，但绝不是唯一来源。另外值得注意的是蒜苗的酞酸酯积累能力较强，富集作用明显。但同为种植蒜苗的其他植物体内积累并不高，说明植物体内酞酸酯的含量还与植物种植的时间有关。锁石基地不同蔬菜中酞酸酯含量差别较小，其中雪菜对酞酸酯的富集能力较强；普朗克蔬菜基地的不同蔬菜中酞酸酯含量及差别都较小，叶菜类的雪菜和紫菜对酞酸酯的总的富集能力都比较强。生菜由于生食情况较多，虽然其酞酸酯积累情况不是最严重的，但是其食用可能引起的健康风险也应引起注意。

研究表明，我国大棚蔬菜中 DnBP 和 DEHP 的普遍含量为 0.9～3.05 mg/kg（庞金梅等，1995；王丽霞等，2007），接近或高于欧盟食品最高限值浓度（DBP 为 0.3 mg/kg，DEHP 为 1.5 mg/kg）（Laturnus et al.，2007）。珠三角九个农场的蔬菜中均能检出六种优先控制酞酸酯，最高总含量可达 11.2 mg/kg，其中芥菜和菜心的富集最严重（Mo et al.，2009）；广州某绿色食品和有机食品蔬菜生产基地的蔬菜样品可以检测到 DnBP、BBP 和 DEHP，其中 DEHP 的含量最高，但各种绿色食品和有机食品蔬菜生产基地土壤中六种酞酸酯总量未超过 0.5 mg/kg（李米等，2010）。Fu 等（2011）发现使用不同农膜的雪里蕻、小青菜、芹菜、菠菜、卷心菜、生菜、大蒜和苋菜中都出现了 DEHP 的积累。研究发现酞酸酯特征污染物与全国其他设施蔬菜基地的蔬菜样品中类似，主要是 DnBP 和 DEHP 的污染，最高含量并未超过其他地区，但已有很大部分超过了欧盟食品最高限值浓度，且雪菜等叶菜类植物都是公认的积累酞酸酯比较严重的蔬菜。

大棚内蔬菜吸收酞酸酯的主要途径应该包括根系从土壤的直接吸收以及植物地上部从棚内空气吸收的两部分（王丽霞，2007）。各种酞酸酯组分在作物中的吸收迁移特征与其理化性质如分子质量、辛醇-水分配系数（K_{OW}）和挥发性等有密切关系。DnBP 的分子质量和 K_{OW} 较小，与 DEHP 相比，更容易被根系吸收迁移。有研究表明植物通过根系从土壤中吸收 DnBP 的量随土壤中浓度的增加而增加（陈英旭等，1997）。而 Kato 等（1986）和 Aranda 等（1989）研究表明油菜、菠菜、莴苣、胡萝卜和辣椒对土壤中 DEHP 的吸收银少；然而其他研究表明，DEHP 也可以被高强度的积累，如施加污泥的大麦对 DEHP 的吸收比不加的高 5 倍（Kirchman et al.，1991）；生长于塑料薄膜覆盖的土壤上的大白菜中 DEHP 含量也可以达到 3.05 mg/kg 鲜重，约 25 mg/kg 干重，这是相当可观的积累量（庞金梅等，1995）。由于蒸汽压较大的物质倾向于叶面上的交换，即可能由植物体挥发到大气中，或是由大气吸收的方式进入植物体，因而植物体内DnOP含量远高于土壤。因此，蔬菜对酞酸酯的富集作用而可能引起的人体健康风险应加以关注。

植物体内酞酸酯积累的影响因素，除了与酞酸酯组分本身的物理化学性质有关之外，还受到污染物吸收方式、土壤中目标物含量、土壤理化性质、作物生长期以及作物本身富集能力等因素的影响。总体来看，设施蔬菜生产基地的蔬菜中的酞酸酯积累问题不可忽视，今后有必要将蔬菜中的酞酸酯含量标准作为食品安全标准之中的一项列入参考。

参考文献

蔡全英，莫测辉，朱夕珍，等. 2003. 城市污泥和化肥对水稻土种植的通菜中邻苯二甲酸酯（PAEs）的影响. 应用生态学报，14（11）：2001-2005.

蔡全英，莫测辉，李云辉，等. 2005. 广州、深圳地区蔬菜生产基地土壤中邻苯二甲酸酯（PAEs）研究，生态学报，25（2）：283-288.

陈英旭，沈东升，胡志强，等. 1997. 酞酸酯类有机毒物在土壤中降解规律的研究. 环境科学学报，17（3）：340-345.

关卉，王金生，万洪富，等. 2007. 雷州半岛典型区域土壤邻苯二甲酸酯（PAEs）污染研究. 农业环境科学导报，26（2）：622-628.

胡晓宇，张克荣，孙俊红，等. 2003. 中国环境中邻苯二甲酸酯类化合物污染的研究. 中国卫生检验杂志，13（1）：9-14.

李存雄，方志青，张明时，等. 2010. 贵州省部分地区土壤中酞酸酯类污染现状调查. 环境监测管理与技术，22（1）：33-36.

李米，蔡全英，曾巧云，等. 2010. 绿色食品和有机食品蔬菜基地土壤和蔬菜中邻苯二甲酸酯的分布特征. 安徽农业科学，38（19）：10189-10191.

林兴桃，王小逸，任仁. 2003. 环境内分泌干扰物—邻苯二甲酸酯的研究. 环境污染与防治，25（10）：286-288，292.

刘文莉，张珍，朱连秋，等. 2010. 电子垃圾拆解地区土壤和植物中邻苯二甲酸酯分布特征. 应用生态学报，21（2）：489-494.

孟平蕊，王西奎，徐广通，等. 1996. 济南市土壤中酞酸酯的分析与分布. 环境化学，15（5）：427-432.

倪进治，骆永明，魏然. 2006. 土壤有机和无机组分对多环芳烃环境行为影响的研究进展. 土壤，38（5）：559-564.

庞金梅，段亚利，池宝亮，等. 1995. DEHP在土壤和白菜中的残留及毒性分析. 环境化学，14（3）：239-242.

汤国才，蔡玉祺，王珊龄. 1993b. 农膜增塑剂在农田中的残留. 农村生态环境，（3）：36-39.

王丽霞，寇立娟，潘峰云，等. 2007. 基质固相分散-液相色谱-质谱法测定蔬菜中的邻苯二甲酸酯. 分析化学，35（11）：1559-1564.

于立红，焦峰，王鹏，等. 2010. 酞酸酯类化合物对土壤及大豆的污染. 黑龙江农业科学，1：50-51.

于立红，王鹏，焦峰，等. 2011. 地膜中酞酸酯类化合物及重金属对土壤—大豆体系的污染研究. 水土保持研究，11（3）：201-205.

俞力平，高光虎. 1997. 我国增塑剂工业现状及发展. 石油化工技术经济，13（2）：26-49.

喻景权. 2011. "十一五"我国设施蔬菜生产和科技进展及其展望. 中国蔬菜，（2）：11-23.

张利飞，杨文龙，董亮，等. 2011. 苏南地区农田表层土壤中多环芳烃和酞酸酯的污染特征及来源. 农业环境科学学报，30（11）：2202-2209.

曾巧云，莫测辉，蔡全英，等. 2005. 菜心对邻苯二甲酸酯（PAEs）吸收途径的初步研究. 农业工程学报，21（8）：137-141.

曾巧云，莫测辉，蔡全英，等. 2006. 萝卜对邻苯二甲酸酯（PAEs）吸收累积特征及途径的初步研究. 环境科学学报，26（1）：10-16.

曾巧云，莫测辉，蔡全英，等. 2007. 不同基因型菜心-土壤系统中邻苯二甲酸二（2-乙基己基）酯的分布特征研究. 农业环境科学学报，26（6）：2239-2244.

赵胜利，杨国义，张天彬，等. 2009. 塑料增塑剂（邻苯二甲酸酯）对珠三角城市群典型中小城市土壤的污染研究. 农业环境科学学报，28（6）：1147-1152.

赵振华. 1986. 我国环境中酞酸酯（邻苯二甲酸酯）污染的研究. 环境污染治理技术与设备，（5）：50-56.

中华人民共和国发展改革委、农业部会同商务部、水利部、财政部、国土资源部、统计局等联合编制. 2012. 全国蔬菜产业发展规划（2011～2020年）. 北京.

中华人民共和国统计局. 2011. 中国统计年鉴，北京：中国统计出版社.

周文敏，傅德黔，孙宗光. 1991. 中国水中优先控制污染物黑名单的确定. 环境科学研究，4（6）：9-12.

Anikwe M A N, Mbah C N, Ezeaku P I. 2007. Tillage and plastic mulch effects on soil properties and growth and yield of co-coyam（MColocasia esculenta）on an ultisol in southeastern Nigeria. Soil and Tillage Research, 93（2）：264-272.

Aranda J M, O'connor G A, Eiceman G A. 1989. Effects of sewage sludge on bis-（2-ethylexyl）phthalate uptake by plant. Journal of Environmental Quality, 18：45-50.

Cai Q Y, Mo C H, Wu Q T, et al. 2006. Accumulation of phthalic acid esters in water spinach（Ipomoea aquatica）and in paddy soil. Bulletin of Environmental Contamination and Toxicology, 77：411-418.

Cai Q Y, Mo C H, Wu Q T, et al. 2008. Polycyclic aromatic hydrocarbons and phthalic acid esters in the soil-radish（Raphanus sativus）system with sewage sludge and compost application. Bioresource Technology, 99：1830-1836.

Cai Q Y, Mo C H, Zeng Q Y, et al. 2008. Potential of ipomoea aquatica cultivars in phytoremediation of soils contaminated with di-n-butyl phthalate. Environmental and Experimental Botany, 62（3）：205-211.

Carlon C. 2007. Derivation methods of soil screening values in Europe. A review and evaluation of national procedures towards harmonization. Ispra: European Commission, Joint Research Centre, EUR 22805-EN. 306.

Dorney J R, Weber JB, Overcash MR, et al. 1985. Plant Uptake and soil retention of phthalic acid applied to norfolk sandy loam. Journal of Agricultural Food and Chemistry, 33: 398-403.

Du Q Z, Fu X W, Xia H L. 2009. Uptake of di- (2-ethylhexyl) phthalate from plastic mulch film by vegetable plants. Food Additives and Contaminants: Part A: Chemistry, Analysis, Control, Exposure and Risk Assessment, 26 (9): 1325-1329.

Fu X W, Du Q Z. 2011. Uptake of di- (2-ethylhexyl) phthalate of vegetables from plastic film greenhouses . Journal of Agricultural Food and Chemistry, 59 (21): 11585-11588.

Gibson R, Wang M J, Padgett E, et al. 2005. Analysis of 4-nonylphenols, phthalates, and polychlorinated biphenyls in soils and biosolids . Chemosphere, 61 (9): 1336-1344.

Guo J H, Liu X J, Zhang Y, et al. 2010. Significant acidification in major Chinese croplands, Science, 327: 1008-1010.

Hu X Y, Wen B, Shan X Q. 2003. Survey of phthalate pollution in arable soils in China. Journal of Environmental Monitoring, 5: 649-653.

Kato K, Nakaoka T, Ikeda H. 1981. Contamination of phthalic acid esters in vegetables. Kanagawa-Ken Eisei Kenkyusho Kenkyu Hokoku, 67 (Japan), Chemistry Abstract, 95: 60034K.

Kirchman H, Tengsred A. 1991. Organic pollutants in sewage sludge. 2, Analysis of barley grains grown on sludge-fertilizer soil. Swedish Journal of Agricultural Research, 21 (3): 115-119.

Laturnus F, Grøn C. 2007. Organic waste products in agriculture-monitoring the waste constituents phthalate esters in soil-crop system by gas chromatography and ion trap tandem mass spectrometry. Journal of Environmental Engineering and Landscape Management, (4): 253-260.

Li X H, Ma L L, Liu X F, et al. 2006. Phthalate ester pollution in urban soil of Beijing, People's Republic of China. Bulletin of Environmental Contamination and Toxicology, 77: 252-259.

Liu W L, Shen C F, Zhang Z, et al. 2009. Distribution of phthalate esters in soil of e-waste recycling sites from Taizhou city in China. Bulletin of Environmental Contamination and Toxicology, 82: 665-667.

Ma L L, Chu S G, Xu X B. 2003. Organic contamination in the greenhouse soils from Beijing suburbs, China. Journal of Environmental Monitoring, 5: 786-790.

Mo C H, Cai Q Y, Tang S R, et al. 2009. Polycyclic aromatic hydrocarbons and phthalic acid esters in vegetables from nine farms of the Pearl River Delta, South China. Archives of Environmental Contamination and Toxicology, 56: 181-189.

Overturf M L, Druilhet R E, Liehr J G, et al. 1979. Phthalate esters in normal and pathological human kidneys. Bulletin of Environmental Contamination and Toxicology, 22: 536-542.

Russell D J, Mcduffie B. 1986. Chemodynamic properties of phthalate esters: partitioning and soil migration. Chemosphere, 15 (8): 1003-1021.

USEPA (United States Environmental Protection Agency). 2006. Integrated Risk Information System, Available from: http://www. epa. gov. iris/index. html.

USEPA (United States Environmental Protection Agency). 1996a. Soil screening guidance: User' s Guide. Office of Solid Waste and Emergency Response, Washington, DC.

Vikelsøe J, Thomsen M, Carlsen L. 2002. Phthalates and nonylphenols in profiles of differently dressed soils. Science of the Total Environment, 296 (1-3): 105-116.

Wang F, Xia X H, Sha Y J. 2008a. Distribution of phthalic acid esters in Wuhan section of the Yangtze River, China. Journal of Hazardous Materials, 154: 317-324.

Wang H, Wang C X, Wu W Z, et al. 2003. Persistent organic pollutants in water and surface sediments of Taihu Lake, China and risk assessment. Chemosphere, 50: 557-562.

Wang P, Wang S L, Fan C Q. 2008b. Atmospheric distribution of particulate-and gas-phase phthalic esters (PAEs) in a Metropolitan City, Nanjing, East China. Chemosphere, 72 (10): 1567-1572.

Wang J, Luo Y M, Teng Y, et al. 2013. Soil contamination by phthalate esters in Chinese intensive vegetable production systems with different modes of use of plastic film. Environmental Pollution, 180: 265-273.

Wang X K, Guo W L, Meng P R, et al. 2002. Analysis of phthalate esters in air, soil and plants in plastic film greenhouse. Chinese Chemical Letters, 13 (6): 557-560.

Wormuth M, Scheringer M, Vollenweider M, et al. 2006. What are the sources of exposure to eight frequently used phthalic acid esters in Europeans? Risk Analysis, 26: 803-824.

Xu X R, Li X Y. 2008. Adsorption behavior of dibutyl phthalate on marine sediments. Marine Pollution Bulletin, 57: 430-408.

Zeng F, Cui K Y, Xie Z Y, et al. 2008. Phthalate esters (PAEs): Emerging organic contaminants in agricultural soils in peri-urban areas around Guangzhou, China. Environmental Pollution, 156: 425-434.

Zeng F, Cui K Y, Xie Z Y, et al. 2009. Distribution of phthalate esters in urban soils of subtropical city, Guangzhou, China. Journal of Hazardous Materials, 164: 1171-1178.

Zhang D, Liu H, Liang Y, et al. 2009. Distribution of phthalate esters in the groundwater of Jianghan plain, Hubei, China. Frontiers of Earth Science in China, 3 (1): 73-79.

Zhao L. , Dong Y H, Wang H. 2010. Residues of veterinary antibiotics in manures from feedlot livestock in eight provinces of China. Science of the Total Environment, 408: 1069-1075.

Zornikova G, Mendelova Univ, Jarosova A, et al. 2011. Distribution of phthalic acid esters in agricultural plants and soil. Acta Universitatis Agriculturae et Silviculturae Mendelianae Brunensis, 59 (3): 233-238.

第四章　设施土壤中酞酸酯的植物毒性效应

污染土壤生态毒理诊断包括高等植物毒性试验、蚯蚓毒性试验、陆生无脊椎动物试验、土壤原生动物毒性试验、土壤微生物试验等。而利用高等植物生长状况诊断是污染土壤生态诊断的重要方法之一。高等植物是生态系统中的基本组成部分，利用高等植物的生长状况监测土壤污染是从生态学角度诊断土壤质量的重要方法。酞酸酯能影响植物的细胞分裂，使植物生长缓慢（王晓娟等，2003）、光合作用受阻（王晓娟等，2005），导致蔬菜减产（Yin et al.，2003；尹睿等，2004）；导致蚕豆微核率的升高，能导致氧化损伤并具有基因毒性（Chang et al.，2009）；导致可溶性糖含量下降以及细胞损伤，影响细胞的正常生理代谢（张慧芳等，2010）；使叶片生长量以及株高减少，导致叶片中脯氨酸的量逐渐积累（Chen et al.，2011）等。第三章已述设施蔬菜及农田蔬菜对土壤酞酸酯有积累作用，那么这些酞酸酯在代表性的农作物体内到底会发挥什么样的毒性作用呢？其毒性作用的临界浓度是多少？对酞酸酯毒性作用发挥的影响最大的土壤因子又是什么呢？这些问题将在本章加以阐述。

第一节　土壤酞酸酯对植物生长的影响

一、急性毒性条件下酞酸酯对植物生长的影响

选用油菜（rape/baby bokchoi/*Brassica chinensis* L.）和绿豆（mung bean/*Phaseolus radiates* L.）进行急性毒性试验。以DnBP（99.1%）和DEHP（99.6%）为目标污染物，研究其对供试植物的发芽率、根伸长、苗生长以及生物量等的影响。结果表明，在两种污染物浓度下，两种供试植物的各生长指标表现出的响应情况是不同的，两种污染物对油菜和绿豆的种子发芽率均无明显影响（表4-1）。油菜对于酞酸酯类污染物的毒性作用更加敏感，主要表现在根伸长、苗生长和生物量三个指标都显著受到两种目标污染物的影响，尤其是DnBP处理下的三个指标，均受到了极显著性的影响（$P<0.01$），而DEHP处理下的生物量指标也受到了极显著性的影响（$P<0.01$）。各生长指标的半数效应浓度（除发芽率之外）均显著低于相同条件下处理的绿豆。对植物半数效应浓度的计算可以发现，DnBP主要是抑制了植物根长、苗生长、生物量增加；而DEHP对植物根长、苗生长和生物量则时而表现为促进，时而表现为抑制。一般来说，污染物的抑制作

用被视为较强的毒性作用。综合各生长指标来看，根伸长指标是最普遍的和最容易受到酞酸酯污染物毒性作用影响的指标。这与多年来其他植物中的研究结果相一致（Hillis et al.，2011）。

表 4-1 急性毒性条件下两种目标污染物对油菜和绿豆的主要生长指标的影响

	判断指标	油菜				绿豆			
		回归系数			EC_{50} /(mg/kg)	回归系数			EC_{50} /(mg/kg)
		a	b	R		a	b	R	
DnBP	发芽率	−0.0026	96.2400	0.5002	38 621	−0.0031	96.330	0.2237	31 235
	苗生长	−0.0030	0.0533	0.9973**	184	0	1.128	0.3899	∞
	根伸长	−0.0015	0.2673	0.9412**	512	−0.001	3.516	0.9513**	4016
	生物量	−0.0090	1.7630	0.9050**	251	−0.008	11.970	0.8826*	1559
DEHP	发芽率	−0.0016	96.2500	0.5398	59 843	−0.0023	97.880	0.3533	42 774
	苗生长	−0.0020	0.0973	0.8866*	299	−0.001	11.550	0.9581**	16 550
	根伸长	0.0004	−0.0705	0.8973*	1426	−0.001	3.469	0.9607**	3969
	生物量	0.0001	0.1233	0.9982**	6233	0	1.101	0.5814	∞

* 表示指标受到污染物的显著影响，** 表示指标受到污染物的极显著影响。

供试植物的发芽率均未受到明显影响的主要原因可能与两种污染物的物理化学性质以及供试植物本身的性质有关。种子萌发（seed germination）时，首先是吸水。种子浸水后使种皮膨胀、软化，可以使更多的氧透过种皮进入种子内部，同时二氧化碳透过种皮排出，里面的物理状态发生变化；其次是空气，种子在萌发过程中所进行的一系列复杂的生命活动，只有种子不断地进行呼吸，得到能量，才能保证生命活动的正常进行；最后是温度，温度过低，呼吸作用受到抑制，光合生产率降低。其中吸胀吸水为物理过程。种子在潮湿的土壤中，其内的亲水性物质便吸引水分子，使种子体积迅速增大（有时可增大 1 倍以上）。吸胀开始时吸水较快，以后逐渐减慢。吸胀的结果使种皮变软或破裂，种皮对气体等的通透性增加，萌发开始。吸胀吸水结束后，各种酶开始活化，呼吸和代谢作用急剧增强，由此而启动了一系列复杂的幼苗形态发生过程。这时吸水量又迅速增加，胚开始生长，种子内贮存的营养物质开始大量消耗。之后长出胚根、胚芽，以后长出根、茎、叶，形成幼苗。也就是说，种子发芽阶段，水分的作用非常大，然而作为脂类物质，两种目标污染物的水溶性都不大，分别为 11.2 mg/L 和 0.27 mg/L 左右，而由于土壤中各种物质的吸附，土壤水溶液中的两种污染物的浓度可能远远达不到这个数值，因此基本上未能表现出对发芽率的影响。另外，不论是单子叶植物还是双子叶植物，其发芽初期对自身有机物的消耗是自身生长的能量主要来源，只要达到了合适的温度、水分和空气条件，种子就会萌发，因而未能体现出较大的酞酸酯毒性。有些植物如油菜自身能够产生一种植物激素——芸苔素，这种激素可以调控植物的根伸长、苗生长以及植物其他器官的发育，而 DEHP 时而表现出的促进作用可能是其作为一种类似激素对某些植物发挥了作用。

二、亚慢性毒性条件下酞酸酯对植物生长的影响

选择设施农业常见的两种蔬菜：空心菜（water spinach/*Herba Ipomoeae Aquaticae*）和生菜（Lettuce/*Lactuca sativa*）进行酞酸酯亚慢性毒性试验，研究代表性的酞酸酯类物质对供试植物苗期（0～30 d）发育的影响。以叶面积和生物量为指标考察酞酸酯对植物生长的影响。

（一）叶面积

1. 生菜

亚慢性毒性试验（苗期试验）中，不同土壤因子条件下，两种目标污染物对生菜叶面积的影响结果见图 4-1。当土壤为中性条件时，DEHP 处理条件下的生菜叶面积相对于对照组有所增加，随土壤有机质含量的升高变化不大，随土壤含

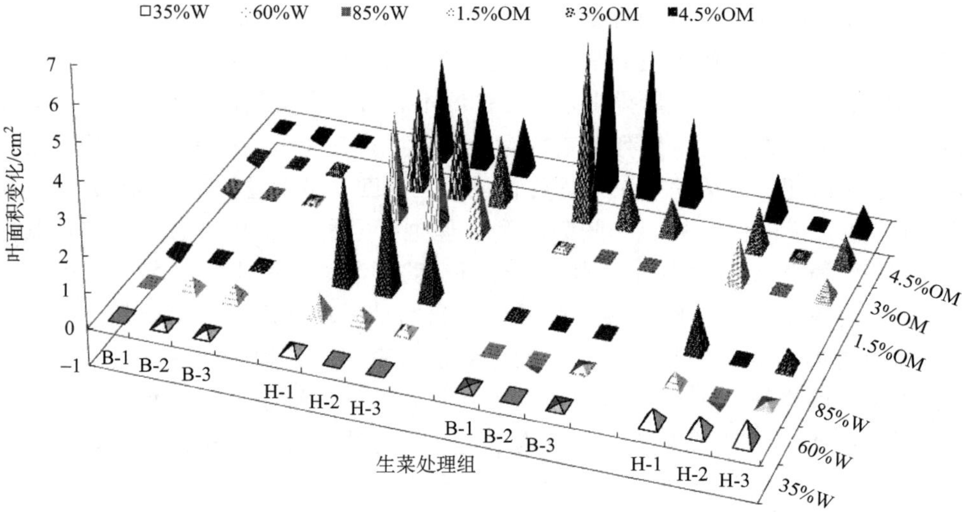

图 4-1　不同土壤条件及污染物作用下的生菜叶面积相对于对照组的变化

（B 表示 DnBP 处理，H 表示 DEHP 处理；1.50％OM、3％OM 和 4.50％OM 指有机质含量；35％W、60％W 和 85％W 指土壤的含水量占最大持水量的百分比，X 轴上左边 6 个处理为 pH=7.0 条件下，右边 6 个处理为 pH=8.5 条件下，下图均参照此注释）

水量的增加而增大，随污染物浓度增加而减小；而 DnBP 处理下生菜叶面积较小，随着土壤有机质含量的增加叶面积变化不大，随着土壤含水量的增加略微升高，因此中性土壤条件下，水分条件为敏感因子。

当土壤处于碱性条件下时，DnBP 处理的生菜叶面积相对较大，随土壤有机质含量的升高而升高，随土壤含水量的增加变化不明显；而 DEHP 处理条件下的生菜叶面积略小，随土壤有机质含量的升高有升高的趋势，随土壤含水量的增加变化并不明显，因此碱性土壤条件下有机质含量是敏感因子。

2. 空心菜

两种目标污染物对苗期空心菜叶面积的影响见图 4-2。由图可以看出，在两种土壤 pH 条件下，DnBP 处理都使得空心菜叶面积受到抑制，抑制作用与土壤含水量和有机质含量的关系不明显，但是在碱性条件下抑制作用略强。而对于 DEHP 处理下的空心菜的叶面积主要是受到了促进，且与土壤有机质含量和污染物浓度呈现正相关，但与土壤水分含量的关系不明显。因此，对于空心菜的叶面积的来说，土壤 pH 是 DnBP 毒性作用的敏感因子，而土壤有机质含量是 DEHP 毒性的敏感因子。

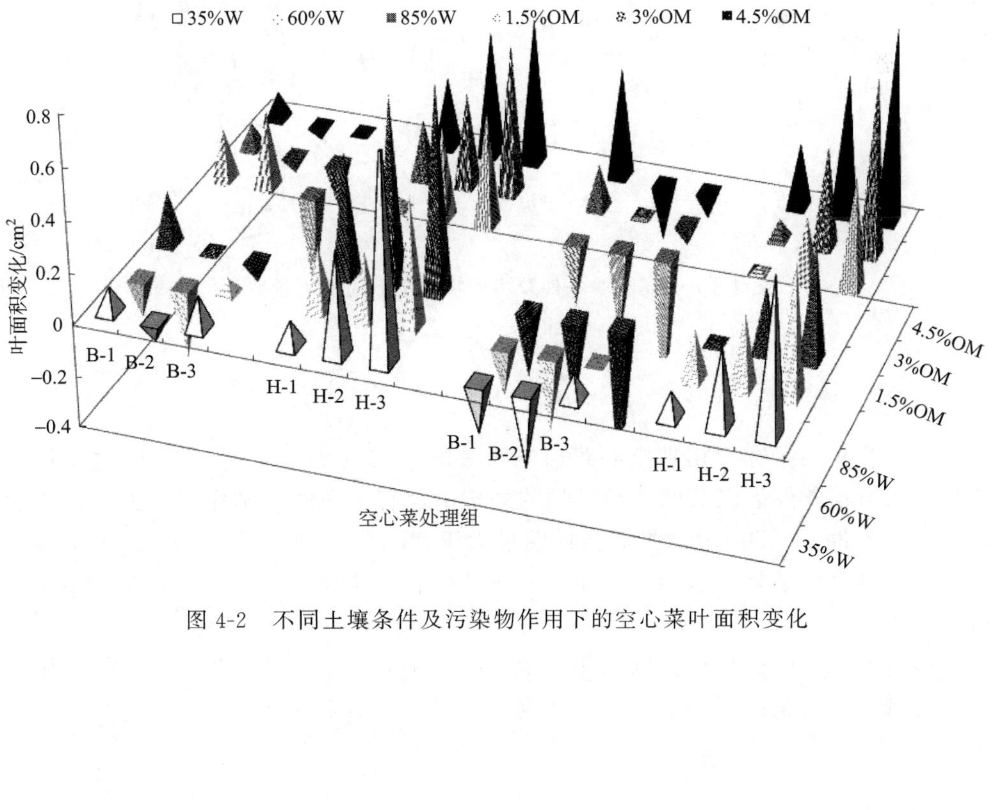

图 4-2 不同土壤条件及污染物作用下的空心菜叶面积变化

（二）生物量

1. 生菜

两种目标污染物对苗期生菜苗生物量的影响见图 4-3。中性条件下，两种目标污染物对生菜的生物量均影响不大，但是碱性土壤条件下，DEHP 处理则表现出了一定的促进作用，随土壤有机质含量的增加变化不明显，但随着土壤含水量的增加而明显增大，且在污染物浓度较低的情况下促进作用更明显。碱性条件下，土壤含水量是 DEHP 毒性的敏感因子。

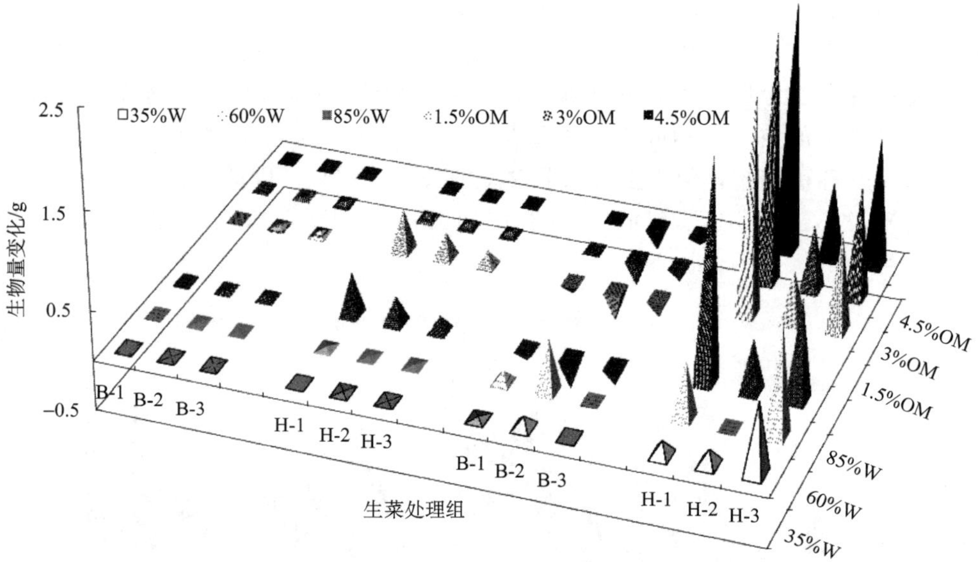

图 4-3 不同土壤条件及污染物作用下的生物量变化

2. 空心菜

两种目标污染物对苗期空心菜苗生物量的影响见图 4-4。空心菜的生物量在两种土壤 pH 条件下以及两种污染物的处理下都有明显的抑制作用，无论在中性还是碱性条件下，DnBP 的抑制作用明显大于 DEHP，另外还呈现出随土壤含水量升高而增大的趋势。因此，对于空心菜的生物量来说，土壤水分含量和 pH 是敏感因子。

综合考虑，两种供试植物的相对敏感因子不同，酞酸酯对生菜的毒性作用主要受土壤水分含量的影响，而空心菜则主要受土壤 pH 的影响。

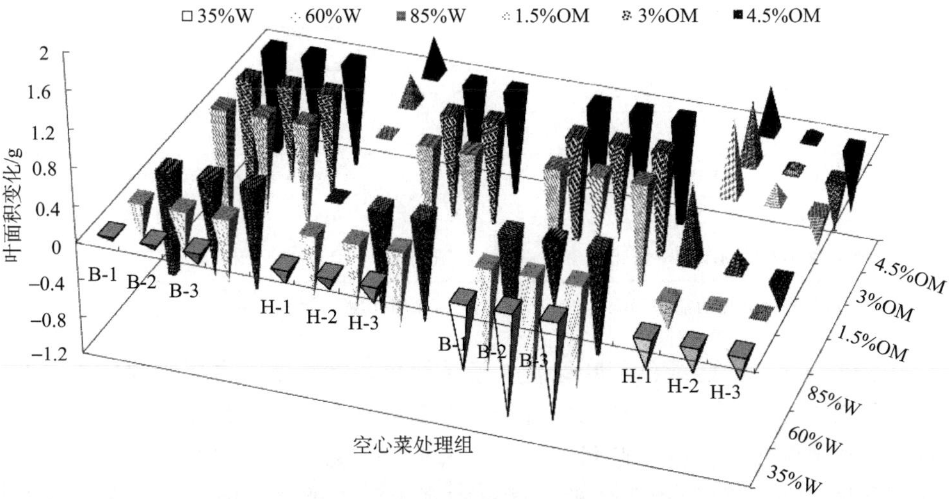

图 4-4　不同土壤条件及污染物作用下的生物量

第二节　土壤酞酸酯对植物生理生化的影响

一、急性毒性条件下酞酸酯对供试植物主要生理指标的影响

（一）酞酸酯对油菜和绿豆植物色素的影响

急性毒性条件下两种目标污染物对两种供试植物的植物色素含量产生的影响结果见表 4-2。由表中结果可知，除 DnBP 处理条件下的油菜体内的类胡萝卜素之外，其他各个处理中的各种植物色素均在酞酸酯的作用下有受抑制的趋势，且基本都达到了显著性影响（$P<0.05$）。通过比较各自的半数效应浓度可知，油菜的半数效应浓度值基本上均小于绿豆。各种植物色素指标中，叶绿素为较敏感的指标。DnBP 处理条件下的半数效应浓度一般均低于 DEHP。

表 4-2　急性毒性条件下两种目标污染物对油菜和绿豆的植物色素的影响

污染物	判断指标	油菜				绿豆			
		回归系数			EC_{50} /(mg/kg)	回归系数			EC_{50} /(mg/kg)
		a	b	R		a	b	R	
DnBP	叶绿素 a	−0.300	−0.128	0.8083*	1.24	−0.0012	−0.1724	0.8638*	273
	叶绿素 b	−0.013	2.802	0.9137**	254.00	−0.0085	2.4920	0.9350**	352
	类胡萝卜素	0.028	1.601	0.8961*	75.00	0.0090	10.6960	0.9211**	1244

续表

	判断指标	油菜				绿豆			
		回归系数			EC_{50} /(mg/kg)	回归系数			EC_{50} /(mg/kg)
		a	*b*	*R*		*a*	*b*	*R*	
DEHP	叶绿素 a	−0.097	3.5060	0.8318*	41.3	−0.016	17.916	0.8943*	1150
	叶绿素 b	−0.011	0.3217	0.8976*	74.7	−0.007	2.251	0.8821*	393
	类胡萝卜素	−0.038	28.6840	0.8843*	768.0	−0.022	28.298	0.9113**	1309

*表示指标受到污染物的显著影响，**表示指标受到污染物的极显著影响。

由于叶绿素 a 呈蓝绿色，叶绿素 b 呈黄绿色。叶绿素 a 主要吸收红光，叶绿素 b 主要吸收蓝紫光。阴生植物的叶绿素 b 和叶绿素 a 的比值小，所以阴生植物能强烈地利用蓝光，适应于遮阴处生长。大多数植物体中叶绿素 a 的含量比叶绿素 b 的含量多 2～3 倍。由于各种供试植物多为阳生植物，因此叶绿素 a 的作用要远大于 b。DnBP 抑制叶绿素 a 合成半数效应浓度非常低，证明其对植物光合系统的损害非常严重，因而具有较大的毒性。

（二）酞酸酯对抗氧化酶含量等的影响

在各种环境压力下，抗氧化酶对植物适应环境和生存发挥着极其重要的作用。植物体内丙二醛（malondialdehyde，MDA）的形成是脂质过氧化反应的表现，而一般来说，MDA 含量的升高标志着保护机制正在发挥作用，而 MDA 的消耗则意味着植物器官可能出现了微弱的损伤。表 4-3 为急性毒性条件下两种目标污染物对绿豆和油菜体内各种抗氧化酶指标的影响。结果表明，对于油菜来说，其根部对两种污染物的敏感程度要大于地上部，这与通常条件下的植物反应相一致。对于绿豆来说，此规律并不明显，但是由 DnBP 引起的 MDA 含量升高大于 DEHP 的现象，说明了 DnBP 对绿豆的毒性略大。Bernanke 和 Köhler（2009）指出环境内分泌干扰物能够提高植物体内氧自由基的含量并且破坏抗氧化酶系统的平衡。而过氧化物酶（peroxidase，POD）和超氧化物歧化酶（superoxide dismutase，SOD）都是与细胞内活性氧产生相关的关键酶。一般来说，POD 含量的上升意味着活性氧（reactlve oxygen species，ROS）水平的升高，也会引起 MDA 含量的升高（Chiou et al.，2003）。

抗氧化系统的状态标志着机体生理平衡的状态。与 MDA 类似，油菜根部 POD 和 SOD 活性的升高明显大于其地上部，绿豆在 DnBP 处理下也显示了同样的趋势（表 4-3）。两种植物都显示了 DnBP 处理下 POD 的活性升高的趋势。SOD 的活性变化也显示了两种污染物处理下的不同反应，且根部反应比地上部强烈。

表 4-3　急性毒性条件下两种目标污染物对油菜和绿豆的抗氧化酶等生理指标的影响

生理指标	植物部位	污染物	油菜			绿豆		
			回归系数			回归系数		
			a	*b*	*R*	*a*	*b*	*R*
MDA	地上部	DnBP	0.0040	1.1852	0.9012**	0.0017	0.5675	0.9684**
	根部		0.0029	1.5936	0.9865**	0.0003	1.1034	0.9561**
	地上部	DEHP	0.0002	0.8853	0.9558**	0.0010	0.5823	0.9208**
	根部		0.0072	1.4677	0.9605**	0.0008	0.7272	0.9703**
POD	地上部	DnBP	0.0143	6.9930	0.9173**	0.0082	2.7090	0.9058**
	根部		0.0941	20.4390	0.9766**	0.0195	2.8387	0.9113**
	地上部	DEHP	0.0048	7.3344	0.9068**	0.0157	2.3842	0.9414**
	根部		0.0743	19.5950	0.9547**	0.0026	3.0461	0.9852**
SOD	地上部	DnBP	0.0012	2.2878	0.9693**	0.0039	2.0892	0.8960*
	根部		0.0157	4.7195	0.9947**	0.0046	3.9225	0.9140**
	地上部	DEHP	−0.0053	0.9390	0.9610**	0.0016	2.1015	0.9267**
	根部		0.0091	1.7702	0.9012**	0.0103	3.6140	0.9837**
APX	地上部	DnBP	0.0004	0.2557	0.9384**	0.0004	0.1427	0.9038**
	根部		0.0027	0.3382	0.8912*	0.0005	0.2220	0.8886*
	地上部	DEHP	0.0021	0.2478	0.9743**	0.0025	0.1927	0.9189**
	根部		0.0011	0.3371	0.9704**	0.0002	0.2287	0.9448**
GSH	地上部	DnBP	0.0032	0.2777	0.9423**	0.0016	0.8383	0.8972*
	根部		0.0109	6.0654	0.9832**	0.0022	1.6084	0.9087**
	地上部	DEHP	0.0002	0.2403	0.9481**	0.0007	0.4159	0.9432**
	根部		0.0088	5.2362	0.9338**	0.0015	1.3828	0.9031**
GST	地上部	DnBP	0.2838	101.6100	0.9040**	0.0694	20.3770	0.9492**
	根部		0.3147	120.3200	0.9441**	0.1566	32.5110	0.8885*
	地上部	DEHP	0.0042	2.9252	0.9832**	0.0430	47.1540	0.9296**
	根部		0.0489	14.1570	0.9547**	0.0656	14.1870	0.9250**
AChE	地上部	DnBP	−0.0017	1.2545	0.9072**	−0.0056	1.3359	0.9716**
	根部		−0.0059	4.1121	0.8921*	−0.0468	5.4401	0.9326**
	地上部	DEHP	−0.0089	2.4493	0.9442**	0.0049	0.7110	0.9707**
	根部		−0.0833	32.7920	0.9690**	−0.0507	15.3780	0.8996*
脯氨酸	地上部	DnBP	0.0003	0.0521	0.9098**	0.0014	2.3026	0.8962*
	根部		0.0005	0.1366	0.8911*	0.0033	2.2164	0.8871*
	地上部	DEHP	0.0002	0.0389	0.9914**	0.0100	1.9137	0.8681*
	根部		0.0008	0.1187	0.9892**	0.0250	2.0137	0.9808**

* 表示指标受到污染物的显著影响，** 表示指标受到污染物的极显著影响。

对于生物体来说，抗氧化系统和解毒系统是抵抗环境压力的第一道防线（Wilhelm，2007），但是当环境条件下的污染物浓度升高到一定程度时，这种防御系统则可能崩溃，同时刺激机体产生其他的反应（Zhou et al.，2010）。机体 SOD 活性的升高表示抗氧化系统正在发挥其抵御外界环境压力的作用。对于本组实验中的两种植物来说，POD 可能比 SOD 对外界环境的压力更为敏感（表 4-3）。

抗坏血酸过氧化物酶（ascorbate peroxidase，APX）活性在各处理条件下都有所升高，但规律不明显（表 4-3）。APX 是消耗体内过氧化氢的两种主要物质之一，当有抗坏血酸盐存在并作为还原剂时，APX 与之存在高度亲和力。DEHP 作用时，两种植物中都显示了与其他研究中由重金属引起 APX 升高的规律的一致性（Zhang et al.，2008；2010）。在植物的发芽阶段，APX 在避免过氧化氢产生的毒性方面有重要作用，因而其活性的升高表明了生物机体的积极反应。

谷胱甘肽（glutathione，GSH）和谷胱甘肽 S 转移酶（glutathione，stransferase，GST）的结果比较类似，都是在根部受到促进比地上部更明显，它们都是植物防御系统的重要组成部分（Hu et al.，2009）。GSH 含量和 GST 活性的升高表明两种污染物在植物体内正在进行的去毒作用，也就是说两种污染物都产生了毒害作用。而且 DnBP 处理下的植物的去毒作用更加明显，意味着其较高的植物毒性。

所谓生物标志物或生物指示物是代表机体分子层面上对暴露的污染物的毒性作用产生的反应，一般这些反应发生在巨大的种群和群落变化之前，可以起到一定的预警作用。乙酰胆碱酯酶（acetycholinesterase，AChE）常被用于评价重金属对于动物的毒性作用（Tsangaris et al.，2007），人们还经常从各种植物中提取它来治疗疾病（Ingkaninan et al.，2003；Ferreira et al.，2006）。受两种污染物处理的两种植物几乎各部位都出现了 AChE 的抑制，这与生命体在污染环境中的其他研究结果相一致（Ferreira et al.，2006）。而在发芽阶段还存在其特殊性，即对喜光植物来说能够促进发芽作用，但是会抑制喜阴植物的发芽。因为油菜和绿豆都不需要光照来催芽，所以即使它们体内的 AChE 活性下降了，也不会影响他们的发芽，这与前面的结果相一致。

脯氨酸作为植物特有的生物指示物，起初主要被用于研究气候的变化（Treichel et al.，1984），后又有人研究了重金属污染对植物体内脯氨酸含量的影响（Rai et al.，2004，Sharma et al.，2005）。实验中各处理的植物地上和根部脯氨酸都受到了刺激，这与植物在逆境中的反应相一致，因为在正常植物体内，一般脯氨酸的含量很低，但是当环境出现了不利因素的变化时，植物体内的自由脯氨酸的量就会急剧升高。这种升高可能是由于脯氨酸氧化受抑制、总蛋白合成量的减少等（Wong，2000）。脯氨酸能够通过维持细胞膜的完整性以及减少细胞水分的散失等来保护植物体不受恶劣的外界环境所伤害（Zhang et al.，2003），脯氨酸含量越高说明污染物毒性越大，即 DnBP 的毒性越大。

由于两种目标污染物均能导致供试植物的脯氨酸含量增加、MDA 含量升高、SOD、POD 和 APX 活性的增加，因而两种污染物都具有一定的植物毒性。各指标产生与对照组显著性差异的临界浓度列于表 4-4。由表可知，发芽阶段当酞酸酯在土壤中的浓度达到 20 mg/kg 时，各生理指标即可出现与对照组的明显毒性差异。其中较为敏感的指标有 AChE、APX 和脯氨酸等。

表 4-4　目标污染物对供试植物各指标毒性的临界浓度

临界浓度/(mg/kg 土)	MDA	GSH	GST	SOD	POD	APX	AChE	脯氨酸
DnBP 处理	5	5	5	5	20	1	1	1
DEHP 处理	20	20	5	5	20	5	1	5

二、亚慢性毒性条件下酞酸酯对植物主要生理指标的影响

（一）酞酸酯对植物色素的影响

1. 叶绿素

叶绿素是高等植物进行光合作用必不可少的物质，其中叶绿素 a 是大多数高等植物都含有的一种叶绿素。因此，对第 30 d 采集的各处理的最高处理浓度下的生菜和空心菜的叶绿素 a 的含量进行测定，结果见图 4-5。从图中的结果可以看出，不论是在中性或者碱性土壤环境条件下，DnBP 均能够引起生菜和空心菜叶片中叶绿素 a 含量的下降，尤其对生菜的影响更大。叶绿素含量的降低必然会导致光合能力的下降，从而使其合成有机物及积累干物质的能力减弱，因而可能导致植株生物量下降，这一结论与之前的生物量数据相一致。

而 DEHP 对生菜叶片中的叶绿素 a 含量影响不大。但对于空心菜而言，在中性土壤中 DEHP 的作用下叶片中叶绿素 a 的含量有明显的增加，但受到其他土壤因子的影响并不明显。这可能与中性条件下 DEHP 作用后空心菜的生物量的增加有关。就目标污染物的自身性质而言，在碱性条件下 DEHP 更容易降解。因此，中性土壤条件下 DEHP 表现出的对空心菜的叶绿素 a 的促进作用，在碱性土壤条件下就变得不再明显。

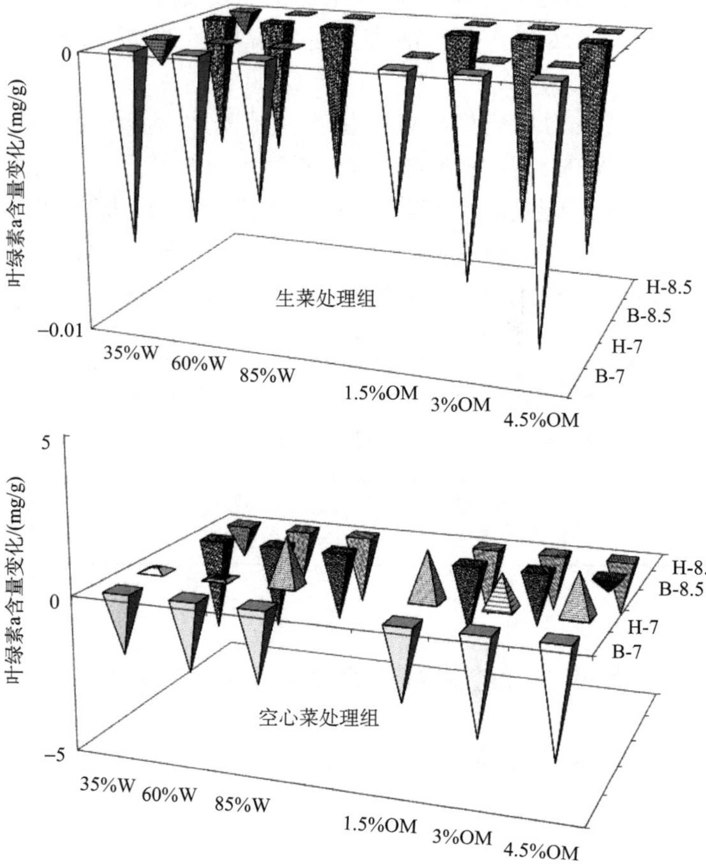

图 4-5 不同土壤条件及污染物作用下的生菜和空心菜的叶绿素 a 含量变化

（B 表示 DnBP 处理，H 表示 DEHP 处理；1.50％OM、3％OM 和 4.50％OM 指有机质含量；35％W、60％W 和 85％W 指土壤的含水量占最大持水量的百分比，B-7、H-7 表示处理为 pH＝7.0 条件下，B-8.5、H-8.5 表示处理 pH＝8.5 条件下，下图均参照此注释）

2. 类胡萝卜素

类胡萝卜素对于蔬菜本身以及人体都是非常重要的物质，它不仅是一类重要的天然色素，而且对于人类生活、保健、医疗等方面具有重要作用。类胡萝卜素可延缓衰老，是一类相当强有力的抗氧化物质，具有抗氧化、调节免疫、保护皮肤避免紫外线伤害与维持细胞信息传递稳定性等生理功能；它可抗突变，能直接捕获自由基并阻断自由基的链式反应，从而防止自由基对蛋白质、脂质和 DNA 的过氧化损伤，保护细胞免受自由基的损伤，防止细胞突变，被认为是具有癌症预防效果的物质。

图 4-6 为不同处理条件下两种植物中类胡萝卜素含量的变化。由图可知，在不同土壤环境条件下 DnBP 和 DEHP 均能导致两种植物叶片中类胡萝卜素含量的减少，其中 DnBP 的毒性作用大于 DEHP。类胡萝卜素的减少意味着植物的抗自由基等防御能力的下降。同时还标志着这两种植物的营养降低，即蔬菜品质的下降。

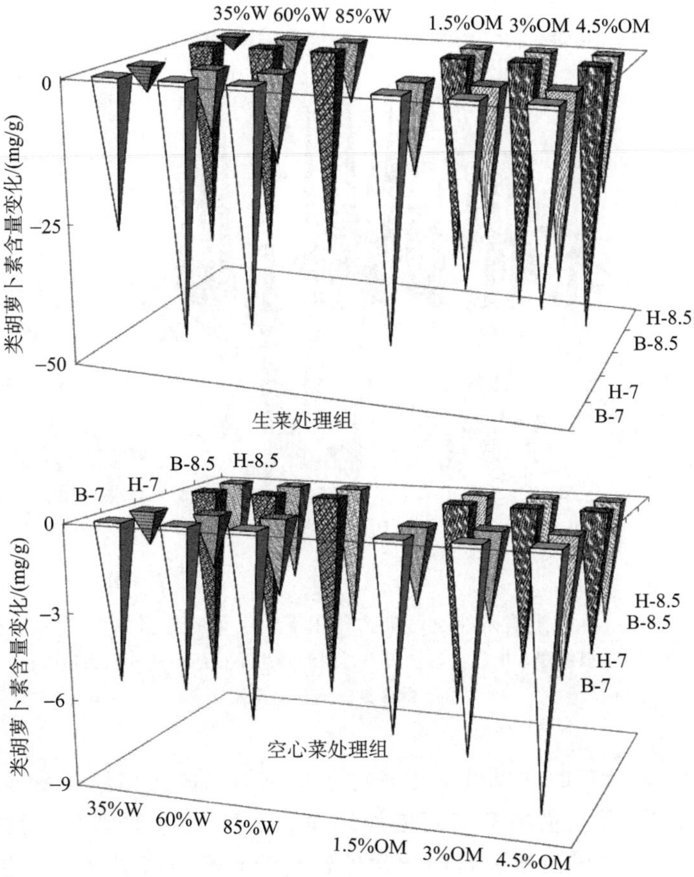

图 4-6　不同土壤条件及污染物作用下的空心菜的植物色素含量变化

（二）酞酸酯对植物体内积累性物质含量的影响

1. 总蛋白

在不同的环境压力下，植物可能会通过减少蛋白质的合成来抵御环境压力（Santos et al.，1998）。图 4-7、图 4-8 分别表示不同土壤条件及污染物作用下生菜和空心菜总蛋白质含量的变化。从图 4-7 中可以看出，生菜体内总蛋白质含量的变化与其受到两种酞酸酯类污染物的毒性作用后的生物量抑制等有一定关系。综合来看，两种酞酸酯污染物都能对生菜苗产生毒性作用，但是 DnBP 在中性土壤条件下作用的生菜与 DEHP 在碱性土壤条件下作用的生菜受到的总蛋白含量的抑制作用更强，但是由于碱性条件下 DEHP 能促进生菜生物量的增加，因此必然导致相应的植株总蛋白含量的相对减少。因此相比之下，DnBP 的毒害作用更加明显。

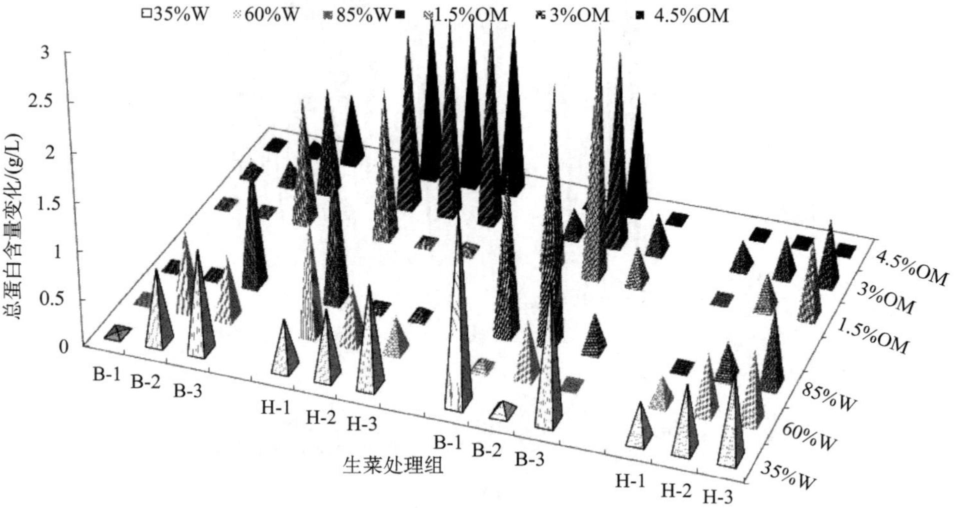

图 4-7 不同土壤条件及污染物作用下的生菜的总蛋白含量变化
（由于生菜根系浅，根部生物量很小，因此将生菜按照全株测定各项指标，总蛋白含量的变化结果）

此外，DnBP 处理时在碱性土壤条件下生菜体内的蛋白质含量较高，且随土壤水分含量和有机质含量的升高而增加。而 DEHP 处理时则是中性土壤条件下蛋白质含量较高，且随土壤有机质含量的较高的升高而增加。因此生菜的总蛋白含量指标的敏感土壤因子为土壤 pH 和土壤有机质含量。

由图 4-8 可知，空心菜的地上部和根部的总蛋白含量变化呈现出不同的特点。地上部的总蛋白含量在土壤为中性条件、较低有机质含量的 DnBP 处理时受到了略微的抑制，而土壤有机质含量增加后开始表现出促进作用。但是在碱性条件下，污染物含量对空心菜地上部总蛋白含量的影响不大。对于其根部而言，碱性土壤条件下的两种污染物处理时，各部位的总蛋白含量均出现了明显的促进。而中性土壤条件下，DnBP 处理的促进作用较小。由此可见，土壤 pH 对空心菜的总蛋白含量的影响最为明显，为该指标的敏感土壤因子。

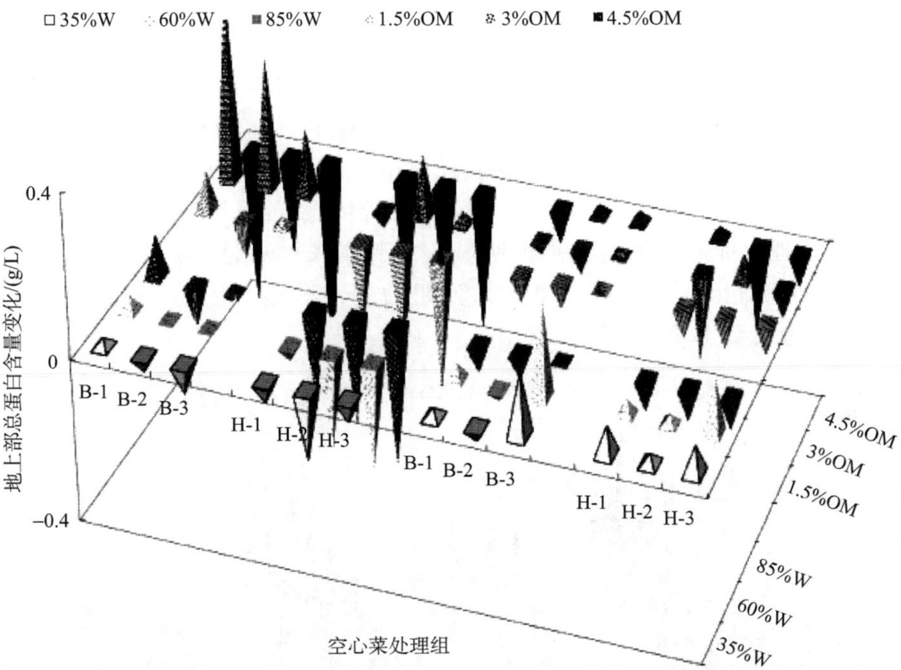

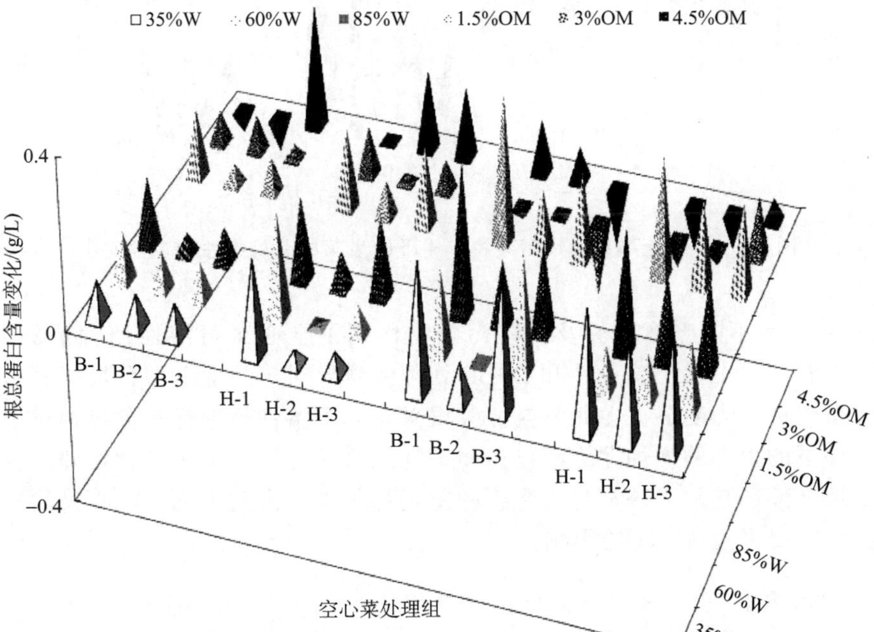

图 4-8　不同土壤条件及污染物作用下的空心菜的总蛋白含量变化

2. 总可溶性糖

一般情况下，当植物处于不利的环境条件下，如干旱、盐碱度较高或寒冷的环境中时，其体内的总可溶性糖含量会增加（Ren et al.，2001；Xu et al.，2001；Liu et al.，2007）。从图 4-9 可知，两种土壤 pH 值条件下 DnBP 处理时生菜体内的总可溶性糖含量明显受到促进，且随着污染物含量的升高促进作用明显加强。但 DEHP 处理时促进作用则不是很明显，尤其是碱性条件下。此外，各个水分含量及有机质含量条件下的处理组与对照组的差异不大。由此可见，生菜的总可溶性糖指标主要受土壤 pH 的影响。

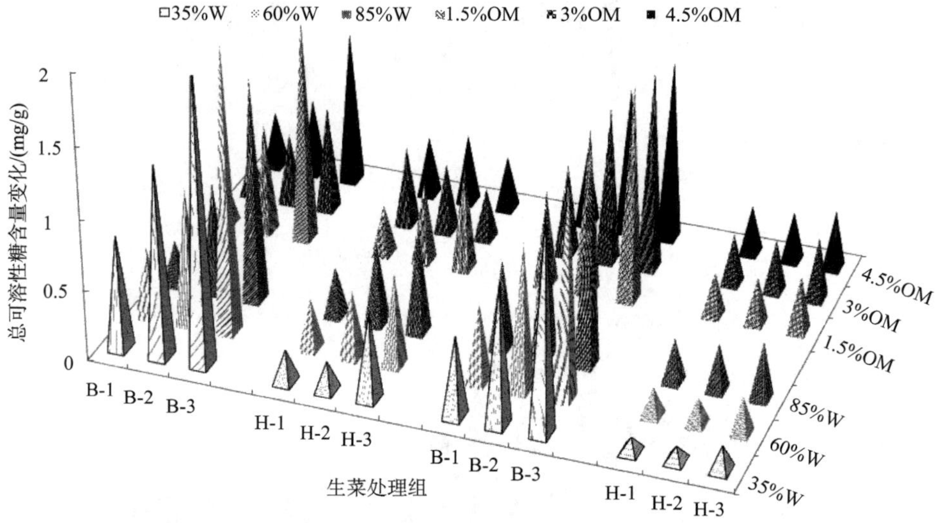

图 4-9 不同土壤条件及污染物作用下的生菜的总可溶性糖含量变化

图 4-10 为不同土壤条件及不同污染物作用下空心菜可溶性糖含量的变化。由此可以看出，中性土壤条件和 DnBP 处理的诱导对于其地上部和根部的总可溶性糖含量促进最为明显。尤其是空心菜根部，总可溶性糖的绝对含量相对于其他处理条件下的根部的增加尤为明显。而碱性土壤条件下两种污染物处理的空心菜无论是地上部还是地下部都与对照组的差别都不大。由此可见，空心菜的总可溶性糖指标主要受土壤 pH 的影响。

3. 自由氨基酸

有研究发现，低剂量的除草剂氟乐灵能够诱导甜瓜苗体内自由氨基酸的含量上升（Starratt and Lazarovits，1999），与总可溶性糖类似，不利的生存环境也会引起植物体内自由氨基酸含量的上升（Ren et al.，2001；Xu et al.，2001；Liu

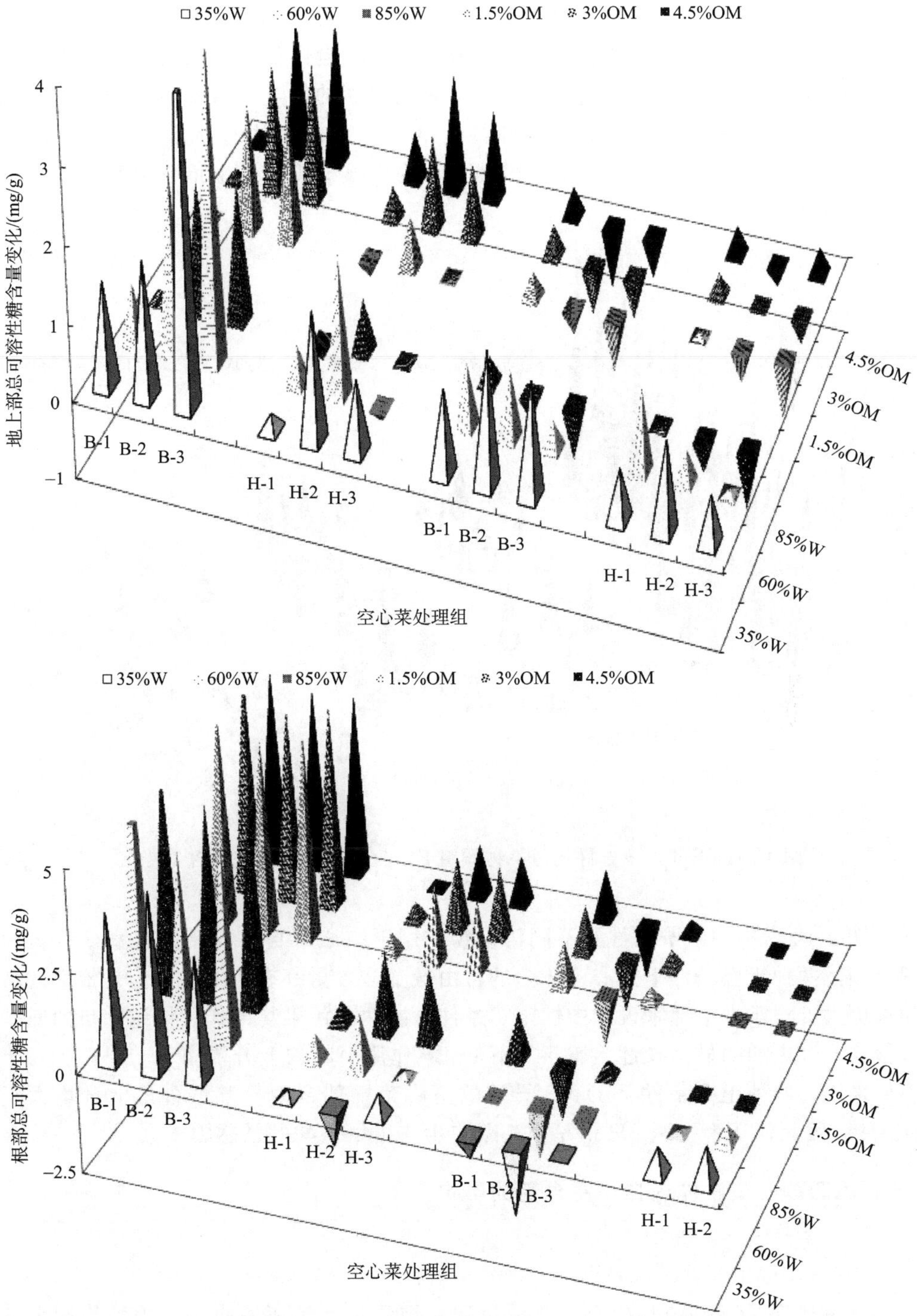

图 4-10　不同土壤条件及污染物作用下的空心菜的总可溶性糖含量变化

et al.，2007）。不同条件及不同污染物作用下生菜全株的自由氨基酸含量测定结果见图 4-11。由图可知，两种土壤 pH 值条件下，自由氨基酸的含量以中性土壤条件 DnBP 处理下的生菜中含量为多，即受到明显的促进，且随着污染物浓度的升高，该促进作用有上升的趋势；碱性土壤条件下虽然也存在着这样的促进趋势，但是绝对量方面则小了很多。因此，认为土壤 pH 值是生菜自由氨基酸产生的敏感因子。

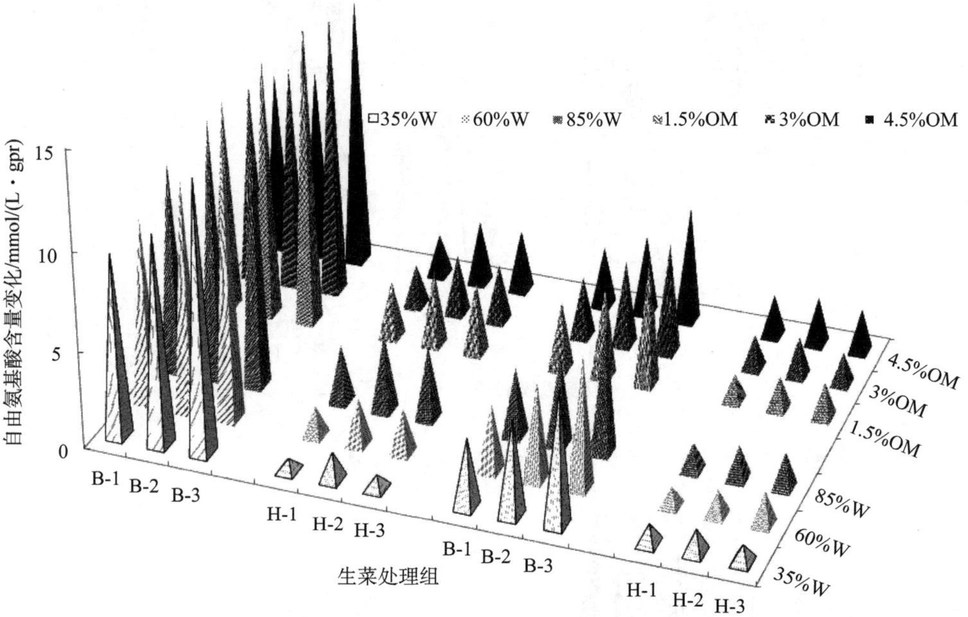

图 4-11 不同土壤条件及污染物作用下的生菜的自由氨基酸含量变化

图 4-12 为不同土壤条件及不同污染物作用下空心菜自由氨基酸含量变化，由图可知，两种土壤条件下空心菜体内的自由氨基酸含量都有所增加，但是根部的增加量更大。对于地上部来说，中性土壤条件下的两种污染物的作用导致的自由氨基酸含量上升更加明显。碱性土壤条件下 DnBP 作用引起的上升要高于 DEHP。对于根部来说，两种土壤条件下 DnBP 导致的空心菜根部自由氨基酸含量上升均大于 DEHP。因此，认为土壤 pH 值是空心菜产生自由氨基酸的敏感因子。

（三）酞酸酯对植物体内自由基含量的影响

1. $\cdot O^{2-}$

有氧代谢是高等植物生存的必需过程。植物将氧气还原成水，为植物的生长

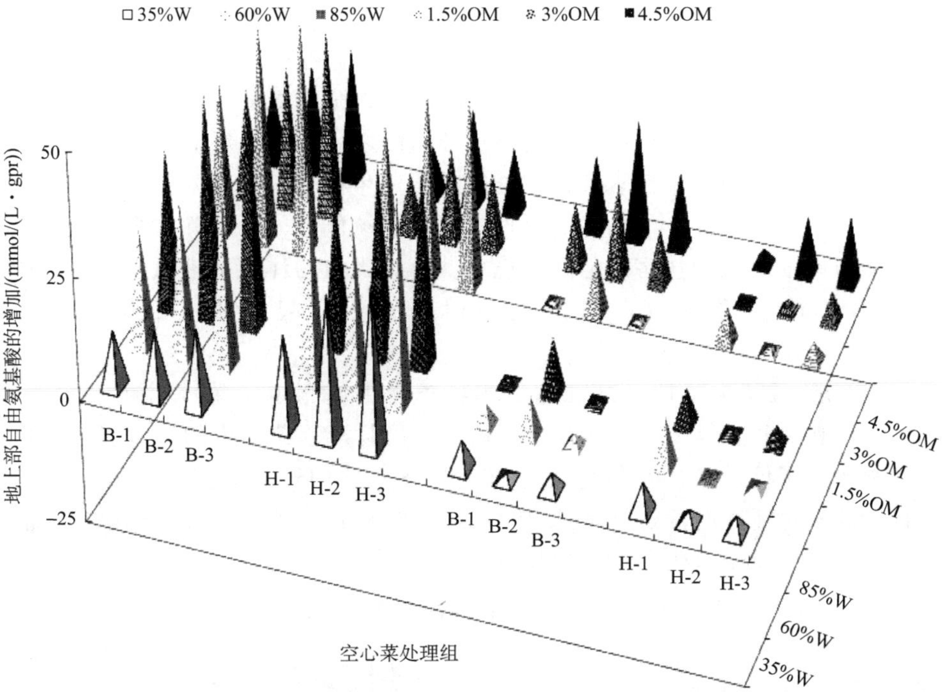

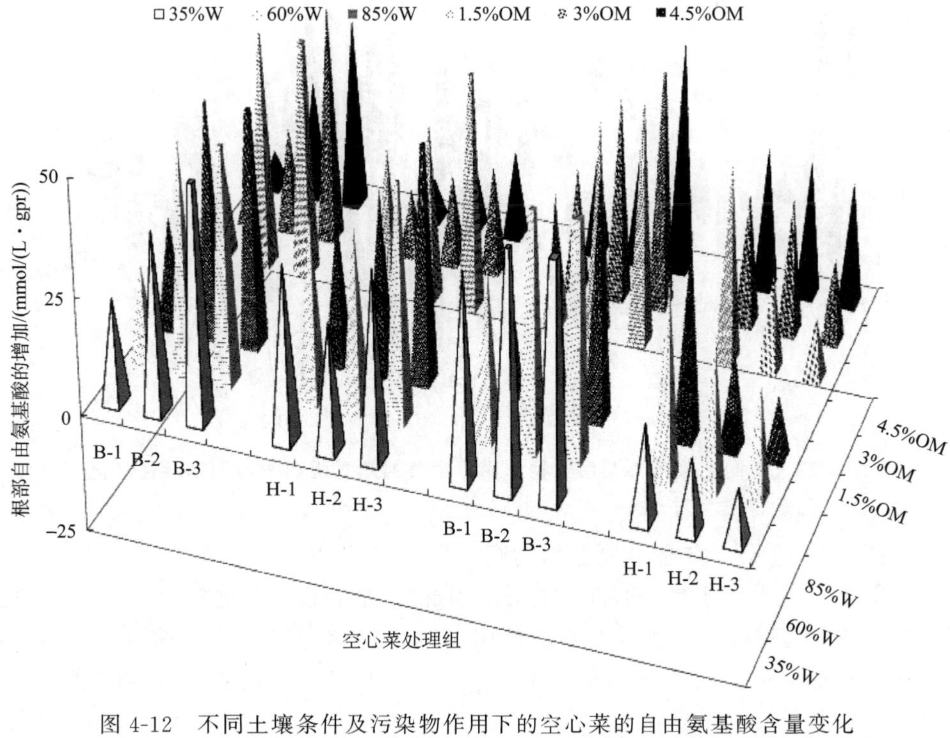

图 4-12 不同土壤条件及污染物作用下的空心菜的自由氨基酸含量变化

和发育提供能量。但当还原过程不完全时，就会产生一类化学性质活泼、氧化能力极强的含氧化合物——活性氧（ROS），主要包括超氧阴离子、羟自由基、单线态氧和过氧化氢等，超氧阴离子自由基是其中很重要的一种（Halliwell and Gutteridge，1985），它主要在是在植物受毒作用之后的氧化反应过程中产生，能够对植物的光合作用重要色素和植物的膜结构产生损伤，进而对植物的光和系统产生危害。正常条件下，植物体内活性氧清除系统能有效地清除体内的活性氧自由基，从而使细胞免受伤害；但在逆境条件下，当植物体内活性氧自由基的产生速度超出了植物清除活性氧的能力时，便会引起伤害（Elstner，1982；Fridovich，1995）。

图 4-13 体现了生菜地上部的超氧阴离子自由基测定结果与对照组的差值。由图可知，在两种土壤 pH 值条件下，两种污染物对生菜体内的超氧阴离子自由基活性都产生了促进作用，但碱性土壤条件下活性的升高要高于中性土壤条件下，且 DnBP 对活性的促进作用大于 DEHP 的作用。因此，认为土壤 pH 值是生菜产生超氧阴离子自由基的敏感因子。

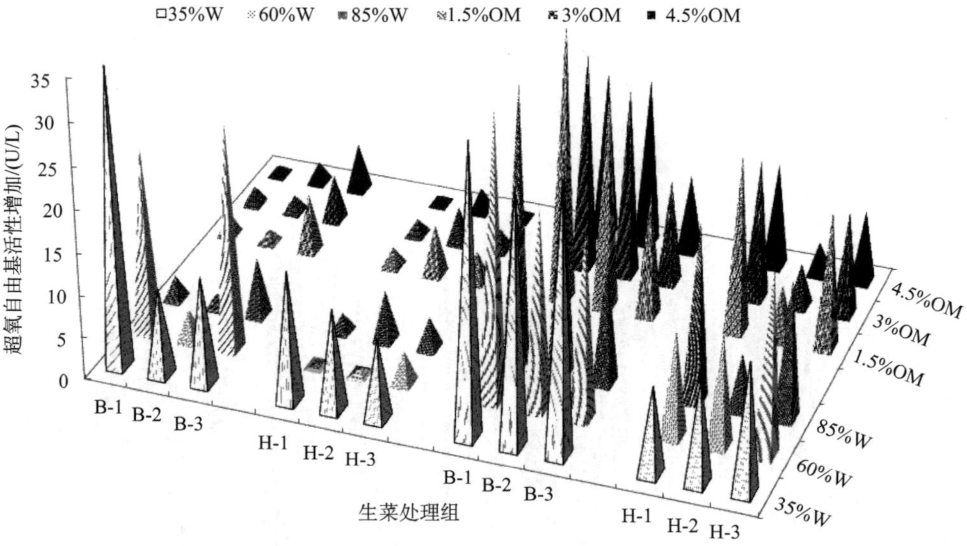

图 4-13　不同土壤条件及污染物作用下生菜的超氧阴离子自由基活性变化

由图 4-14 可见，空心菜地上部的超氧阴离子自由基活性变化与生菜的趋势一致。但是，在中性土壤条件下，DnBP 引起的活性增加也比较明显，甚至超过了碱性土壤中 DEHP 处理条件下活性的增加。说明对于空心菜来说，土壤 pH 不是最敏感的因子，而水分和有机质含量对 DnBP 毒性作用的影响更明显。

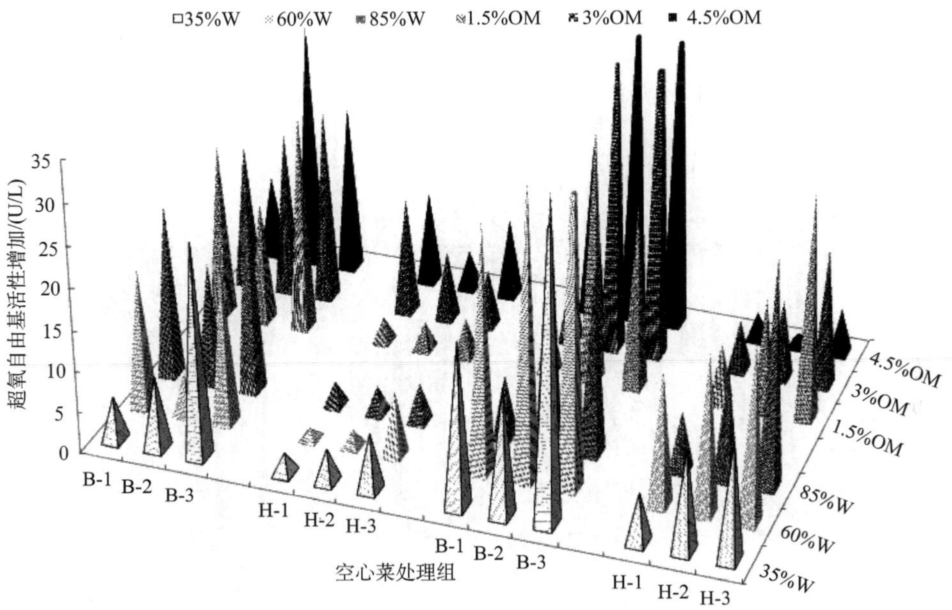

图 4-14　不同土壤条件及污染物作用下空心菜的超氧阴离子活性变化

2. ·OH

羟基自由基是活性氧中最活泼的自由基之一，也是毒性最大的自由基，可直接损伤各种生物膜，导致多种疾病的发生，从而危及生物体。羟基自由基能够攻击脱氧核糖并引发一系列的反应，最终导致植物体内的硫代巴比妥酸（TBARS）的形成，只有当消耗羟基自由基的物质生成时，硫代巴比妥酸才能减少。羟基自由基活性的增加也就标志着植物体正处于一定的环境胁迫下。

图 4-15 体现了生菜地上部的羟基自由基测定结果与对照组的差值，由图可以发现，所有处理条件下，生菜体内的羟基自由基活性都有很大升高，中性土壤条件下升高的绝对数值更大，即土壤 pH 值是敏感因子。

图 4-16 为空心菜地上部羟基自由基活性变化结果。从图中可以看出空心菜体内的羟基自由基活性也均有明显升高，其升高幅度排序为中性土壤 DnBP 处理＞碱性土壤 DnBP 处理＞碱性土壤 DEHP 处理＞中性土壤 DEHP 处理，土壤 pH 值不是最主要的影响因素，土壤水分含量是更敏感的土壤因子。

3. H_2O_2

植物细胞可以通过多条途径产生过氧化氢，其中包括过氧化物酶体通过乙醇

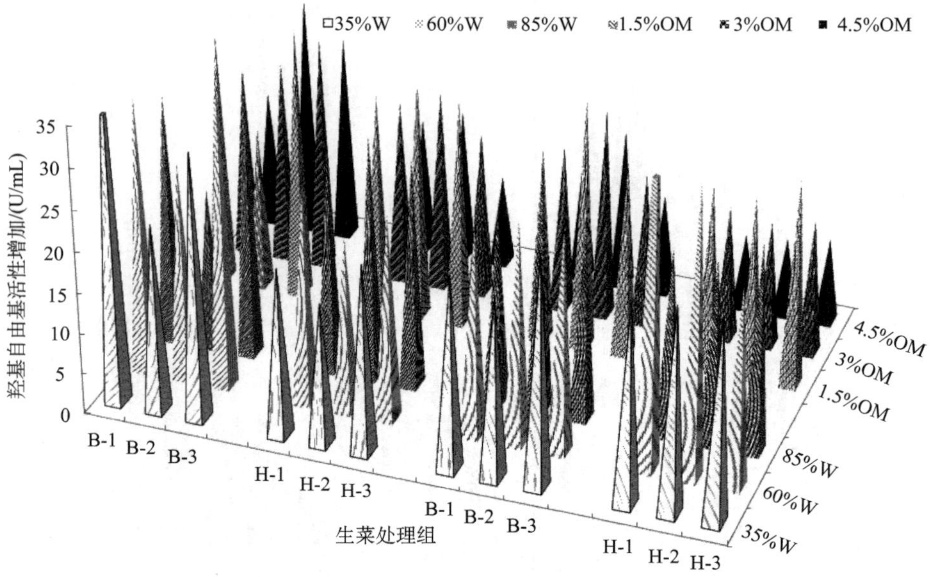

图 4-15　不同土壤条件及污染物作用下的生菜的羟基自由基活性变化

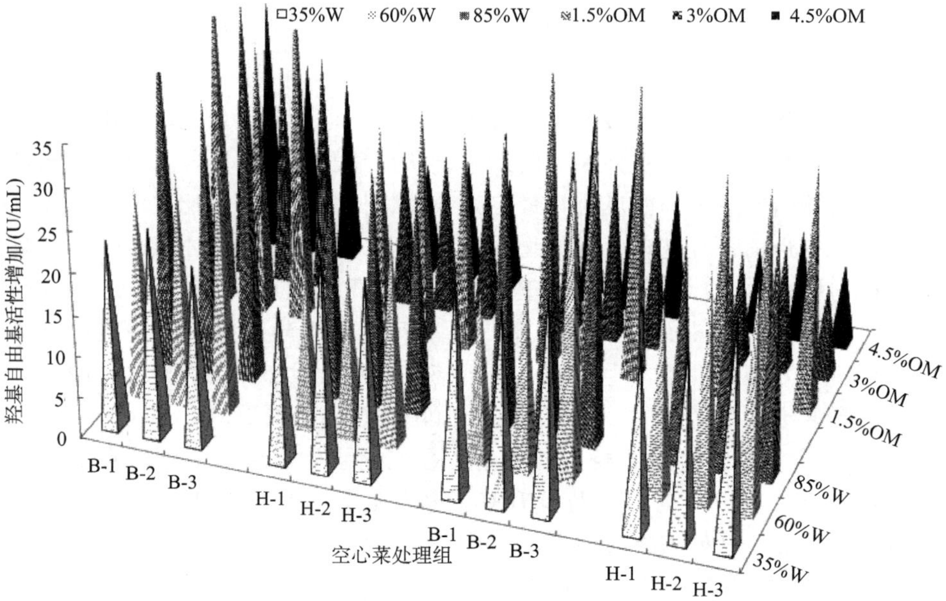

图 4-16　不同土壤条件及污染物作用下的空心菜的羟基自由基活性变化

酸氧化产生的过氧化氢、线粒体能在消耗 NADH 时产生过氧化氢、叶绿体通过光化学反应产生过氧化氢、细胞质膜氧化还原和光和氧化作用等过程。与其他胞内活性氧物质一样，如果过氧化氢不能及时被转换，在细胞中积累，就会破坏生物大分子，影响植物体内的代谢和调控。植物体内已形成了复杂的氧化应激机制，细胞主要可以通过一些保护酶等催化反应清除体内的过氧化氢，如过氧化氢酶（CAT）、过氧化物酶（POD）、抗坏血酸过氧化物酶（AsA-POD）等。过氧化氢作为植物的第二信使，在逆境生物学研究发挥着重要的作用。

图 4-17 反映了不同条件下生菜地上部的过氧化氢活性的变化情况。由图可知，DnBP 处理时，生菜体内过氧化氢活性均有明显升高，尤其是在碱性土壤条件下升高最为明显。DEHP 对过氧化氢的促进作用在各种处理条件下相差不大。

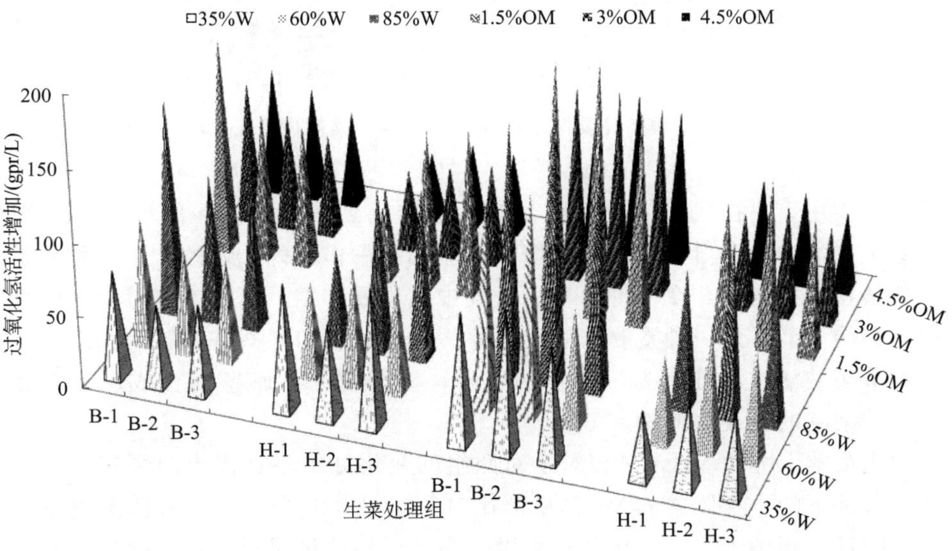

图 4-17　不同土壤条件及污染物作用下的生菜的过氧化氢活性变化

对空心菜地上部的过氧化氢活性增加的测定结果见图 4-18。空心菜体内的过氧化氢活性也均有明显升高，其升高幅度排序为中性土壤 DnBP 处理＞碱性土壤 DnBP 处理＞碱性土壤 DEHP 处理＞中性土壤 DEHP 处理，土壤有机质含量和水分含量是比较敏感的指标。

(四) 酞酸酯对植物体内 Vc 含量的影响

Vc 即抗坏血酸（ascorbic acid，AsA）属于小分子物质，对高等植物来说是一种非常重要的化学物质，在植物细胞对氧化胁迫的抵抗、细胞分裂和伸长中发

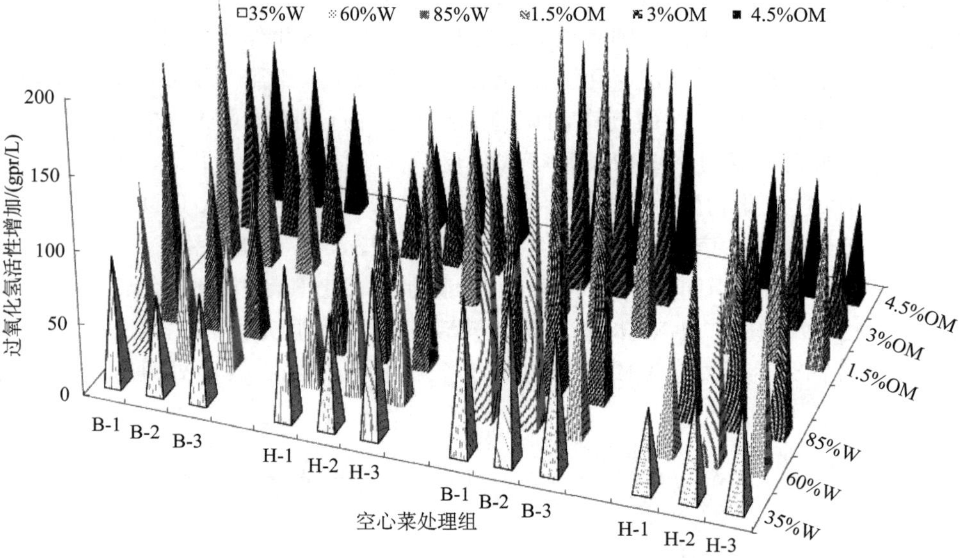

图 4-18　不同土壤条件及污染物作用下的空心菜的过氧化氢活性变化

挥着重要作用。它在线粒体中合成，然后被转运到其他细胞区间以发挥生理作用。除生物学功能及参与对各类逆境的适应和抵御作用外，还被作为一种分子信号调节植物的抗病性，在植物的抗病过程中有重要作用。它还参与植物细胞氧化还原平衡的调节，是一种重要的氧化还原缓冲剂；参与某些基因转录和翻译的调节；调节酶的活性，可作为一些酶的辅酶；参与植物细胞壁的合成、伸长和交联；调节细胞的分裂和伸长。

对生菜地上部的 Vc 含量相对于对照组的变化见图 4-19。由图可知，几乎所有处理条件下的生菜体内的 Vc 含量都比对照组显著减少，仅有碱性土壤条件下某些 DEHP 处理条件下 Vc 含量有略微升高。但对两种目标污染物处理下的生菜来说，中性土壤条件下 Vc 含量的升高更加明显。

空心菜地上部的 Vc 含量相对于对照组的变化结果见图 4-20。由图可知，空心菜体内 Vc 含量的变化趋势与生菜类似，仅在 DEHP 处理下的某些空心菜体内的 Vc 含量有略微的上升。当土壤处在中性条件时，两种污染物的作用均更加明显。

上述结果中，生菜和空心菜体内的 Vc 含量的减少，表征着两种蔬菜正处于一定的环境胁迫下。因此，Vc 被消耗用于各种的防御过程。从另一个方面来看，受到酞酸酯毒性作用的生菜体内 Vc 含量的减少，也意味着供试蔬菜本身营养价值的减少，这一点同类胡萝卜素含量的变化相似。

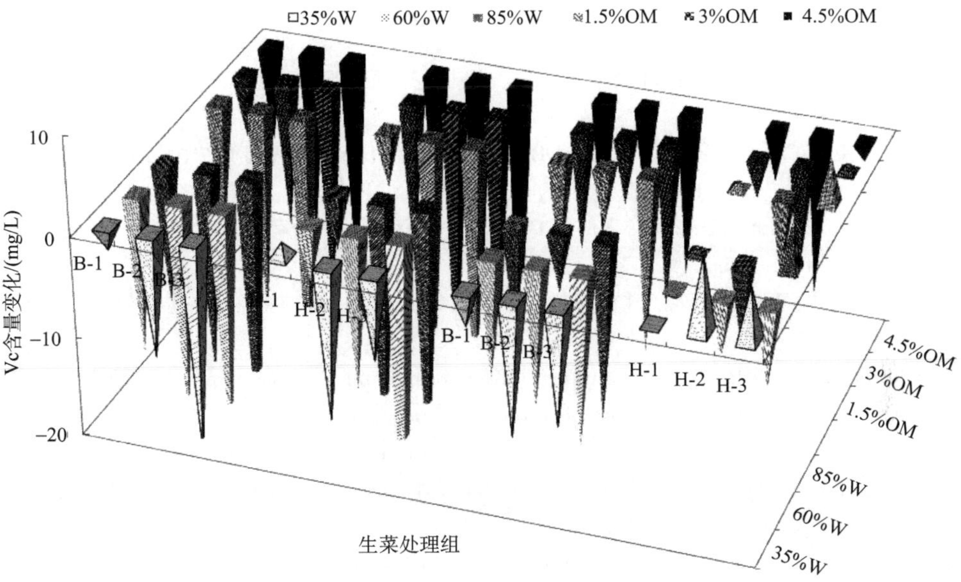

图 4-19　不同土壤条件及污染物作用下的生菜的 Vc 含量变化

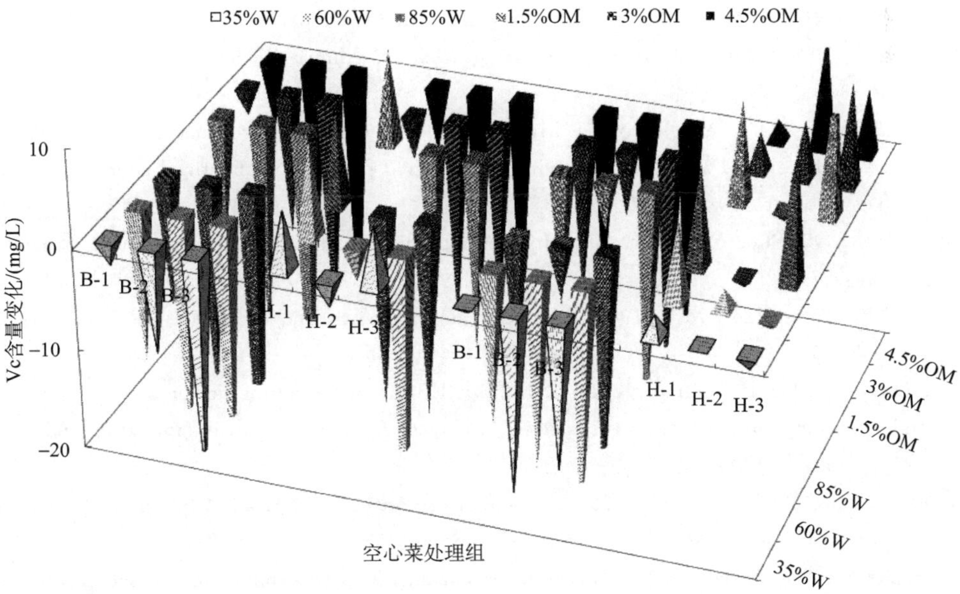

图 4-20　不同土壤条件及污染物作用下的空心菜的 Vc 含量变化

参 考 文 献

王晓娟，金樑，陈家宽. 2003. 环境激素 DBP 对拟南芥试管形态发生的影响. 西北植物学报，23 (11):1889-1893.

王晓娟，金樑，陈家宽. 2005. 环境激素 DBP 对拟南芥体外培养叶片超微结构的影响. 西北植物学报，25 (7)：1362-1367.

尹睿，林先贵，王曙光，等. 2004. 土壤中 DBP/DEHP 污染对几种蔬菜品质的影响. 农业环境科学学报，23 (1)：1-5.

张慧芳，苗艳明，丁献华，等. 2010. 邻苯二甲酸酯对小麦幼苗生理指标的影响. 安徽农业科学，38 (7)：3374-3377.

Bernanke J, Köhler HR. 2009. The impact of environmental chemicals on wildlife vertebrates . Reviews of Environmental Contamination and Toxicology, 198: 1-47.

Chang Q, Gao N N, Zheng Y D, et al. 2009. Effects of di- (2-ethylhexyl) phthalate on root tips of vicia faba seedlings. Bioinformatics and Biomedical Engineering. ICBBE. 3rd International Conference on 11-13 June, 1-3.

Chen W C, Huang H C, Wang Y S, et al. 2011. Effect of benzyl butyl phthalate on physiology and proteome characterization of water celery (Ipomoea aquatica Forsk.). Ecotoxicology and Environmental Safety, 74 (5): 1325-1330.

Chiou T J, Chu S T, Tzeng W F. 2003. Protection of cells from menadione-induced apoptosis by inhibition of lipid peroxidation. Toxicology, 191 (2-3): 77-88.

Elstner E F. 1982. Oxygen activation and oxygen toxicity. Annual Review of Plant Physiology, 33: 73-96.

Ferreira A, Proenca C, Serralheiro M L M, et al. 2006. The in vitro screening for acetylcholinesterase inhibition and antioxidant activity of medicinal plants from Portugal. Journal of Ethnopharmacology, 108: 31-37.

Fridovich I. 1995. Superoxide readical and superoxide dismutases. Annual Review of Biochemistry, 64: 97-112.

Halliwell B, Gutteridge J M C. 1985. Free Radicals in Biology and Medicine. Clarendon Press, Oxford, 75.

Hillis D G, Fletcher J, Solomon K R, et al. 2011. Effects of ten antibiotics on seed germination and root elongation in three plant species. Archives of Environment Contamination and Toxicology, 60: 220-232.

Hu Y L, Zhang H, Ju T, et al. 2009. Differential responses of GSH and GST in two rice cultivars under Cd stress. Journal of Agro-Environmental Science, 28: 305-310.

Ingkaninan K, Temkitthawon P, Chuenchom K, et al. 2003. Screening for acetylcholinesterase inhibitory activity in plants used in Thai traditional rejuvenating and neurotonic remedies. Journal of Ethnopharmacology, 89 (2-3): 261-264.

Liu H R, Song H X, Liu D P, et al. 2007. Dynamics changes of soluble sugar and free amino acid contents in stem and leaf of different oilseed rape varieties. Acta Agricuhurae Borealioccidentalis Sinica, 16: 123-126.

Rai V, Vajpayee P, Singh S N, et al. 2004. Effect of chromium accumulation on photosynthetic pigments, oxidative stress defense system, nitrate reduction, proline level and eugenol content of Ocimum tenuiflorum L. Plant Science, 167 (5): 1159-1169.

Ren H X, Chen X, Wu D X. 2001. Effects of elevated CO_2 on photosynthesis and antioxidative ability of broad bean plants grown under drought condition. Acta Agronomica Sinica, 27: 729-736.

Santos I, almeida J M, Salema R. 1998. Plants of zea mays L. developed under enhanced UV-B radiation. I. Some ultrastructural and biochemical aspects. Journal of Plant Physiology, 141: 450-456.

Sharma S S, Dietz K J. 2005. The significance of amino acids and amino acid-derived molecules in plant responses and adaptation to heavy metal stress. Journal of Experimental Botany, 57 (4): 711-726.

Starratt A N, Lazarovits G. 1999. Herbicide-induced disease resistance and associated increases in free amino acid levels in melon plants. Canadian Journal of Plant Pathology, 21: 33-36.

Treichel S, Brinckmann E, Scheitler B, et al. 1984. Occurrence and changes of proline content in plants in the southern Namib Desert in relations to increasing and decreasing drought. Planta, 162 (3): 236-242.

Tsangaris C, Papathanasiou E, Cotou E. 2007. Assessment of the impact of heavy metal pollution from a ferro-nickel smelting plant using biomarkers. Ecotoxicology and Environmental Safety, 66 (2): 232-243.

Wilhelm FD. 2007. Reactive oxygen species, antioxidants and fish mitochondria. Frontiers in Bioscience, 12 (1): 1229-1237.

Wong Z. 2000. Plant Physiology. Beijing: China Agriculture Press.

Xu Y C, Li S H, Cai C L, et al. 2001. Carbohydrate metabolism in source leaves of Jonagold apple tree under water stress and after water stress relief. Journal of Fruit Science, 18: 1-6.

Yin R, Lin X G, Wang S G, et al. 2003. Effect of DBP/DEHP in vegetable planted soil on the quality of capsicum fruit. Chemosphere, 50: 801-805.

Zhang Y X, Li X L. 2003. Toxicity of three organophosphorus pesticides on Hordeum Vulgare seedling. Journal of Agro-Environmental Science, 22 (6): 754-757.

Zhang H X, Xia Y, Wang G P, et al. 2008. Excess copper induces accumulation of hydrogen peroxide and increases lipid peroxidation and total activity of copper-zinc superoxide dismutase in roots of Elsholtzia haichowensis. Planta, 227 (2): 465-475.

Zhang H X, Zhang F Q, Xia Y, et al. 2010. Excess copper induces production of hydrogen peroxide in the leaf of Elsholtzia haichowensis through apoplastic and symplastic Cu Zn-superoxide dismutase. Journal of Hazardous Materials, 178 (1-3): 834-843.

Zhou J, Zhu X S, Cai Z H. 2010. Tributyltin toxicity in abalone (Haliotis diversicolor supertexta) assessed by antioxidant enzyme activity, metabolic response, and histopathology. Journal of Hazardous Materials, 183 (1-3): 428-433.

第五章　设施土壤中酞酸酯的动物毒性效应

陆生无脊椎动物（terrestrial invertebrates）广泛分布在土壤生态系统中，是土壤动物的主要种类，对改良土壤结构和对分解土壤有机物起着重要作用。陆生无脊椎动物的生命活动及生理代谢状况在一定程度上反映了土壤的生态功能。特别是陆生无脊椎动物中的一些生物标志物，对揭示土壤污染物的暴露（exposure）和效应（resultant effects）具有较好的敏感性和准确性。生物标志物在土壤生态毒理研究中占有很重要的位置（Kille et al.，1999；Behnisch et al.，2001），通常是指当生物体暴露于各种逆境时，其体内组织、细胞以及分子结构的反应，这些反应表现为特定的生物信号（Walker，1995），并用于土壤生态系统中土壤污染的生态毒理学诊断，能够为土壤污染的预防和修复提供依据。

蚯蚓是最常用的应用生物标志物，用来研究土壤生态系统变化的土壤无脊椎动物，其代表性的生物标志物包括溶酶体、胁迫蛋白和金属硫蛋白以及各种抗氧化酶指标等。本章主要研究土壤中广泛存在的两种代表性酞酸酯污染物（DnBP和DEHP），在单一污染的条件下对赤子爱胜蚓（*Eisenia foetida*）的急性毒性和亚慢性毒性作用。通过对蚯蚓个体以及组织中的各种抗氧化酶的含量和活性的变化、蚯蚓体内代表性的生物标志物金属硫蛋白以及热激蛋白的含量变化、蚯蚓体腔细胞的细胞毒性损伤以及DNA损伤，共同表征两种污染物的毒性作用和毒性差异，为土壤酞酸酯污染浓度阈值的提出提供参考，丰富了酞酸酯的生态毒理学数据。

第一节　酞酸酯急性毒性对赤子爱胜蚓（*Eisenia foetida*）生长指标的影响

为了研究两种酞酸酯（DnBP和DEHP）在急性毒性条件下对蚯蚓生长指标的影响，设置了六个浓度梯度，以蚯蚓体重为主要观察的生长指标，以处理24 h后蚯蚓体重与对照的差值来表征酞酸酯急性毒性对蚯蚓生长指标的影响，结果见图5-1。从图可以看出，处理24 h后蚯蚓体重均与对照有显著差异。DnBP处理下，除2.5 mg/L浓度组蚯蚓体重有所增加之外，其他都有了显著下降；而DEHP处理条件下，在浓度超过25 mg/L之后才有了体重的明显下降（$P<0.05$）。处理48 h后，DnBP处理下仅有250 mg/L和2500 mg/L的处理组与对照存在显著性差异，而DEHP的所有处理组均出现了显著高于对照组体重变化，即均出现了体重的明显降低（$P<0.05$）。

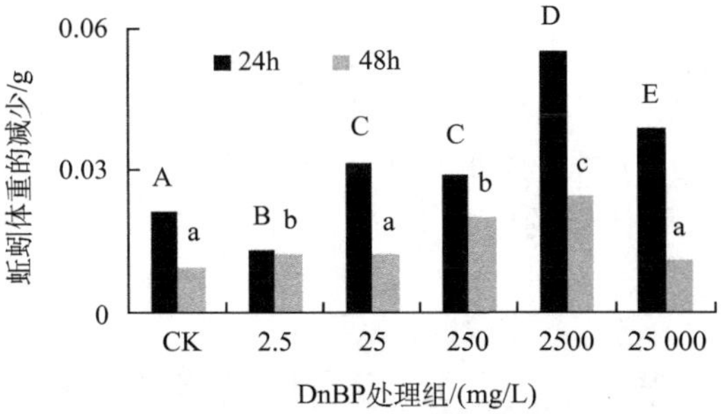

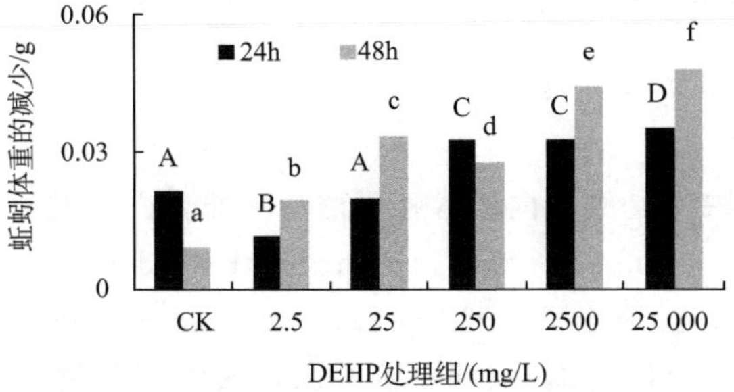

图 5-1　急性毒性实验中蚯蚓体重的变化

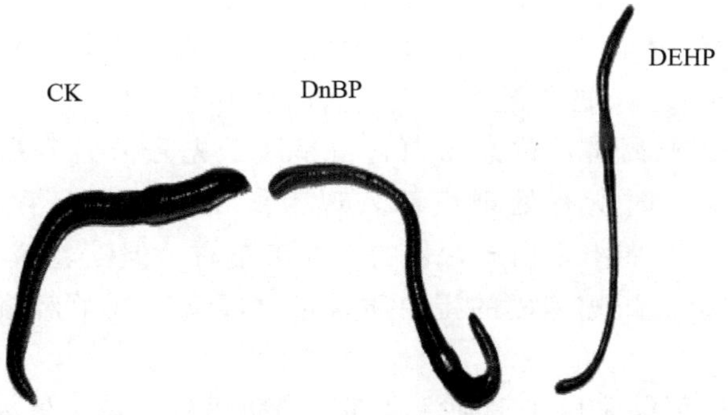

图 5-2　48 h 处理后对照组和添加浓度最高的两种污染物处理组的蚯蚓照片

图 5-2 为 25 000 mg/L DnBP、DEHP 和空白对照分别处理 48 h 后蚯蚓的形态。由图可见，DnBP 处理组的蚯蚓环带肿大，身体略微细长；而 DEHP 处理组的蚯蚓身体更加细长，这与其体重明显低于对照组的结果相吻合。

美国环境保护署（EPA）推荐的 DnBP 和 DEHP 的半数致死浓度分别为 1.36 ng/cm^2 和 25 ng/cm^2（Neuhauser et al.，1986）。本实验选择的滤纸接触法条件下，设置的污染物浓度分别相当于 0 ng/cm^2、1.4 ng/cm^2、14 ng/cm^2、

140 ng/cm²、1400 ng/cm² 和14 000 ng/cm²，远小于推荐的半数致死浓度，因而不会导致死亡。本实验的主要目的是研究低于急性致死剂量的条件下，蚯蚓体内各种指标的变化，并此基础上筛选亚慢性毒性试验的污染物浓度。DnBP 处理的各个浓度基本都引起了蚯蚓的体重显著下降；而 DEHP 处理条件下，在浓度超过 25 mg/L 之后才有了体重的明显下降（$P<0.05$），因此把该浓度定为亚慢性毒性试验的最高浓度。

第二节　酞酸酯亚慢性毒性对赤子爱胜蚓（*Eisenia foetida*）的组织毒性

一、总蛋白含量的变化

总蛋白含量反映的是细胞内的各种蛋白酶和非蛋白酶的总和，是一种被广泛接受的生物标志物（Ismail et al.，1997；Scott-Fordsmand and Weeks，2000；Mosleh et al.，2003）。培养 7 d、14 d、21 d 和 28 d 后不同污染物处理下蚯蚓体内的总蛋白含量结果见图 5-3。由图可以看出，两种污染物处理下蚯蚓体内的总蛋白含量变化趋势存在着明显的差异。DnBP 处理的系列，随着处理时间和处理浓度的增加，蚯蚓体内的总蛋白含量不断减少，且与污染物浓度大致呈现一定的线性关系；从 14 d 时开始，几乎所有处理的蚯蚓体内的蛋白质含量都与对照组产生了极显著差异（$P<0.01$），并在 28 d 时减少到对照组蛋白质含量的 0.75 倍左右。而浓度为 10 mg/kg 的处理组，在所有时间都与对照组存在着极显著的差异。而 DEHP 处理的蚯蚓体内的总蛋白含量呈现了先降低后升高并最终恢复到对照水平的趋势。7 d 时所有处理组都表现为低于对照组且存在极显著差异（$P<0.01$），且含量为对照组蛋白质含量的 0.6 倍左右，但随着培养时间的延长，到 28 d 时，各处理组的蚯蚓体内的蛋白质含量已经恢复到了对照水平，且比对照组略有增加。

总蛋白的减少很可能是由于受到污染环境的胁迫后，蚯蚓体内的各种酶短时间内被消耗，用于保护自身细胞；抑或是由于污染物的毒性作用，使蚯蚓体内的蛋白质合成受到了抑制或阻碍。从图可以看出，与污染物接触 7 d 左右时，两种污染物处理条件下的蚯蚓体内的总蛋白质的含量都有所减少，这种现象应该是由于蚯蚓体内的酶的消耗所致。而随着培养时间的延长，DnBP 暴露下的蚯蚓体内总蛋白质含量的持续降低可能是由于蛋白质的合成受阻，DEHP 暴露下的蚯蚓体内总蛋白质含量的逐渐增加可能是由于蚯蚓逐渐适应了这种污染条件，身体合成蛋白质的能力有了恢复，抑或是收到污染物的刺激作用，蛋白质的合成又有所增加。虽然对蚯蚓体内的总蛋白质含量的影响趋势有所不同，但是两种污染物都表现出了一定的污染胁迫作用。

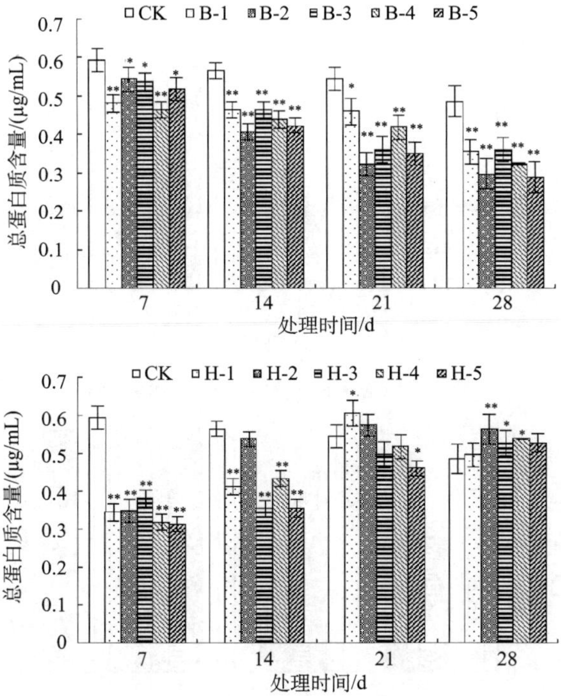

图 5-3　蚯蚓体内总蛋白质含量的变化

二、CAT 的变化

一般说来，当污染存在时 CAT 基因会由于受到氧化压力以及缓解 ROS 带来的毒性而发生过量表达（Woo et al.，2009）。CAT 活性的增加可以解释为机体为了维持体内的过氧化氢水平而增加其反应底物的一种防御机制（Liu et al.，2011）。

培养 7 d、14 d、21 d 和 28 d 后的不同污染物处理下蚯蚓体内 CAT 活性分析结果见图 5-4。随着培养时间的延长，两种污染物处理下的蚯蚓体内的 CAT 活性均有所增加。尤其是 DnBP 处理 21 d 时各处理的蚯蚓体内 CAT 活性几乎均比对照有了显著的提高（$P<0.05$），最高的甚至于接近对照组的两倍，尤其是 1～5 mg/kg 的几个处理；而 DEHP 处理的蚯蚓 CAT 活性虽然随着培养时间的延长有所增加，但是各处理浓度下的 CAT 活性始终保持在对照水平以下。也其他研究表明暴露于各种重金属以及持久性有机污染物佳乐麝香 72 h 时，蚯蚓的 CAT 活性有所降低（Saint-Denis et al.，2001；Osmana and van Noort，2007；

Liu et al. , 2011)。

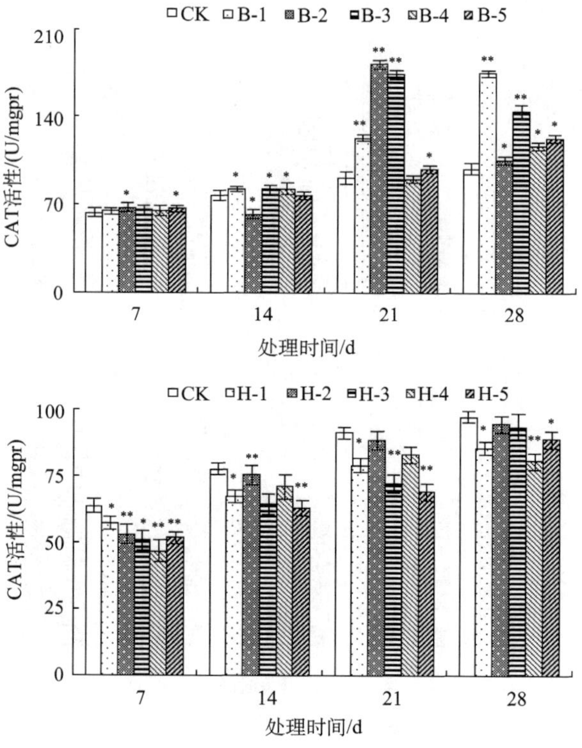

图 5-4　蚯蚓体内 CAT 活性的变化

CAT 活性的降低多是由于蛋白质分子的翻转率降低，或是 CAT 合成受到抑制，抑或是组成 CAT 的酶的亚基的变化（Hertwing et al. , 1992）。有研究发现在清除多余的 ROS 的过程中，在 CAT 和 SOD 不足的条件下，也可能引起 CAT 活性的降低（Kono and Fridovich，1982；Geret et al. , 2002）。

三、SOD 的变化

SOD 能够通过催化超氧自由基转变成过氧化氢和超氧离子（Fridovich，1989），并在防止有毒活性氧物质的积累方面发挥着重要的作用，因此 SOD 活性的增加是生物体对于由污染物毒作用导致的生物体内产生的氧化压力的抵御方式（Bigorgne et al. , 2011）。培养 7 d、14 d、21 d 和 28 d 后，不同污染物处理下蚯蚓体内的 SOD 活性分析结果见图 5-5。从图可知，随着培养时间的延长，两种污染物处理条件下的蚯蚓体内的 SOD 活性均有了显著增加。是 DnBP 处理下的蚯蚓 SOD 活性在 28 d 时增幅达到了 7 d 时的两倍左右；所有大于 2.5 mg/kg 的浓度处理，SOD 活性几乎均与对照组存在着极显著的差异（$P<0.01$）。DEHP 处理下的蚯蚓体内 SOD 活性均有稳步的增加，且在大于 2.5 mg/kg 左右的浓度时几乎均能显著高于对照处理组（$P<0.01$）。两种污染物处理 7 d 时所有处理的蚯蚓体内的 SOD 活性均出现了显著的增加（$P<0.05$），但整体来看，在培养终点时，DnBP 处理组的各处理的 SOD 绝对活性的数值大于 DEHP 处理组的各处理。研究发现，如果产生的多余的 ROS 的量超过了 CAT 和 SOD 的清除能力时，CAT 的活性便会受到抑制（Kono and Fridovich 1982；Geret et al. 2002），因此，根据 CAT 的数据来看，CAT 活性的增加也是 SOD 活性增加的原因，即消耗多余的 ROS 没有超过 CAT 和 SOD 的清除能力。

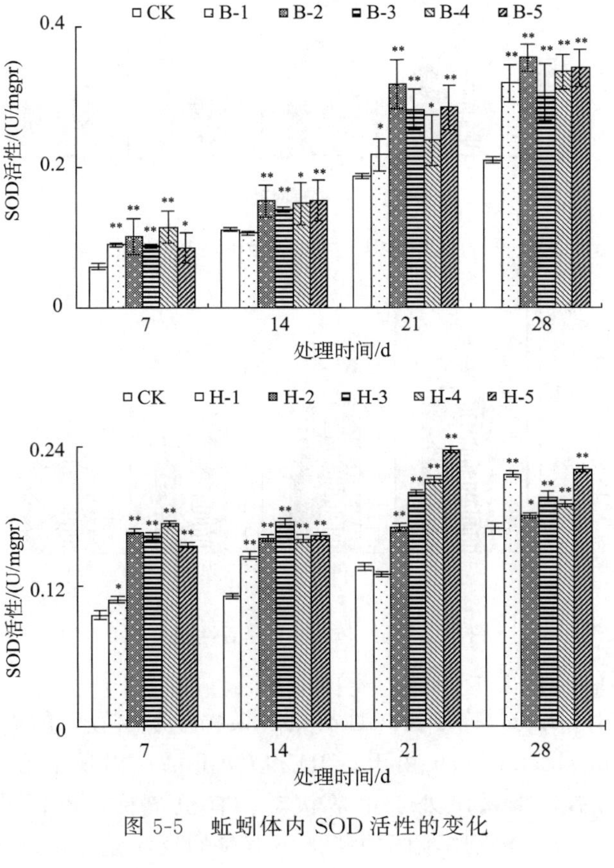

图 5-5　蚯蚓体内 SOD 活性的变化

四、POD 的变化

培养 7 d、14 d、21 d 和 28 d 后不同污染物处理下的蚯蚓体内 POD 活性分析结果见图 5-6。随着培养时间的延长，两种污染物处理条件下蚯蚓体内的 POD

活性均有了显著降低。DnBP处理下的蚯蚓POD活性在28 d时减少到了7 d时的1/3左右，而且从21 d之后，所有处理的POD活性均与对照相比存在极显著差异（$P<0.01$）。而DEHP处理下的蚯蚓体内POD活性均随着培养时间的延长有稳步降低，28 d时减少到了7 d的一半左右，但是从7 d开始，所有的处理组都出现了与对照组的活性的极显著差异（$P<0.01$）。

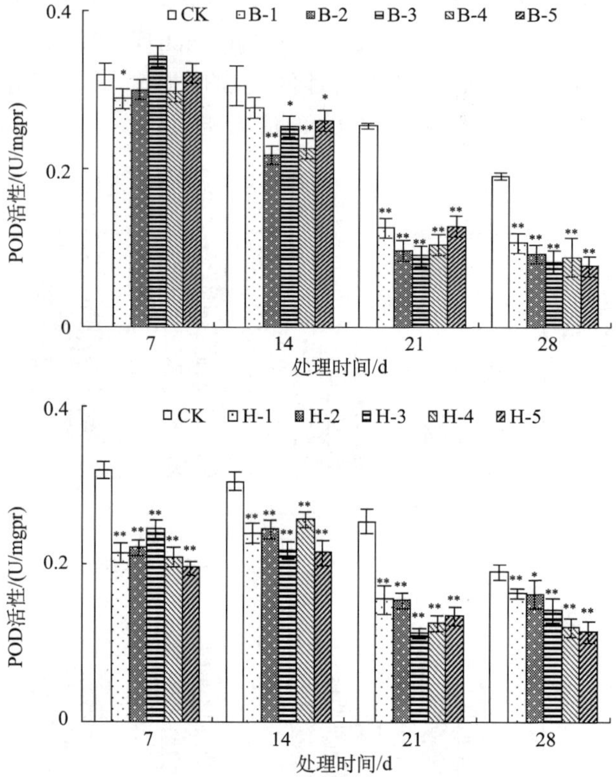

图5-6　蚯蚓体内POD活性的变化

POD活性的抑制与暴露于持久性有机污染物佳乐麝香时的蚯蚓的POD变化趋势一致（Liu et al.，2011）。由于SOD和CAT活性出现了增加，说明机体的抗氧化系统的机制防御系统处于正常状态。有报道称，不同的抗氧化酶，如SOD、CAT和POD，当面临不同的氧化压力时的反应是不一样的，这表明它们的防御方式是不同的（Holocska et al.，1998）。如果存在愈创木酚或者抗坏血酸盐作为电子供体，POD便可以通过氧化作用来分解过氧化氢（Zhang et al.，2007）。由于CAT与SOD都还处于过剩的状态，因而机体不需要产生过多的POD来阻止蚯蚓体内的活性氧组织的侵害。

五、MDA的变化

MDA作为脂质过氧化的产物，对细胞和组织显示了极端的破坏作用，已经被广泛用于确认或标记蚯蚓体内的氧化压力的一种生物标志物（Xue et al.，2009；Lin et al.，2010）。培养7 d、14 d、21 d和28 d后，不同污染物处理下蚯蚓体内的MDA含量分析结果见图5-7。由图可以看出，随着培养时间的延长，两种污染物处理条件下的蚯蚓体内的MDA含量变化存在着明显的不同。在DnBP处理下，蚯蚓体内的MDA含量变化呈现出波动性，这种现象也存在于其他研究结果中（Lin et al.，2010；Wu et al.，2011）。而DEHP处理下蚯蚓体内MDA含量均有显著增加。且所有浓度下，所有处理时间内均表现为与对照的极显著性差异（$P<0.01$）。

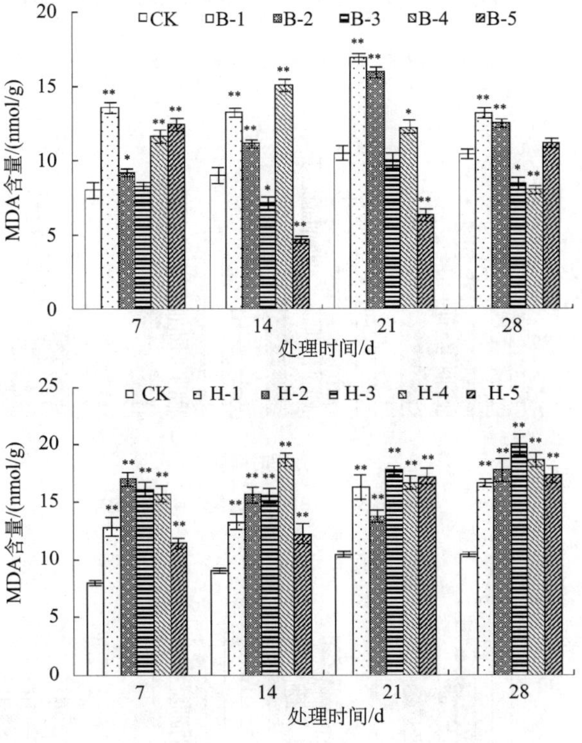

图5-7　蚯蚓体内MDA含量的变化

因为MDA产生于不饱和脂肪酸和细胞膜内的自由基之间的相互作用，所以通过检测MDA的产生，可以判定由ROS及其产物在细胞中膜脂的发生过氧化反应引起的损伤作用（Shalata and Tal，1998）。蚯蚓体内MDA含量的增加意味着严重的脂质过氧化作用导致了 MDA 的积累，并将引起蚯蚓体内的过氧化损伤。某些条件下 MDA 含量的减少可能是由于 SOD 和 CAT 对自由基的去除，确实存在 SOD 和 CAT 的活性增加的现象，这可能是 DnBP 处理组在较高浓度下 MDA 含量下降的原因。

六、GST 的变化

GST 属于 II 相解毒酶系超级家族，长期被用作蚯蚓毒性反应的分子方面的生物标志物。通过测定蚯蚓粗酶液中的 GST 含量便可以估计污染土壤的毒性作用。这一生物标志物已经在重金属和有机土壤污染方面得到了广泛应用（Booth et al.，2000；Saint-Denis et al.，2001；Lukkari et al.，2004；Aly and Schröder，2008；Maity et al.，2008）。培养 7 d、14 d、21 d 和 28 d 后不同污染物处理下蚯蚓体内 GST 活性分析结果见图 5-8。随着培养时间的延长，两种污染物处理条件

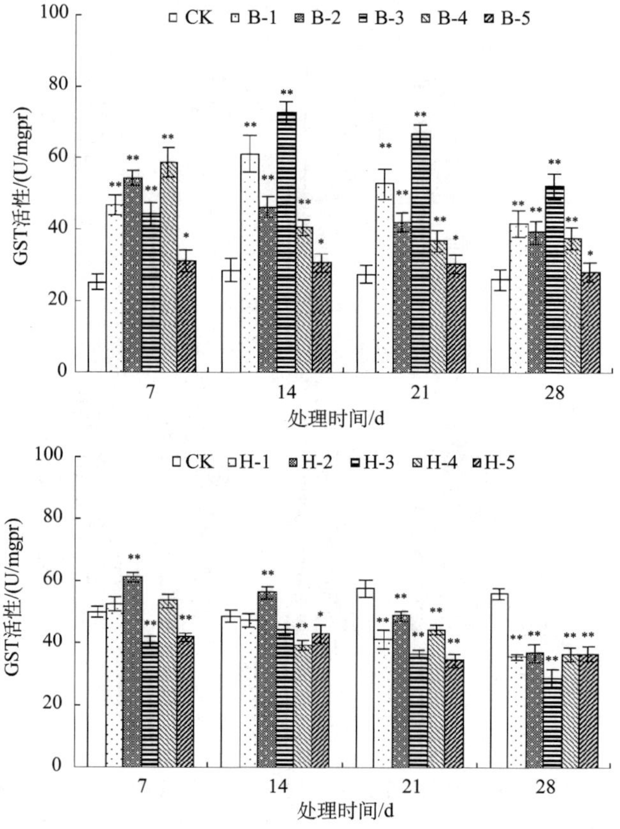

图 5-8 蚯蚓体内 GST 活性的变化

下蚯蚓体内的 GST 活性变化存在着明显的不同。DnBP 处理下的蚯蚓 GST 活性均比对照组有所升高，且基本上都与对照组存在极显著差异（$P<0.01$）。而 DEHP 处理下的蚯蚓体内 GST 活性与对照组相比呈现先升高后降低的趋势，最终在 28 d 时所有浓度下，所有处理时间内均表现为低于对照且存在极显著性差异（$P<0.01$）。

受到污染胁迫时，蚯蚓体内的 GST 活性一般表现为增加，其活性的降低可以被看作是其他解毒机制的存在导致的机体耐受性的增强（Lukkari et al., 2004）。

七、GSH 的变化

GSH 与亲电子试剂在细胞防御系统起着重要作用，能与亲电子的中间产物结合，从而发生解毒反应。培养 7 d、14 d、21 d 和 28 d 后不同污染物处理下蚯蚓体内 GSH 含量结果见图 5-9。由图可以看出，随着培养时间的延长，两种污染物处理条件下蚯蚓体内 GSH 含量变化存在着明显的不同。DnBP 处理下的蚯蚓

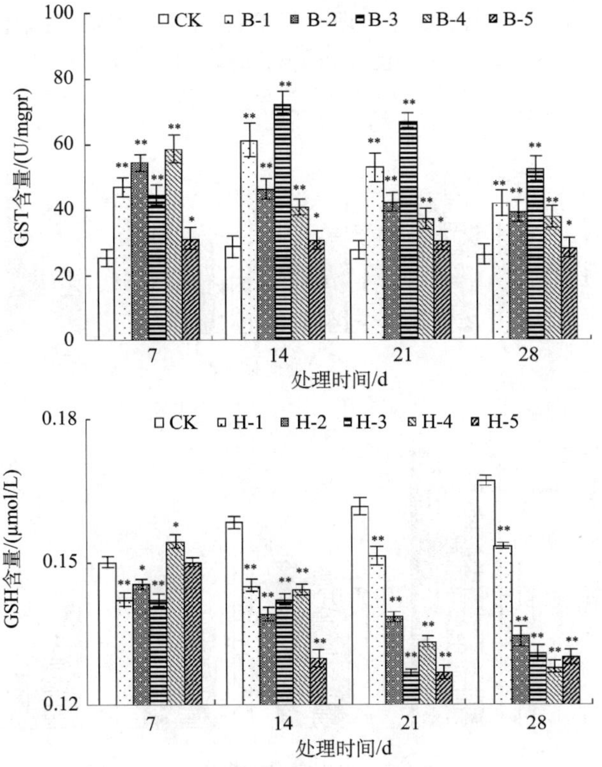

图 5-9　蚯蚓体内 GSH 含量的变化

GSH 含量均有所升高，且基本上都与对照组存在极显著差异（$P<0.01$）。而 DEHP 处理下的蚯蚓体内 GSH 含量与对照组相比呈现逐渐降低的趋势，并在14 d 后几乎所有浓度下，所有处理均表现为低于对照且存在极显著性差异（$P<0.01$）。

GSH 含量的升高可能是由于在暴露于污染物的情况下谷胱甘肽或 GR 活性的增加（Thomas and Juedes，1992）。然而随着 DEHP 浓度及时间的增加，GSH 却逐渐被消耗了。在 GSH 和 GST 构成的体系中，GST 活性的增加往往会导致 GSH 的消耗（Sulata et al.，2008）。DEHP 处理组的 GST 活性有部分的升高，因而可以作为此处 GSH 活性降低的解释。

八、AChE 的变化

AChE 与神经和肌肉的协调阻断相关。生物体 AChE 的抑制是评价毒性作用的敏感的、权威的工具（Olson and Christensen，1980）。在蚯蚓体内与在其他生物体内一样，靠着乙酰胆碱传导的神经冲动来控制肌肉的运动，而神经元染色体终端的乙酰胆碱含量是由 AChE 的活性来调节的（Rao et al.，2003）。培养 7 d、14 d、21 d 和 28 d 后不同污染物处理下蚯蚓体内 AChE 活性分析结果见图 5-10。

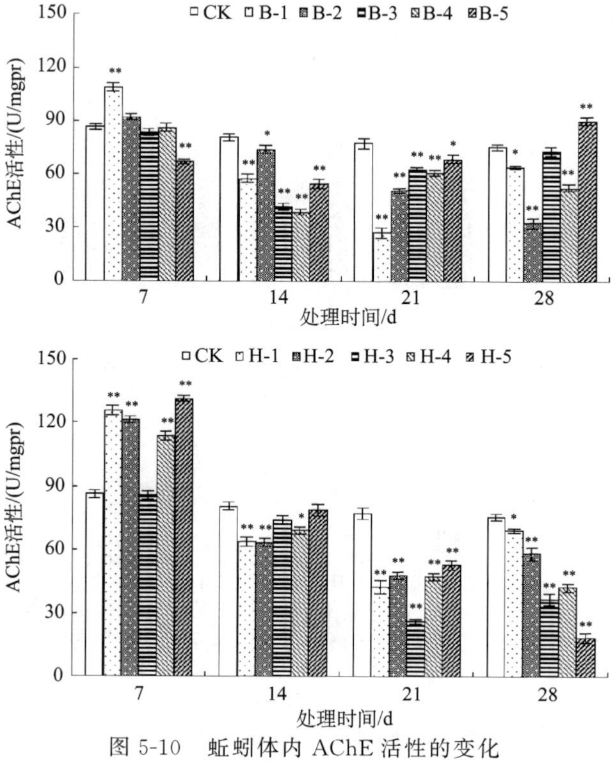

图 5-10　蚯蚓体内 AChE 活性的变化

图中显示，随着培养时间的延长，两种污染物处理条件下的蚯蚓体内的 AChE 活性变化存在不同的趋势。DnBP 处理下的蚯蚓 AChE 活性呈现出不规则的变化，但基本都是低于对照组，并存在显著差异（$P<0.05$）。而 DEHP 处理下的蚯蚓体内 AChE 活性与对照组相比呈现先升高后降低的趋势，并在 14 d 后几乎所有浓度下，所有处理均表现为低于对照且存在极显著性差异（$P<0.01$）。

以往的研究中，如毒死蜱的暴露导致蚯蚓无法钻入泥土便是由于 AChE 活性受到了抑制，因此能够产生 AChE 活性抑制的污染物也可以被称作是神经毒剂，能导致肌肉运动的失调（Strenersen，1979；Gupta and Sunderaraman，1991；Rao et al.，2003）。从 AChE 活性的变化规律来看，酞酸酯类污染物可能会影响到蚯蚓的运动能力。

九、GSSG 的变化

培养 7 d、14 d、21 d 和 28 d 后不同污染物处理下蚯蚓体内 GSSG 含量分析结果见图 5-11。随着培养时间的延长，两种污染物处理条件下蚯蚓体内 GSSG 含量变化存在不同的趋势。DnBP 处理下的蚯蚓 GSSG 的含量始终呈现出高于对

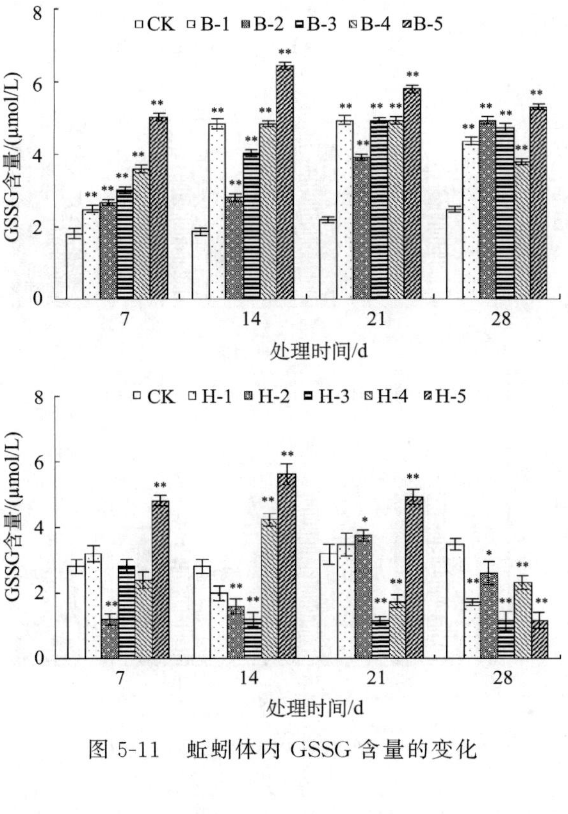

图 5-11　蚯蚓体内 GSSG 含量的变化

照的数值，且全部都是相对于对照组存在极显著差异（$P<0.01$）。而 DEHP 处理下蚯蚓体内 GSSG 含量与对照组相比呈现先升高后降低的趋势，并在 28 d 时所有浓度下均表现为低于对照且存在极显著性差异（$P<0.01$）。

暴露于污染物的蚯蚓 GSSG 含量呈现出降低的趋势，且 GSH 含量的升高往往直接导致 GSSG 含量下降。但是 GR 能阻止 GSSG 还原成 GSH，因此还需要了解 GR 的活性变化情况。

十、GR 的变化

培养 7 d、14 d、21 d 和 28 d 后不同污染物处理下蚯蚓体内 GR 活性分析结果见图 5-12。DnBP 处理下的蚯蚓 GR 活性始终呈现出高于对照的数值，且全部都是相对于对照组存在极显著差异；而 DEHP 处理下的蚯蚓体内 GR 活性与对照组相比呈现先升高后降低的趋势。随着培养时间的延长，两种污染物处理条件下的蚯蚓体内的 GR 活性变化存在不同的趋势。DnBP 处理下的蚯蚓 GR 活性始终呈现出高于对照的数值，且全部都是相对于对照组存在极显著差异（$P<0.01$）。而 DEHP 处理下的蚯蚓体内 GR 活性与对照组相比呈现先升高后降低的

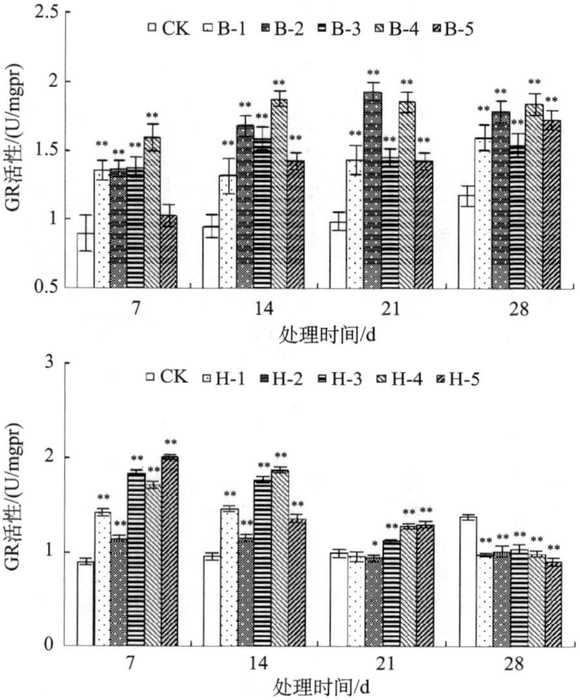

图 5-12　蚯蚓体内 GR 活性的变化

趋势，并在 28 d 时所有浓度下，均表现为低于对照且存在极显著性差异（$P<0.01$）。可见，蚯蚓体内的 GR 活性变化趋势与 GSSG 的含量变化趋势相一致。由于 GR 通过减少 GSSG 还原成 GSH 来保护生物体，因此 DnBP 处理下的蚯蚓，体内过多 GSSG 的产生可能诱导了大量 GR 的产生。而 DEHP 处理下 GR 减少，可能是由于被消耗，用于减少 GSSG 的还原。

十一、H_2O_2 的变化

H_2O_2 的存在表征着蚯蚓体细胞的受损伤程度，没有足够的抗氧化酶来消耗细胞内的过氧化氢的时候，才会出现过氧化氢的积累。培养 7 d、14 d、21 d 和 28 d 后不同污染物处理下蚯蚓体内 H_2O_2 含量结果见图 5-13。从 DnBP 处理组来看，最终过氧化氢发生了积累；但 DEHP 处理组的 H_2O_2 虽然仍然高于对照处理组，且有极显著差异（$P<0.01$），但是从绝对含量来看已经有明显的减少，证明 DEHP 毒性作用下，蚯蚓的自身修复能力仍然存在。

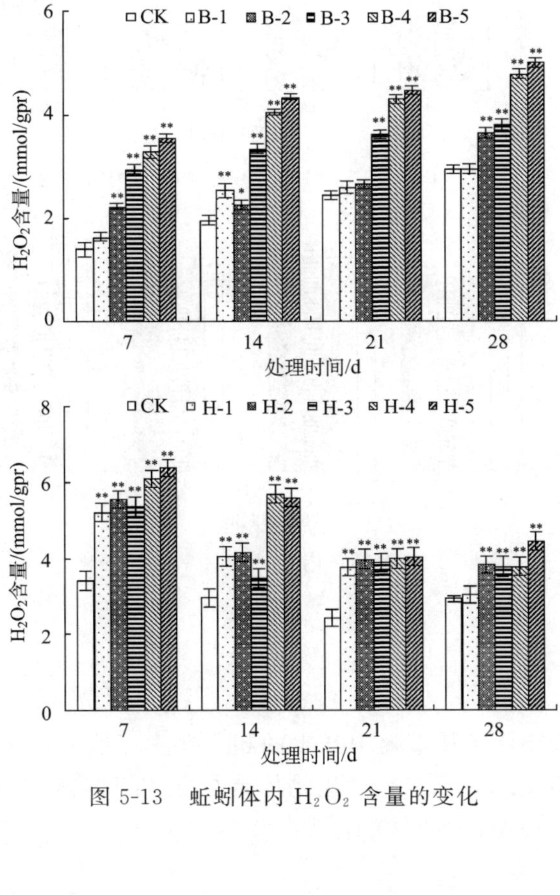

图 5-13　蚯蚓体内 H_2O_2 含量的变化

十二、GSH-PX 的变化

GSH 可作为 GSH-PX 催化反应的底物，还原过氧化氢和组织过氧化物。培养 7 d、14 d、21 d 和 28 d 后不同污染物处理下蚯蚓体内 GSH-PX 活性分析结果见图 5-14。随着培养时间的延长，两种污染物处理条件下蚯蚓体内 GSH-PX 活性均相对于对照组显著升高（$P<0.01$），但 DnBP 处理下的蚯蚓 GSH-PX 活性的绝对数值随时间的延长逐渐减小了。

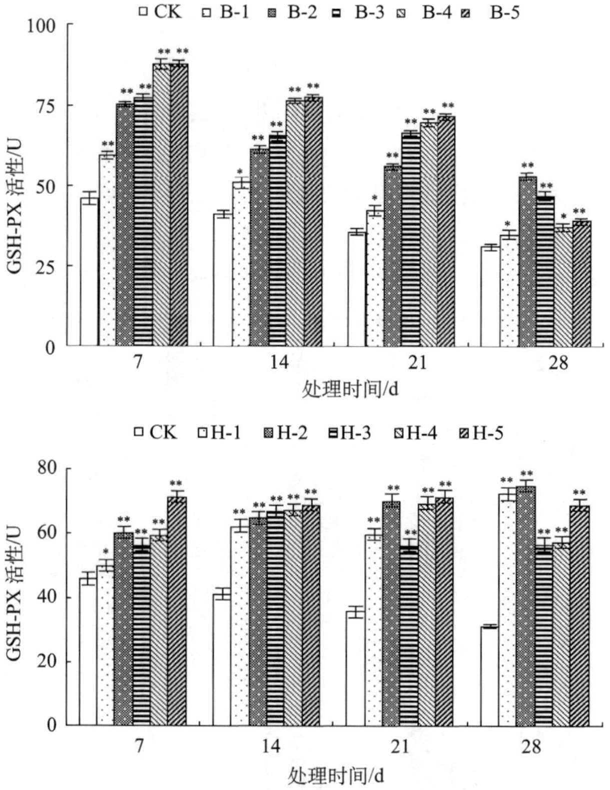

图 5-14　蚯蚓体内 GSH-PX 活性的变化

十三、ROS 的变化

ROS 是氧分子还原消耗过程中产生的超氧阴离子自由基、过氧化氢和羟基自由基的总称（Xie et al.，2011）。生物体自身保护机制能够阻止外来物质的毒性作用，主要是通过促进 ROS 的产生以及抗氧化系统的启动（Xue et al.，2009）。培养 7 d、14 d、21 d 和 28 d 后不同污染物处理下蚯蚓体内 ROS 含量分析结果见图 5-15。随着培养时间的延长，两种污染物处理条件下的蚯蚓体内的 ROS 含量变化存在相同的趋势。培养初期至中期（0～14 d），两种污染物处理下的蚯蚓体内的 ROS 含量相对与对照组并无明显变化；21 d～28 d 时，添加污染物的处理组的蚯蚓体内的 ROS 含量与对照组相比均存在显著性差异，尤其是高浓度的处理组甚至出现了极显著差异。到 28 d 时 DnBP 的所有处理组于对照组存在极显著差异（$P<0.01$）。

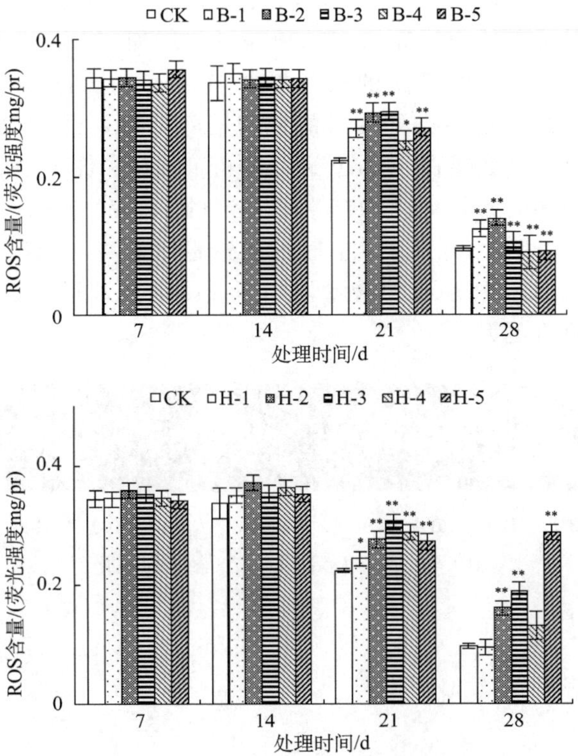

图 5-15　蚯蚓体内 ROS 含量的变化

ROS 是细胞系统内产生氧化压力的指示物，能够引起 DNA 双链断裂、脂质过氧化作用以及蛋白质结构改变等（Osman et al.，2004），最终可以导致细胞内各种器官的损伤（Liu et al.，2001）。在有机生物体的活体内存在着保护性的酶机制和非酶机制，这些机制可以消耗 ROS 或减轻其毒性效应。SOD、POD 和 CAT 等抗氧化酶都是消除 ROS 的重要蛋白酶，也常被用来作为判断 ROS 产生的生物指示物（Sabatini et al.，2009）。本实验中蚯蚓体内 ROS 含量显著上升，说明两种目标污染物对蚯蚓发生了明显的毒性作用。ROS 的积累说明各种抗氧化酶，如 CAT、POD 等并未能完全消除细胞内产生的 ROS，这一点与 POD 活性下降呈现了一定的相关性。

十四、热激蛋白的变化

Hsp70 作为应激保护蛋白，任何应激均可以诱导机体的 Hsp70 合成的增加，它能使动物迅速适应环境的变化，保护机体不受或者少受损伤，故 Hsp70 可以作为一种敏感的生物标志物判断出土壤的污染状况。如土壤中的地类酚浓度增加导致了一种弹尾目昆虫体内诱导的 Hsp70 也随之增加（Staempfli et al.，2002）。为了研究酞酸酯对蚯蚓体腔细胞的热激蛋白 Hsp70 含量的影响，选用 DnBP 和 DEHP 为目标污染物，经污染处理后的蚯蚓培养 28 d，通过 Western 杂交实验对其体腔细胞产生的热激蛋白 Hsp70 进行分析，结果见图 5-16。由图可以看出，受到两种污染物处理的蚯蚓体内均产生了一定的 Hsp70 表达，且从蛋白表达情况上看，DnBP 处理下 5 mg/kg 以上时的表达量明显高于对照；而在 DEHP 处理下，仅有 2.5 mg/kg 处理组的含量增加明显。因此，可以认为 DnBP 处理下蚯蚓受到的污染胁迫更大。

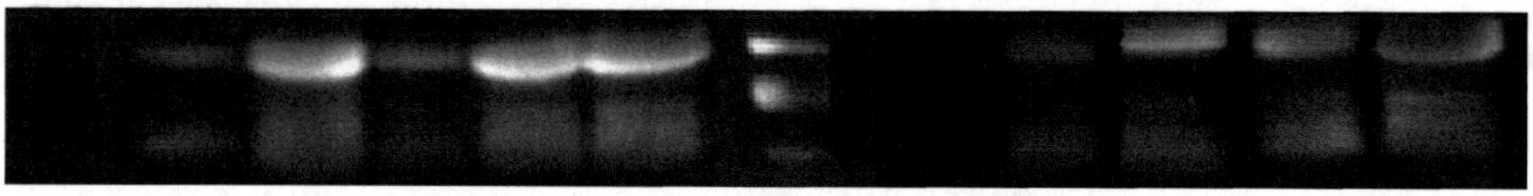

图 5-16　蚯蚓体内 Hsp70 含量的变化

十五、金属硫蛋白的变化

金属硫蛋白含有丰富的巯基，能螯合大量的金属离子，作为自由基消除剂，能减少自由基对体损害作用，激发体免疫功能。为了观察在酞酸酯胁迫下，蚯蚓体内金属硫蛋白含量的变化。利用 ELISA 反应，制作了金属硫蛋白含量对 450 nm处吸光度的标准曲线，见图 5-17。获得线性方程为 $y=0.0006x+0.036$，相关系数 R 为 0.999。按照标准曲线对培养 7 d、14 d、21 d 和 28 d 的不同污染物处理下蚯蚓体内金属硫蛋白含量进行了定量分析，结果见图 5-18。DnBP 在低浓度下能促进蚯蚓体内金属硫蛋白的产生，但到培养终点 28 d，不同暴露浓度下蚯蚓体内金属硫蛋白含量也基本上恢复到了正常状态。DEHP 处理条件下蚯蚓体内金属硫蛋白含量超过对照组水平，但并未出现在同一浓度下，说明 DEHP 的暴露可能并未引起足够消耗金属硫蛋白自由基的产生。

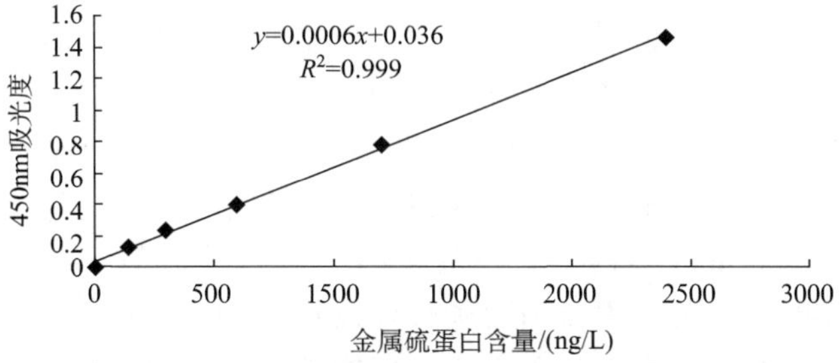

图 5-17　金属硫蛋白含量的标准曲线

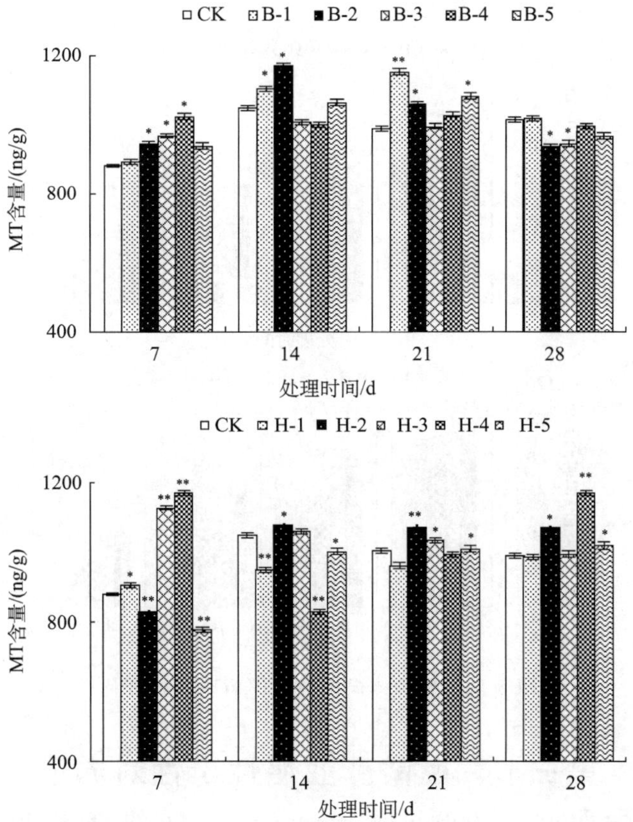

图 5-18　蚯蚓体内金属硫蛋白含量的变化

十六、溶酶体的变化

溶酶体膜会由于蚯蚓暴露于污染环境介质中而失去穿透能力和稳定性，从而导致中性红可以进入细胞质并在溶酶体中积累。这一指标也被广泛应用作为评价污染物对蚯蚓毒性的生物指示物（Robidoux et al.，1999；Booth et al.，2001；Svendsen et al.，2004）。根据中性红停留实验，对培养 7 d、14 d、21 d 和 28 d 的不同污染物处理下蚯蚓体内中性红停留时间进行了分析，结果见图 5-19。由图中结果可以看出，随着作用时间的延长以及污染物浓度的升高，蚯蚓体内的溶酶体对于中性红的保留能力发生了变化，即中性红停留时间缩短，而且 DnBP 处理下时间缩短地更剧烈。可见两种污染物的暴露均会导致蚯蚓体内以溶酶体膜稳定性下降，而 DnBP 对其毒性更大。

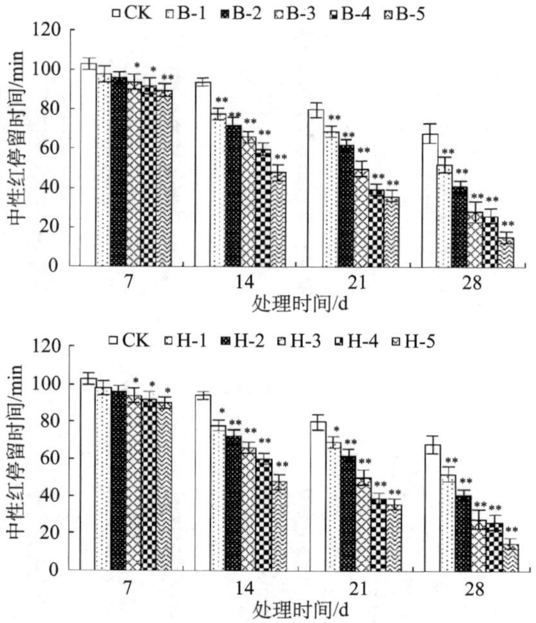

图 5-19　蚯蚓体内中性红停留时间的变化

第三节　酞酸酯亚慢性毒性对赤子爱胜蚓（*Eisenia foetida*）的细胞毒性

一、体腔细胞凋亡率的变化

利用流式细胞仪对培养 28 d 的不同污染物处理下的蚯蚓体腔细胞的凋亡率

和死亡率进行了分析，结果见图 5-20。由结果图可以看出，DnBP 处理下的体腔细胞，所有浓度条件下都出现了明显的分群；而 DEHP 处理条件下，从 5 mg/kg浓度开始才出现明显的细胞分群。从死亡细胞和凋亡细胞比率的结果图

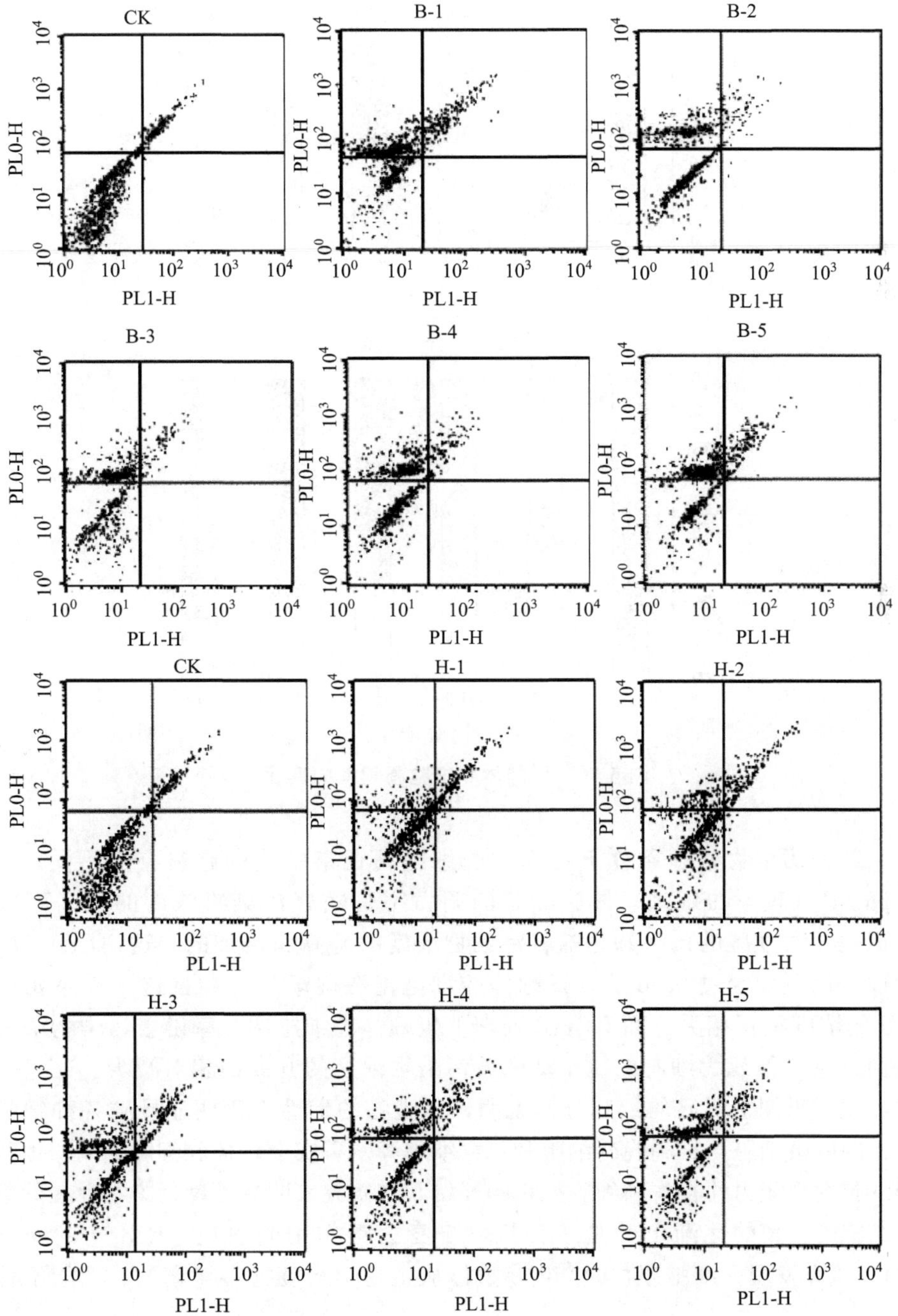

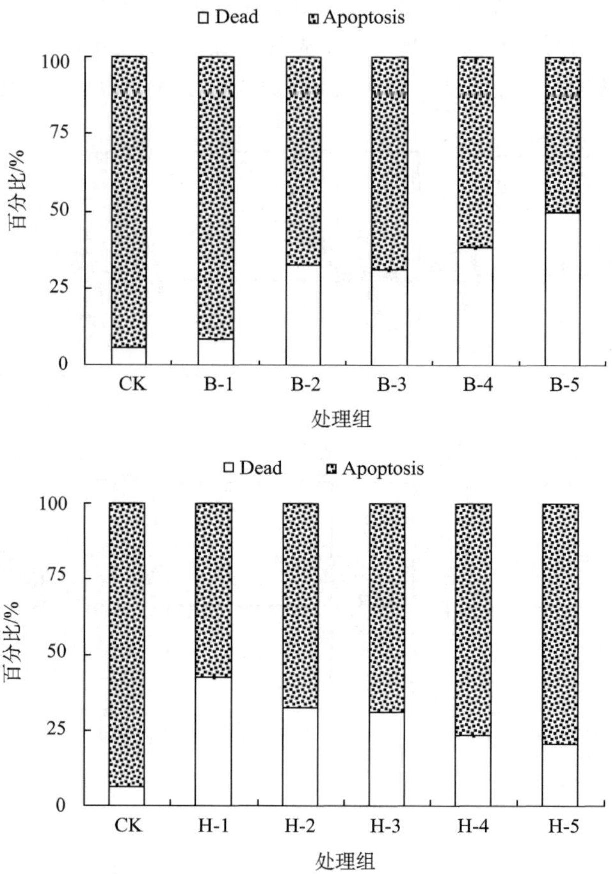

图 5-20 蚯蚓体腔细胞凋亡率的变化

来看，两种污染物处理条件下蚯蚓体腔细胞凋亡率变化的趋势有所不同。28 d时，DnBP 处理下的蚯蚓，体腔细胞的凋亡率是随着污染物浓度的升高而减少的，但是死亡细胞的比率却是随着污染物浓度的升高而增加的，这说明在 DnBP 的毒性作用下，经过 28 d 后，蚯蚓体腔细胞正在逐渐死亡，且这一程序死亡与 DnBP 的浓度呈正相关。而 DEHP 处理下蚯蚓体腔细胞凋亡率随着污染物浓度的升高而升高，但死亡细胞的比率却随着污染物浓度的升高而相对减少。

流式结果图上明显的细胞分群说明，污染物的毒性作用明显导致各种细胞的分化，即健康细胞、早凋晚凋细胞和死亡细胞等。事实上，体腔细胞的凋亡也就意味着细胞发育能力的丧失和细胞死亡的开始。有研究表明高浓度污染物存在的条件下，细胞凋亡率的逐渐上升是一种机体自身去毒作用的表现（Rodrigues et al.，2008）。研究发现，细胞凋亡的产生是机体从生物学角度抛弃年老的、功能不佳细胞的一种方式。因此当蚯蚓被置于有毒环境介质中时，细胞凋亡便开始发生，以作为细胞类群的减量调节（Loeb et al.，2000）。细胞早期的凋亡可以通过胞内 ROS 含量的升高来判断，因为 ROS 能够引起蛋白酶的损伤、胞内重要器官以及 DNA 分子结构的破坏。凋亡细胞的增加已经被用作评价蚯蚓所处不利环境评价的敏感终点（Lapied et al.，2010）。然而，死亡细胞数的增加则意味着污染物对蚯蚓体腔细胞带来损伤。

二、体腔细胞周期的变化

利用流式细胞仪对培养 28 d 的不同污染物处理下的蚯蚓体腔细胞的周期变化进行了分析，结果见图 5-21 和 5-22。由图 5-21 可以看出，两种污染物处理条件下的蚯蚓体腔细胞的周期变化略有不同。28 d 时，DnBP 处理下的蚯蚓，G2/G1 的比值均有所增加，其中 10 mg/kg 浓度下达到最大，且与对照组相比存在极显著差异（$P<0.01$）；但对于 DEHP 处理组，体腔细胞的周期虽略有增加，

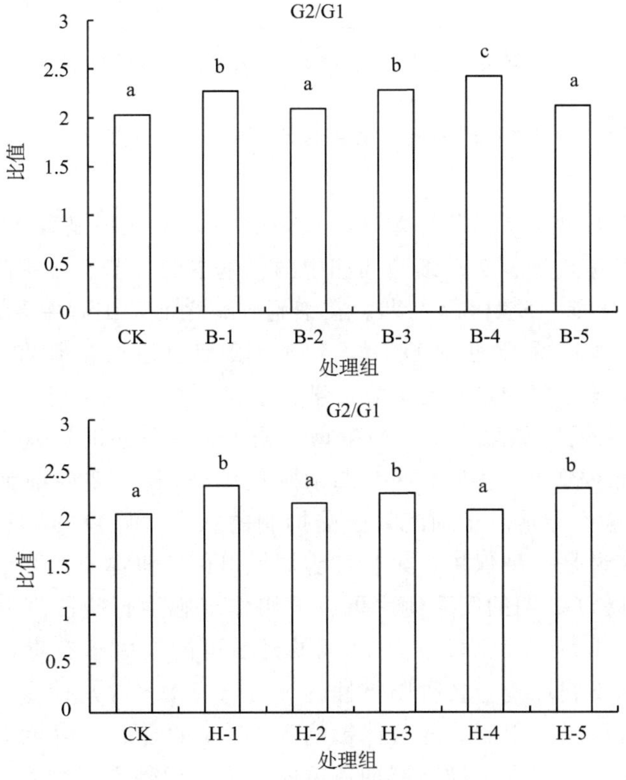

图 5-21　蚯蚓体腔细胞周期的变化

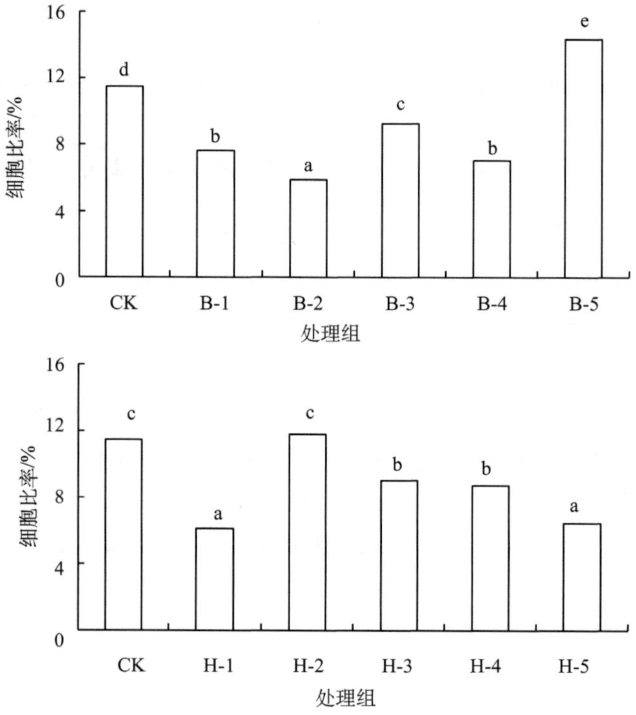

图 5-22　蚯蚓体腔细胞 S 期细胞比率的变化

但仅在三个浓度下出现了显著性差异（$P<0.05$），并无极显著性差异组合出现。

细胞间期和有丝分裂期是细胞周期中两个基本的环节。分裂间期主要包含了三个阶段，即 G1 期、S 期和 G2 期。在细胞分裂之前，细胞主要在 G1 阶段进行生长；在 S 期，细胞需要复制 DNA，到了 G2 期再进行生长和结构上的发育，这些阶段对于有丝分裂的进行是非常必要的。从图中可以看出，大部分受检细胞都处在 G2 期。有研究结果表明，当生物体处于健康状态时，其细胞组分中有较多处于 S 期；而不健康的生物体 G2 期细胞比例较高。G2 期细胞增多可以看作 G2 期的延长，这可能是由于细胞处于受抑制的状态，导致的增殖过程减缓，这对于生物机体来说是一种保护，延长细胞周期以便于机体有更多时间来采用其他防御方式。S 期和 G2 期的细胞比率可以被用作细胞生长阶段划分的关键点，并可以与细胞的生长和生殖相联系。G2 期的延后可能是由于有毒污染物存在的条件下，为了抵御不利环境，各种防御性的蛋白合成增多，从而令细胞增殖所需要的必须蛋白的合成受到限制，还可能影响到 DNA 的合成，以至于细胞不能顺利地进入有丝分裂期。但是，细胞周期还可能受到其他外界因素和生物体本身各种因素的影响，因此还需要进一步讨论。

由图 5-22 可以看出，两种污染物处理条件下的蚯蚓体腔细胞的 S 期细胞比例变化趋势不同。28 d 时，DnBP 处理下的蚯蚓仅最高浓度处理组 S 期细胞比率增加；DEHP 处理组，体腔细胞的 S 期细胞比例相对与对照组都有所减小，仅在一个浓度下出现了与对照组相似的比例。一般来说，S 期升高但 G2 期及 G1 期变化不大，说明是 S 期阻滞，主要是一些影响核酸合成的因素，一般是由于受到外界因素的作用。此处仅在 DnBP 处理组的最高浓度处出现了 S 期阻滞的现象，说明高浓度的 DnBP 作用确实干扰了蚯蚓体腔细胞的细胞周期。

三、体腔细胞胞内钙离子浓度的变化

利用流式细胞仪对培养 28 d 的不同污染物处理下的蚯蚓体腔细胞的胞内钙离子浓度进行了分析，结果见图 5-23。由图可知，在两种污染物处理的情况下，28 d 时蚯蚓体腔细胞内的钙离子浓度均有了明显变化，即相对于对照组来说存在着极显著差异（$P<0.01$）。两种污染物的不同之处在于 DnBP 处理下的蚯蚓，胞内钙离子的升高随污染物浓度的变化有些许的波动，而 DEHP 处理的蚯蚓，在各个污染物浓度下体腔细胞胞内钙离子浓度的升高幅度差别不大。

长期研究表明，亚细胞区室内钙离子分布的微妙变化可以有效地正调控或负调控细胞凋亡。钙离子的存在和变化与细胞的凋亡有着密不可分的联系，且主要

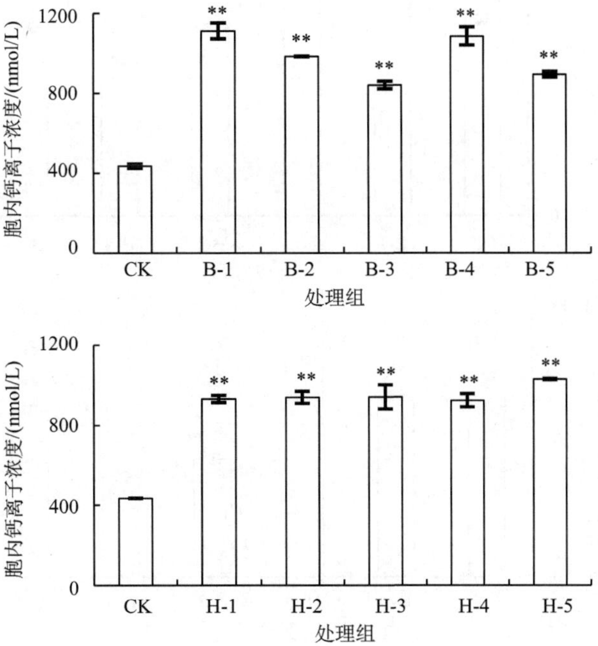

图 5-23　蚯蚓体腔细胞胞内钙离子浓度的变化

通过以下四种渠道联系起来：①死亡受体（DR）通路是目前研究最多最清楚的凋亡诱导机制。钙结合蛋白对内质网腔内钙离子变化非常敏感，与 Fas 结合后使钙离子内流，启动细胞凋亡。②线粒体的损伤会导致细胞色素 c 的释放，引发凋亡体的形成，诱导了细胞凋亡。线粒体通透孔的开放使得膜电位下降，这是钙离子内流从而启动细胞凋亡的原因。③钙离子与 GrA 介导通路中 GrA 必须依赖钙离子和穿孔素（perforin）才能进入靶细胞的细胞质中，切割内质网膜上的蛋白 SET、HMG2 和 Ape1 等，导致了 GAAD（一个 DNA 内切酶）的释放与活化，引发 DNA 断裂，诱导凋亡。④DNA 损伤导致 Caspase-2 的活化，而后引发细胞凋亡，这个过程也是需要钙离子参与的。简单地说，细胞内钙离子浓度的升高是生物体在不利环境下细胞和亚细胞层面上产生的反应，因而可以以此大致判断两种污染物对蚯蚓的毒性差异。此处结果证明两种污染物都会对蚯蚓体腔细胞产生毒性作用。

四、体腔细胞线粒体膜电位的变化

利用流式细胞仪对培养 28 d 的不同污染物处理下的蚯蚓体腔细胞的线粒体膜电位进行了分析，结果见图 5-24。由图可见，两种污染物处理 28 d 后，蚯蚓

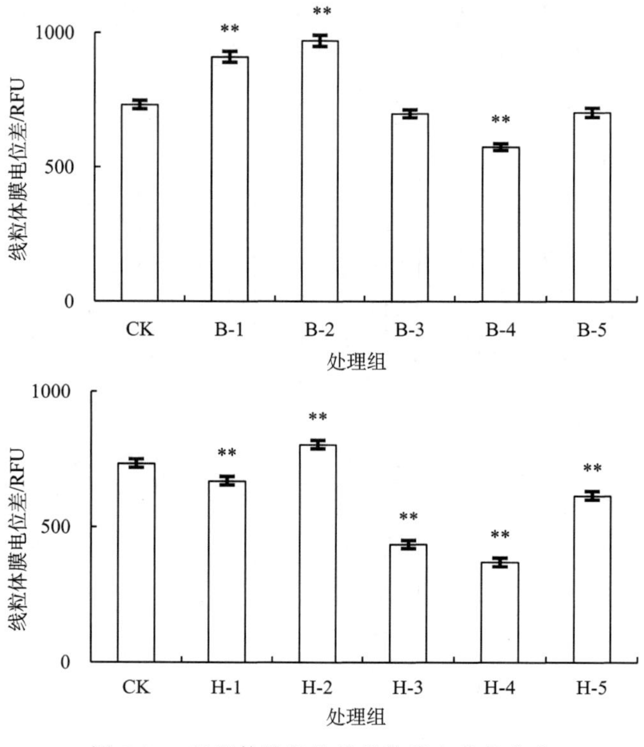

图 5-24　蚯蚓体腔细胞线粒体膜电位的变化

体腔细胞线粒体的膜电位变化基本上都出现了低浓度促进高浓度抑制的现象，DEHP 处理下的蚯蚓，膜电位的变化趋势更加明显，每个浓度处理都能达到与对照组的极显著差异（$P<0.01$）。而 DnBP 处理下的蚯蚓体腔细胞膜电位值尤其是在较高浓度处理下，反而基本回归到了对照水平。

由于线粒体是胞内重要的钙库，内质网与线粒体之间的钙离子交流对细胞生命活动有深刻地影响。在一些刺激作用下，内质网将其储存的钙离子释放，然后线粒体摄取钙离子，引起钙离子超载，导致线粒体的损伤。线粒体的损伤会导致细胞色素 c 的释放，引发凋亡体的形成，诱导了细胞凋亡。线粒体通透孔的开放使得膜电位下降，从而启动细胞凋亡。因此，污染物高浓度处理下蚯蚓体腔细胞线粒体膜电位的降低正是一部分细胞凋亡程序启动的标志。从这个意义上讲，当两种污染物浓度超过 5 mg/kg 时，均诱导了细胞凋亡体的产生。

第四节　酞酸酯亚慢性毒性对赤子爱胜蚓（*Eisenia foetida*）的基因毒性

利用彗星实验研究酞酸酯对蚯蚓的基因毒性时，用于定量评价 DNA 损伤各项评价指标中：彗星尾长表征的是有害物质引起的细胞核的迁移率，说明 DNA 损伤水平和断裂的 DNA 片段的长度等；尾部 DNA 含量能精确描述 DNA 损伤水平，在暴露于同中污染物的不同浓度之下时，尾部的 DNA 含量与 DNA 损伤直接相关；尾距是尾部 DNA 密度和迁移距离的乘积；Olive 尾距是指由 DNA 损伤诱导的 DNA 电泳淌度。

对培养 7 d、14 d、21 d 和 28 d 的不同污染物处理下蚯蚓体内基因损伤进行了分析，结果见图 5-25～图 5-28。由图可以看出随着污染物浓度和处理时间的增加，彗尾的长度不断增加、彗星尾部的 DNA 含量不断增加、彗尾的尾距和 Olive 尾距均不断增加，表明蚯蚓的 DNA 损伤是不断增加的。同时可以看出，随着培养时间和添加污染物浓度的增大对蚯蚓 DNA 的损伤程度也在增加，呈现出一定的线性关系。其中 DnBP 处理下的各指标变化更剧烈，更明显。

关于 DNA 损伤的结果与前文中 SOD、POD 酶指标的变化以及细胞毒性测试的结果基本一致，大致可认为 DnBP 对蚯蚓体腔细胞的毒性作用比 DEHP 略大，且在污染浓度为 5 mg/kg 时，各指标基本上均可观察到与对照组的显著性差异（$P<0.05$）。说明酞酸酯污染物可以导致 DNA 链的断裂、核的迁移以及细胞核内的各种变化。但是对于蚯蚓来说，长期的生物进化过程还使它们拥有了更多抗胁迫的功能，如金属硫蛋白的变化等，可以阻止体内氧化损伤的破坏，保护细胞 DNA 免受损伤等。

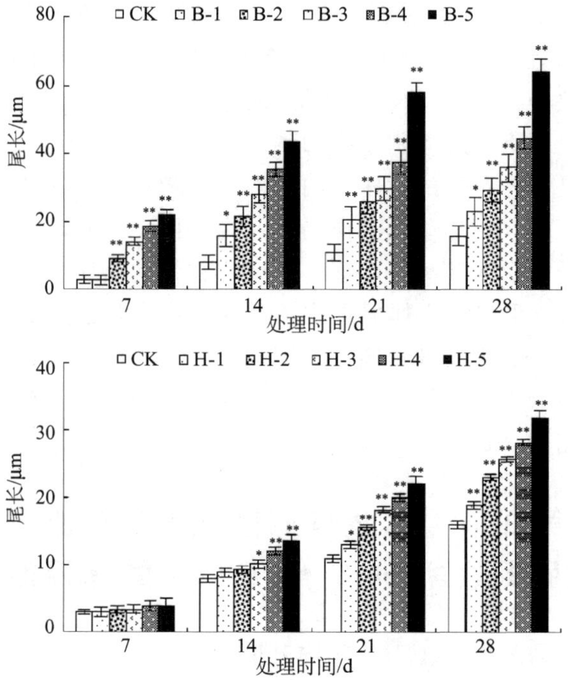

图 5-25 蚯蚓体腔细胞 DNA 的拖尾尾长

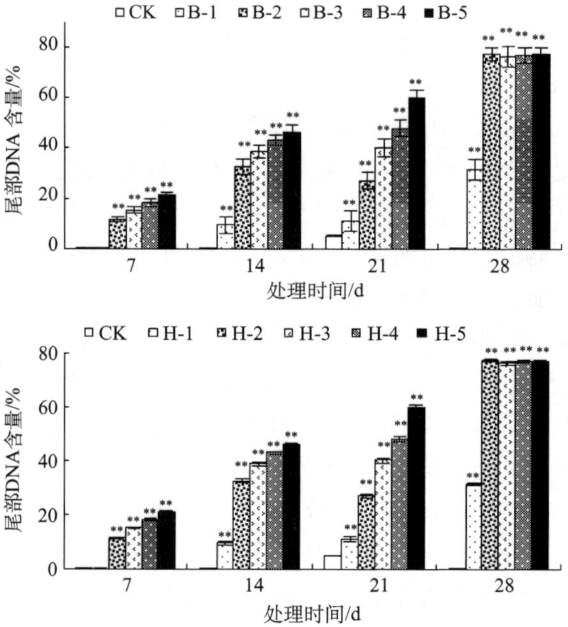

图 5-26 蚯蚓体腔细胞彗星的尾部 DNA 含量

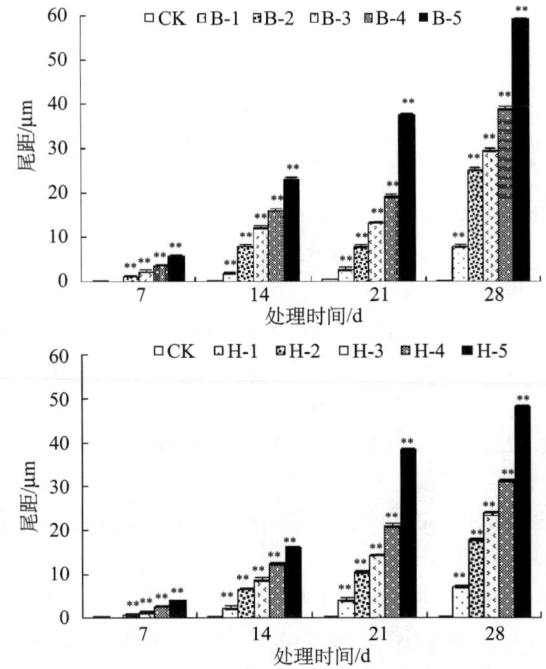

图 5-27 蚯蚓体腔细胞 DNA 彗星的尾距

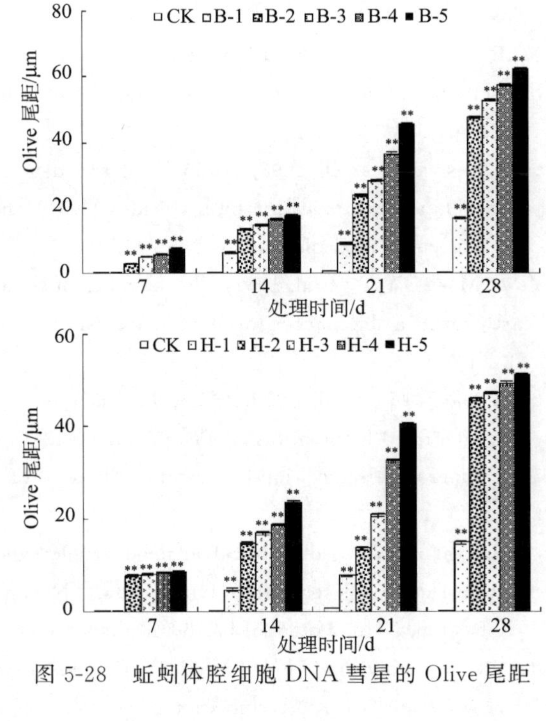

图 5-28 蚯蚓体腔细胞 DNA 彗星的 Olive 尾距

参 考 文 献

Aly MAS, Schröder P. 2008. Effect of herbicides on glutathione S-transferases in the earthworm, Eisenia fetida. Environmental Science and Pollution Research, 15 (2): 143-149.

Behnisch PA, Hosoe K, Sakai S. 2001. Combinatorial bio/chemical analysis of dioxin and dioxin-like compounds in waste recycling, feed/food, humans/wildlife and the environment . Environmental International, 27 (6): 441-442.

Booth L H, Heppelthwaite V, Mcglinchy A. 2000. The effect of environmental parameters on growth, cholinesterase activity and glutathione S-transferase activity in the earthworm Apporectodea caliginosa. Biomarkers, 5: 46-55.

Bigorgne E, Foucaud L, Lapied E, et al. 2011. Ecotoxicological assessment of TiO_2 by products on the earthworm Eisenia fetida. Environmental Pollution, 159: 2698-2705.

Fridovich I. Superoxide dismutases. 1989. An adaptation to aparamagnetic gas. Journal of Biolology and Chemistry, 264: 7761-7764.

Geret F, Serafim A, Barreira L, et al. 2002. Effect of cadmium on antioxidant enzyme activities and lipid peroxidation in the gills of the clam Ruditapes decussates. Biomarkers, 7: 242-256.

Gupta SK, Sunderaraman V. 1991. Correlation between burrowing capability and AchE activity in the earthworm, Pheretima posthuma, on exposure to Carbaryl. Bulletin of Environmental Contamination and Toxicology, 2: 350-356.

Hertwing B, Streb P, Feieraband J. 1992. Light dependence of catalase synthesis and degradation in leaves and the influence of interfering stress conditions. Plant Physiology, 100: 1547-1553.

Holocská K, Lenártová V, Rosival I, et al. 1998. Antioxidant and detoxifying enzymes in the liver and kidney of pheasants after intoxication by herbicides MCPA and ANITEN I. . Journal of Biochemical and Molecular Toxicology, 12: 235-244.

Ismail S S M, Ahmed Y M, Mosleh Y Y, et al. 1997. The activities of some proteins and protein related enzymes of earthworms as biomarker for atrazine exposure. Toxicology and Environmental Chemistry, 63: 141-148.

Kille P, Sturzenbaum S R, Galay M, et al. 1999. Molecular diagnosis of pollution impact in earthworms : Towards integrated biomonitoring. Pedobiologia, 43 (6): 602-607.

Kono Y, Fridovich I. 1982. Superoxide radical inhibits catalase. Journal of Biology and Chemistry, 257: 5751-5754.

Lapied E, Moudilou E, Exbrayat J M, et al. 2010. Silver nanoparticle exposure cause apoptotic response in the earthworm Lumbricus terrestris (Oligochaeta). Nanomedicine, 5: 975-984.

Lin D S, Zhou Q X, Xie X J, et al. 2010. Potential biochemical and genetic toxicity of triclosan as an emerging pollutant on earthworms (Eisenia fetida). Chemosphere. 81: 1328-1333.

Lin Z A, Zhang J H, Cui H M, et al. 2010. Determination of phthalate esters in soil by microemulsion electrokinetic chromatography coupled with accelerated solvent extraction . Journal of Separation Science, 33 (23-24): 3717-3725.

Liu S, Zhou Q X, Wang Y Y. 2011. Ecotoxicological response of the earthworm *Eisenia fetida* exposed to soil contaminated with HHCB. Chemosphere, 83 (8): 1080-1086.

Loeb M J, Hakim R S, Martin P, et al. 2000. Apoptosis in cultured midgut cells from Heliothis virescens larvae exposed to various conditions. Archives of Insect Biochemistry Physiology, 245: 12-23.

Lukkari T, Taavitsainen M, Soimasuo M, et al. 2004. Biomarker responses of the earthworm Aporrectodea tuberculata to copper and zinc exposure: differences between populations with and without earlier metal exposure. Environmental Pollution, 129: 377-386.

Maity S, Roy S, Chaudhury S, et al. 2008. Antioxidant responses of the earthworm Lampito mauritii exposed to Pb and Zn contaminated soil. Environmental Pollution, 151 (1): 1-7.

Mosleh Y Y, Paris-Palacios S, Couderchet M, et al. 2003. Acute and sublethal effects of two insecticides on earthworm (Lumbricus terrestris L.) under laboratory conditions. Environmental Toxicology, 18 (1): 1-8.

Neuhauser E F, Durkin P R, Malecki M R, et al. 1986. Comparative toxicity of ten organic chemicals to four earthworm species. Comparative Biochemistry and Physiology Part C: Comparative Pharmacology, 83 (1): 197-200.

Olson D, Christensen G M. 1980. Effects of water pollutants and other chemicals on fish acetylcholinesterase (in vitro). Environmental Rescources, 21: 327-335.

Osman A M, van Noort P C M. 2004. Activation of paraquat in the earthworm Allolobophora chlorotica is mediated by NAD (P) H-cytochrome c reductase activities. Pesticide Biochemistry and Physiology, 79: 101-110.

Osmana A M, van Noort P C M. 2007. Comparison of key enzymes in the zebra mussel, Dreissena polymorpha, the earthworm Allolobophora chlorotica and Chironomus riparius larvae. Ecotoxicology Environmental and Safety, 67: 212-217.

Rao J V, Pavan Y S, Madhavendra S S, et al. 2003. Toxic effects of chlorpyrifos on morphology and acetylcholinesterase activity in the earthworm, Eisenia fetida. Ecotoxicologyand Environmental Safety, 54: 296-301.

Robidoux P Y, Hawari J, Thiboutot S, et al. 1999. Acute toxicity of 2, 4, 6-trinitrotoluene in earthworm (Eisenia andrei) . Ecotoxicology and Environmental Safety, 44: 311-321.

Rodrigues A, Cunha L, Amaral A, et al. 2008. Bioavailability of heavy metals and their effects on the midgut cells of a phytopaghous insect inhabiting volcanic environments. Science of the Total Environment, 406: 116-122.

Sabatini S E, Juárez A B, Eppis M R, et al. 2009. Oxidative stress and antioxidant defenses in two green microalgae exposed to copper. Ecotoxicology and Environmental Safety, 72: 1200-1206.

Saint-Denis M, Narbonne J F, Arnaud C, et al. 2001. Biochemical responses of the earthworm

Eisenia fetida Andrei exposed to contaminated artificial soil: effects of lead acetate. Soil Biology and Biochemistry, 33: 395-404.

Scott-Fordsmand J J, Weeks J M. 2000. Biomarkers in earthworms. Reviews of Environmental Contamination and Toxicology, 165: 117-159.

Shalata A, Tal M. 1998. The effect of salt stress on lipid peroxidation and antioxidants in the leaf of the cultivated tomato and its wild salttolerant relative Lycopersicon pennellii. Physiology of Plant, 104: 169-174.

Staempfli C, Becker-Van S K, Tarradellas J. et al. 2002. Hsp70 instability and induction by a pesticide in Folsomia Candida. Biomarker, 7 (1): 68-79.

Stenersen J, Guthenberg C, Mannervik B. 1979. Glutathione S-transferases in earthworms (Lumbricidae). Biochemistry Journal, 181: 47-50.

Sulata M, Sonali R, Shibani C, et al. 2008. Antioxidant responses of the earthworm Lampito mauritii exposed to Pb and Zn contaminated soil. Environmental Pollution, 151: 1-7.

Svendsen C, Spurgeon D J, Hankard P K, et al. 2004. A review of lysosomal membrane stability measured by neutral red retention: is it a workable earthworm biomarker? Ecotoxicology and Environmental Safety, 57: 20-29.

Walker C H. 1995. Biochemical biomarkers in ecotoxicology somerecent developments. Science of the Total Environment, 171 : 189-195.

Thomas P, Juedes M J. 1992. Influence of lead on the glutathione status of Atlantic croaker tissues. Aquatic Toxicology, 23: 11-30.

Woo S, Yum S, Kim D W, et al. 2009. Transcripts level responses in a marine medaka (Oryzias javanicus) exposed to organophosphorus pesticide. Comparative Biochemistry of Physiology C, 149: 427-432.

Wu S J, Wu E M, Qiu L Q, et al. 2011. Effects of phenanthrene on the mortality, growth, and anti-oxidant system of earthworms (Eisenia fetida) under laboratory conditions. Chemosphere, 83: 429-434.

Xie X C, Wu Y X, Zhu M Y, et al. 2011. Hydroxyl radical generation and oxidative stress in earthworms (Eisenia fetida) exposed to decabromodiphenyl ether (BDE-209). Ecotoxicology, 20: 993-999.

Xue Y G, Gu X Y, Wang X R, et al. 2009. The hydroxyl radical generation and oxidative stress for the earthworm Eisenia fetida exposed to tetrabromobisphenol A . Ecotoxicology, 18: 693-699.

Zhang F Q, Wang Y S, Lou Z P, et al. 2007. Effect of heavy metal stress on antioxidative enzymes and lipid peroxidation in leaves and roots of two mangrove plant seedlings (Kandelia candel and Bruguiera gymnorrhiza). Chemosphere, 67: 44-50.

第六章　设施土壤中酞酸酯的污染风险评估

当前我国设施农业面积大幅增加，但是设施农业生产中一些不当措施导致设施土壤已经受到了酞酸酯污染，且问题愈见突出。若不加以控制治理，土壤中较高含量的酞酸酯足以引起农作物大幅减产。当植物体内的酞酸酯积累到一定量的时候能引起严重的危害，如影响作物生长和品质，导致作物生物量的明显下降，影响植物的细胞分裂，使植物光合作用受阻，降低蔬菜中营养物质的含量等。前面研究也发现，施加了酞酸酯之后，蔬菜体内的类胡萝卜素和维生素 C 含量明显减少。因此，急需开展设施土壤酞酸酯污染的风险评估研究。

完整的健康风险评价应包括对大气、土壤、水和食物链四种介质携带的污染物通过食入、吸入和皮肤接触三种暴露途径对人体健康产生危害的评价。人体对酞酸酯的暴露主要是通过污染的食物（包括食物在生长、加工、包装、储藏等环节引起的污染）、空气吸入和皮肤暴露等。如乳制品等脂类物质含量较高的食品经常会受到 DEHP、DnBP 和 BBP 的污染（Kavlock et al.，2002a，2002b，2002c），而长期使用各种日常化妆品会使女性暴露于 DEHP、DnBP 和 DEP 等污染物中（Koo and Lee，2004）。一些酞酸酯组分及其代谢产物还具有生殖和发育毒性，如睾丸毒性（Zhang et al.，2004）、胚胎毒性（Ema et al.，1997）以及性别分化方面的阻滞作用（Gray et al.，2000）。但是这些毒性作用多是通过其他实验动物来研究，而对于酞酸酯暴露下人群健康问题研究的并不多见。近期的一些研究指出环境中酞酸酯的暴露与其对人体生殖系统的毒害作用可能存在着某些联系，故环境中酞酸酯的健康风险研究显得尤为必要（Aldyreva et al.，1975；Fredricsson et al.，1993；Murature et al.，1987）。鉴于此，本章首先对酞酸酯在生物体内积累存在的风险评估进行介绍，然后介绍了酞酸酯污染的健康风险评估方法，最后对典型区设施土壤的酞酸酯污染的风险评估进行了介绍。

第一节　酞酸酯在生物体内的积累风险

一、土壤酞酸酯在植物体内的积累效应

各处理的生菜和空心菜体内的目标化合物含量见图 6-1。

由图可知，各处理条件下生菜和空心菜体内的目标酞酸酯积累量不大，均未超过 2 mg/kg，但是空心菜体内目标酞酸酯积累量比生菜略高。这可能与苗期培

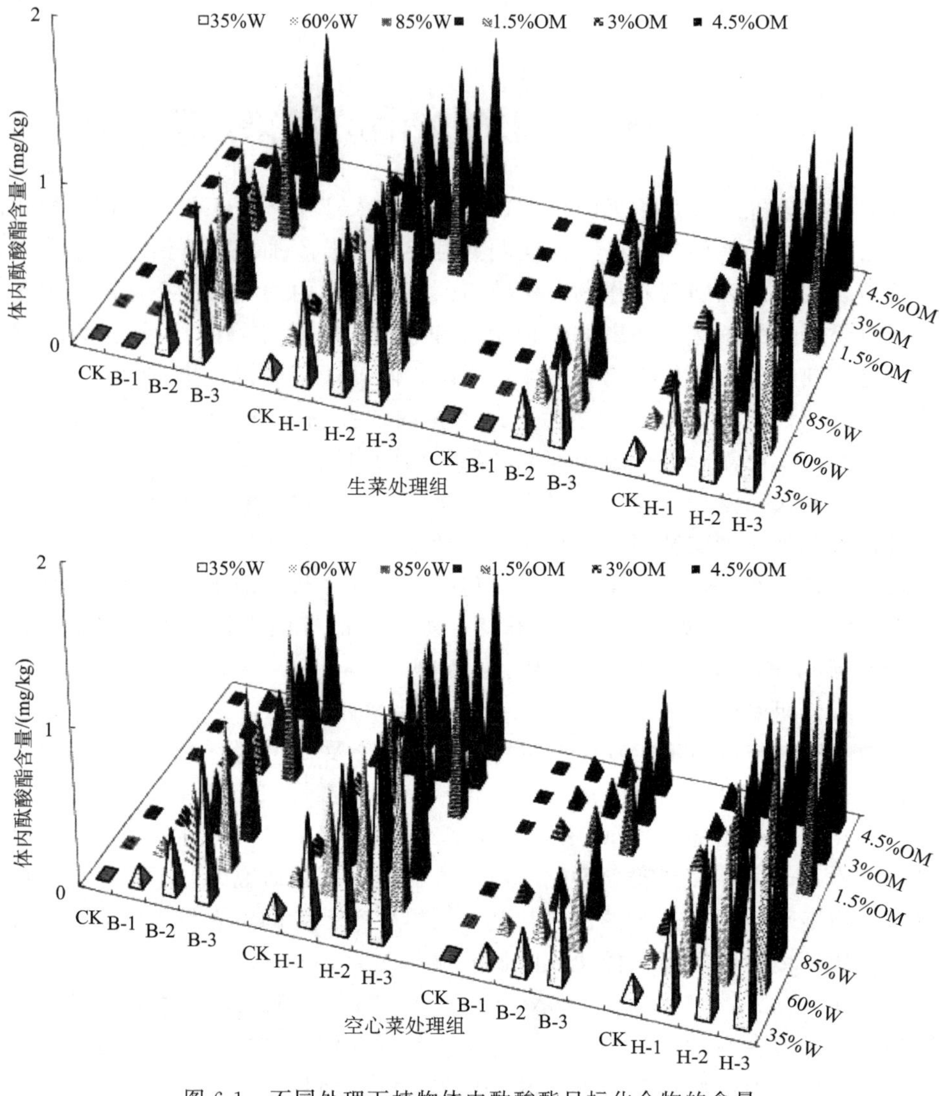

图 6-1　不同处理下植物体内酞酸酯目标化合物的含量

养的时间较短（仅 30 天）有关，也可能与生菜和空心菜生长的环境有关。培育期间，生菜和空心菜处于恒温恒湿的光暗交替温室中，培养期间除了土壤中添加的污染物之外，没有其他的酞酸酯来源，因此不能像生长在自然环境中的蔬菜那样同时吸收土壤和空气中的酞酸酯污染物。空心菜体内的目标酞酸酯积累量比生菜略高，这可能是由于空心菜是一种比较容易吸收和积累污染物的植物。空心菜可以吸收积累土壤中的亚硝酸盐、重金属（黄勇等，2005；曾晓蓉等，2011），但是对于酞酸酯类化合物，空心菜的积累能力并不是很强（王绪强，2009）。中性土壤条件下两种污染物的积累量比碱性条件下略高，可能存在的原因是酞酸酯在碱性土壤条件下更容易发生降解（俞小明等，2011），因此可被吸收利用的目标酞酸酯的量便有所减少。

二、土壤酞酸酯在赤子爱胜蚓（*Eisenia foetida*）体内的富集效应

28 d 培养后，蚯蚓体内两种目标污染物的含量见图 6-2。

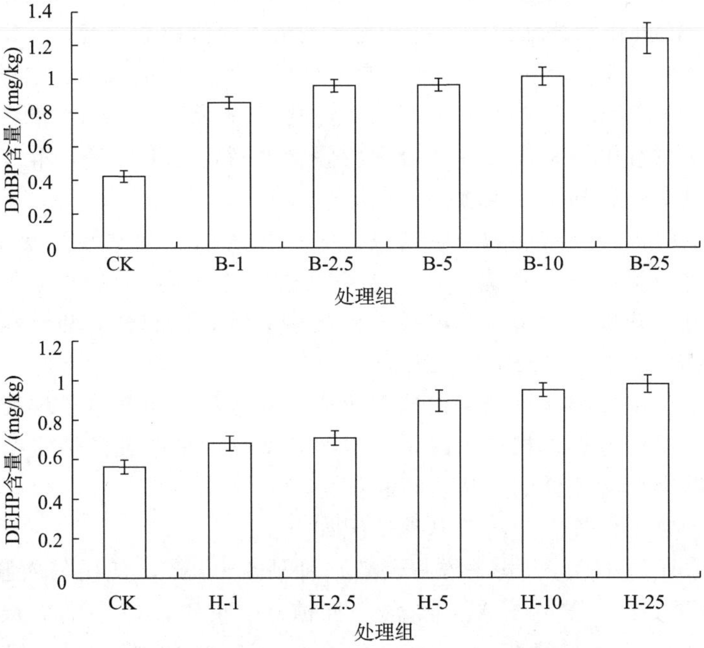

图 6-2　培养 28 d 后蚯蚓中目标污染物的含量

由图可以看出，经过 28 d 培养后的蚯蚓体内两种目标污染物的含量有所不同，DnBP 在 0.7～1.1 mg/kg，DEHP 在 2.0～4.5 mg/kg。根据酞酸酯类物质的性质，DnBP 应该比较容易在介质之间发生转移，因此在蚯蚓体内含量较高，但是由于其本身不是难降解化合物，可能土壤中添加的 DnBP 自身有一部分发生了降解，还有一部分被蚯蚓吸收，产生了体内的积累。DEHP 的情况也相似。随着亚慢性实验的进行，无论是盆栽植物的土壤还是蚯蚓所处的土壤中，目标污染物的浓度都必将低于添加浓度，而这种现象的出现，必然是因为培养过程中存在着污染物的自身降解和蚯蚓身体吸收积累两方面的原因。DnBP 最高浓度低于 DEHP 应该是因为 DEHP 在自然界中比 DnBP 难降解。而在蚯蚓体内 DEHP 浓

度高于 DnBP 则可能是由于 DnBP 在蚯蚓体内发生了某些代谢环节，因此比较难代谢的 DEHP 含量稍低。

第二节 酞酸酯污染的健康风险评估方法

风险评估又称为危险度评估或危险度评价（risk assessment or risk evaluation)。健康风险评估属于细化了的环境风险评估。按世界卫生组织的定义，它表示接触一种有害因素后出现不良作用的预期频率；从毒理学角度讲，它是指在个体或特定群体中某种剂量或某一浓度的化学物质所致的有害作用出现的概率。健康风险评估是以风险度作为评估指标，把环境污染与人体健康联系起来，定量描述污染对人体健康产生危害风险的一种方法，它不仅可以对人体造成损害的可能性及其程度大小作出科学估计，而且可以为污染场地的管理和修复提供可靠的依据。

风险评估过程中常常需要一些合理的假设来简化这个程序，本节对酞酸酯的风险评估假设主要有如下几点：

①酞酸酯的摄入剂量即为吸收剂量；②饮用水引起的酞酸酯暴露暂不计算；③居民日常食用蔬菜均为本地生产；④烹饪过程中对蔬菜中酞酸酯的含量减少80%；⑤通过皮肤接触、土壤口腔摄入、蔬菜摄取导致的酞酸酯暴露均为非致癌效应（ATSDR，1999；USEPA，1989)；

本节以南京市郊的四个典型设施农业蔬菜基地和台州某电子垃圾拆解区附近的污染农田为评估地点，根据第三章的土壤和植物中酞酸酯的测定结果对酞酸酯污染的人体健康风险评估的方法进行初探。

南京四个典型设施农业蔬菜基地情况如下：

①设施农业区 HS：公司＋农户经营，种植 1～4 年，使用的农膜质量很差；②设施农业区 GL：公司＋农户经营，种植 4～6 年，使用的农膜质量较差；③设施农业区 SS：农户经营，种植 10 年以上，使用的农膜质量一般；④设施农业区 PLK：公司经营，有机农业，种植 7～10 年，使用的农膜质量一般。从调查情况看，近年来，南京地区各种类型的设施农业，呈现快速发展的态势。PLK 属于纯公司化经营与管理，设施栽培、施肥、用药等都由公司统一管理，只是雇佣当地农民从事设施农业生产和操作，在设施发展过程中也很注重休地和环境保护，这种模式值得推广和借鉴。

一、酞酸酯的潜在暴露风险

（一）暴露评估

危害鉴别主要根据研究区域筛选出的典型污染物信息，结合当地的土地利用方式、居民生活方式及不同环境介质中污染物的含量等，分析各种暴露情景下目标污染物接触或进入人体的途径，直观反映研究区域居民的暴露情景和暴露途径。在选择的研究区域内，土壤中酞酸酯可以通过口腔摄入、呼吸摄入、皮肤接触、食物摄取以及饮用地下水等暴露途径进入人体，其中食物摄取是最主要的途径，其次是土壤口腔摄入，而皮肤接触的贡献则相对较小。因此，在风险评估中仅仅考虑食物摄取和土壤口腔摄入的暴露途径。

土壤口腔摄入的暴露剂量计算

$$In_{soil}=\frac{EF\times ED\times IR_{soil}\times C_s\times CF}{BW\times AT\times 365}$$

In_{soil}表示土壤口腔摄入的暴露剂量［μg/(kg·d)］；

EF 表示暴露频率（d/yr）；

ED 表示暴露周期（yr）；

IR_{soil}表示土壤摄入率（kg/d）；

C_s 表示土壤中酞酸酯浓度（mg/kg）；

CF 表示转换系数（10^{-6} kg/mg）；

BW 表示体重（kg）；

AT 为平均时间（yr）。

暴露周期指人体可能暴露于污染土壤的时间，根据 EPA 农业用地的暴露方式将暴露周期定为 70 年（USEPA，1996），农业用地方式下的暴露频率为 350 d/yr。由于儿童和成人的行为模式不同，故而暴露情形也不相同，定义平均寿命时间为 70 年（Kluwe et al.，1982），此处分别计算 6 年儿童暴露周期和 64 年成人暴露周期内的暴露（NMED，2004；USEPA，1996）。参照了 USEPA 及美国各州的默认数值，儿童和成人每天口腔摄入土壤的参数分别取 100 mg、200 mg（NMED，2004；USEPA，1996）。根据国内数据资料，我国0～6 岁儿童的平均体重为 13.6 kg，成人平均体重为 60 kg（中华人民共和国卫生部，2005）。

食物摄取的暴露剂量计算

$$In_{food}=\frac{EF\times ED\times IR_{food}\times C_f}{BW\times AT\times 365}$$

In_{food}表示因食物摄入的暴露剂量［μg/(kg·d)］；

IR_{food}为食物的摄入率（kg/d）；

C_f 为食物中的酞酸酯浓度（mg/kg）；EF、ED、BW、AT 同上。

日常蔬菜摄入量的值按照伦敦 CLEA（污染土壤暴露评估）发表的丹麦全国营养调查的饮食摄入量数据并进行略微调整，见表 6-1。

表 6-1 不同年龄段居民的每日蔬菜摄入量

年龄段	日常蔬菜摄入量［g/(kg·d)］干重		
	叶菜类蔬菜	胡萝卜	甘蓝
0～6 岁	0.037	0.125	0.051
7～70 岁	0.019	0.054	0.035

(二) 风险表征

根据美国 EPA（1989）风险表征采用商值法，每种污染物每条暴露途径的风险商这样计算：

$$HQ = \frac{\text{Intake}}{\text{RfD}}$$

HQ 为风险商，Intake 为暴露剂量，RfD 为污染物的参考剂量［mg/(kg·d)］。

$$HQ = \frac{EF \times ED \times IF_{\text{V}} \times C_{\text{V}}}{BW \times AT \times 365 \times \text{RfD}}$$

IF_{v} 为蔬菜摄入率（kg/d），C_{V} 为蔬菜中各酞酸酯组分浓度（mg/kg），其余同上。

对于每一种污染物的多条暴露途径的风险商之和就为风险指数，

$$IR_j = \sum IR_i (i = 1, 2, 3\cdots\cdots)$$

IR_i 为第 i 条暴露途径的风险指数，IR_j 为第 j 种污染物总的暴露风险指数。

五个调查区域蔬菜及土壤酞酸酯污染的健康风险商值见表 6-2。

由表 6-2 中计算结果可知，南京市郊的四个调查区域内酞酸酯污染对人体健康带来的风险主要以 DEHP 为主，且主要是对 0～6 岁孩子的潜在危害较明显，其次 HS 调查区的 DnBP 也存在一定的风险。四个典型设施农业调查地区的风险大小依次为 GL＞HS＞SS＞PLK。若 DEHP 的每日最大允许摄入量按照日本的 0.04～0.14 mg/(kg·d) 计算，SS 和 PLK 两地区的酞酸酯健康风险商值可能还达不到 1.0。而对于长三角电子垃圾拆解区的污染农田来说，DnBP 和 DEHP 对各个年龄段的人群均存在着健康风险，且风险商值远远大于比设施农业区。然而有报道食物中的酞酸酯类化合物在经过烹饪之后便有 80%～90%可以消除（Mikula et al.，2005），按此计算如表中修正之后的数值，只有 HS 和 GL 的 DEHP 可能存在风险，电子垃圾拆解区也只有 DEHP 对儿童并可能对成人造成潜在的暴露危险。由此可见，通过土壤摄入引起的酞酸酯暴露风险不可忽视。

表 6-2 调查区居民暴露于酞酸酯的摄入值

摄入值	0～6 岁						7～70 岁					
/[mg/(kg · d)]	DMP	DEP	DnBP	BBP	DEHP	DnOP	DMP	DEP	DnBP	BBP	DEHP	DnOP
HS（土）	0.0055	0.0713	0.0572	0.0001	0.0755	0.0012	0.0002	0.0030	0.0024	0	0.0032	0
GL（土）	0.0091	0.0417	0.0376	0	0.0806	0.0011	0.0004	0.0018	0.0016	0	0.0034	0
SS（土）	0.0084	0.0195	0.0271	0	0.0210	0.0010	0.0004	0.0008	0.0012	0	0.0009	0
PLK（土）	0.0099	0.0287	0.0347	0	0.0319	0.0012	0.0004	0.0012	0.0015	0	0.0014	0
台州（土）	0.0008	0.0005	0.0030	0.0003	0.0198	0.0013	0	0	0.0001	0	0.0008	0
HS（菜）	0	0.0015	0.0666	0.0011	0.0753	0.0242	0	0	0.0007	0	0.0008	0.0003
GL（菜）	0.0011	0.0012	0.0397	0.0004	0.0762	0.0254	0	0	0.0004	0	0.0007	0.0002
SS（菜）	0.0004	0.0015	0.0557	0.0003	0.0295	0.0282	0	0	0.0005	0	0.0003	0.0003
PLK（菜）	0.0007	0.0006	0.0173	0.0007	0.0146	0.0044	0	0	0.0002	0	0.0002	0
台州（菜）	0.0280	0.0120	0.1560	0.0110	2.0370	0.0190	0.0030	0.0010	0.0160	0.001	0.2050	0.002
HS（总）	0.0056	0.0728	***0.1238***	0.0012	***0.1508***	0.0254	0.0002	0.0030	0.0031	0	0.0040	0.0003
GL（总）	0.0102	0.0429	0.0773	0.0005	***0.1569***	0.0265	0.0004	0.0018	0.0020	0	0.0042	0.0003
SS（总）	0.0088	0.0210	0.0828	0.0004	***0.0504***	0.0292	0.0004	0.0008	0.0017	0	0.0012	0.0003
PLK（总）	0.0106	0.0293	0.0520	0.0007	***0.0465***	0.0055	0.0004	0.0012	0.0017	0	0.0015	0
台州（总）	0.0288	0.0124	***0.1590***	0.0113	***2.0568***	0.0203	0.003	0.0010	***0.0161***	0.001	***0.2058***	0.0021
HS（修正）	0.0055	0.0716	0.0705	0.0003	***0.0906***	0.0060	0.0002	0.0030	0.0026	0	0.0034	0.0001
GL（修正）	0.0093	0.0419	0.0455	0.0001	***0.0958***	0.0062	0.0004	0.0018	0.0017	0	0.0035	0
SS（修正）	0.0085	0.0198	0.0382	0.0001	0.0269	0.0066	0.0004	0.0008	0.0013	0	0.0010	0.0001
PLK（修正）	0.0100	0.0288	0.0382	0.0001	0.0348	0.0021	0.0004	0.0012	0.0015	0	0.0014	0
台州（修正）	0.0064	0.0029	0.0342	0.0025	***0.4272***	0.0051	0.0006	0.0002	0.0033	0.0002	***0.0418***	0.0004
RfD（NMED）	10	0.8	0.1	0.2	0.020	0.04	10	0.8	0.1	0.2	0.02	0.04
RfD（USEPA）			0.1	0.2	0.020				0.1	0.2	0.02	
TDI（EU）			0.1	0.2	0.0370	0.37			0.1	0.2	0.037	0.37
TDI（Japan）					0.04～0.14						0.04～0.14	

注：小于 10^{-4} 的按 0 计，加粗斜体数值表示 HQ 大于 1。

二、不确定性分析

风险评价中的暴露评估和毒性评估具有很大的不确定性。如暴露评估需要收集大量的数据资料，但是由于基础研究范围的限制以及人类认识能力的局限性却很难获得所有的数据。由于研究条件的限制，使得我们仅仅对于土壤和植物中的酞酸酯组分及含量进行了考虑，却并未对空气中以及地下水等环境介质中的酞酸酯的组分、含量及暴露情况进行全面的研究和考察，因而人体通过呼吸系统吸入以及饮水等暴露方式并未考虑在内。然而依照土壤暴露计算得到的风险值来看，进行空气中酞酸酯的组分和含量的考察及其风险评估应该更加受到重视。因为诸如蔬菜等食物的食用以及饮水的饮用等过程，通过加热和烹调等方式能够去除大部分的酞酸酯，然而直接的身体暴露，即土壤摄入和呼吸吸入等方式并无其他削减方式，因而可能造成的潜在危害较大。

三、风险管理

风险管理是指如何在一个肯定有风险的环境里把风险减至最低的管理过程。环境风险管理是指根据环境风险评价的结果，按照恰当的法规条例，选用有效的控制技术，进行削减风险的费用和效益分析；确定可接受风险度和可接受的损害水平；并进行政策分析及考虑社会经济和政治因素；决定适当的管理措施并付诸实施，以降低或消除事故风险度，保护人群健康与生态系统的安全。主要包括减轻环境风险、转移环境风险、避免环境风险。

由于各个研究区土壤污染引起的风险值比重较大，因此主要考虑减轻土壤环境风险。也就是说，首先减少在污染的土壤环境中的暴露时间，因此应该考虑存在土壤酞酸酯污染的地区尽量避免儿童长时间停留，并应该尽量减少在此间的劳作时间。另外，在无法避免该风险的情况下，可以通过技术改进，采用更先进的生产工艺、技术和设备等，提高生产的稳定性和安全性，如使用质量较好、酞酸酯释放较少的农膜或者可降解农膜，以及科学的残膜回收技术等，通过提高风险管理水平，来消除或减少环境风险。总之，通过各种手段减轻土壤中的酞酸酯污染也是保障人们健康的重要方法之一。其次，还有转移环境风险的方式。如在温度较适宜的条件下尽量多对温室进行通风、适时揭膜暴晒等处理，使酞酸酯加速分解或者随空气流通排出设施大棚，不但可以减少土壤和空气中存留的酞酸酯，而且有利于一些蔬菜病虫害的防治。

总体来说，儿童是对于酞酸酯的土壤和蔬菜污染更为敏感的人群，暴露风险高于成人。仅仅是通过土壤的口腔摄入和蔬菜摄入这两条暴露途径，便可以引起较高的风险商。在各种酞酸酯组分当中，DEHP 具有最大的健康风险，其次是 DnBP，而由于土壤口腔摄入引起的风险更加不易避免。

对于四个设施农业典型区，HS 和 GL 的酞酸酯暴露风险较大，而 PLK 则很小。对于 HS 和 GL 这两个设施农业种植时间较短的生产区域来说，采用科学的生产方式、质量较好的农膜作为生产资料以及科学的管理方式，可以在一定程度上减轻今后的酞酸酯暴露风险。

电子垃圾拆解区的酞酸酯暴露风险较为严重，不仅是儿童，甚至成人也处于 DEHP 的风险之中。这种现状主要是由其周围长期存在的不当生产经营方式所导致的。由于当地污染方式的特殊性，致使我们应该更加关注由于酞酸酯的空气吸入暴露而引起的健康风险，而对于电子垃圾拆解区这种复合污染问题比较严重的区域，开展详细的健康风险评估具有非常重要的实现意义。

第三节　典型区设施土壤酞酸酯污染的健康风险

PAEs 作为增塑剂被大量用于农膜生产，并作为载体用于杀虫剂、杀菌剂的生产（Gómez-Hens et al.，2003；Wormuth et al.，2006；Xu et al.，2008；Dicson et al.，2009）。中国是世界上设施农业面积最大的国家，已有研究表明，我国设施土壤中 PAEs 含量已经达到 mg/kg 数量级（蔡全英等，2005；Zeng et al.，2008；Xia et al.，2011；Kong et al.，2012），东南沿海地区设施土壤中 PAEs 含量在 3.0～45.7 mg/kg（蔡全英等，2005；Zeng et al.，2008），而在北方地区设施菜地土壤中 DnBP 和 DEHP 的平均含量也分别达到了 0.44～7.99 mg/kg 和 2.75～29.37 mg/kg（Xu et al.，2008）。Swan（2008）和 Caldwell（2012）研究表明，DnBP、DEHP 及其代谢产物具有潜在的基因毒性和致癌风险，孕妇在预产期前后频繁暴露于 PAEs 导致莱氏细胞发育受阻和功能受损，导致新生儿性别变异（Main et al.，2006）。

一、典型区设施土壤酞酸酯污染健康风险评价方法

土壤健康风险分析利用美国加州大学国家暴露研究实验室开发的风险评估模型 CalTOX Model 4.0，该模型被用于污染土壤及其周边水体、空气、沉积物及地下水的健康风险评估（Mckone，1993）。该模型可以用下面两式表达（USEPA，1989；Chen et al.，2006；Xia et al.，2011）。

$$\text{Cancer Risk} = \sum_k [1 - \exp(\text{ADI}_k \times \text{CSF}_k)] \approx \sum_k \text{AKI}_k \times \text{CSF}_k$$

式中，ADI_k 表示受体每天通过不同暴露途径（经口、呼吸和皮肤摄入）平均摄

取污染物量 [mg/(kg · d)]; CSF_k 表示通过剂量-效应研究得到不同暴露途径的致癌斜率 [kg/(d · mg)]。

$$ADI_{ijk} = C_i \times \left(\frac{C_j}{C_i}\right)\left(\frac{IU_{jk}}{BW}\right) \times \frac{EF \times ED}{AT}$$

式中，ADI_{ijk} 表示受体从 i（空气、土壤和地下水）介质，通过 j 活动（喝水、饮食、洗漱等）经过 k 暴露途径（经口、呼吸和皮肤摄入）吸收的污染物量 [mg/(kg · d)]；C_i 表示环境介质 i 中污染物的含量；(C_j/C_i) 表示介质迁移率；(IU_{jk}/BW) 表示单位体重的摄取或吸收系数；EF 表示暴露频率；ED 表示暴露时间；AT 表示平均时间；BW 表示受体体重。本书仅考虑设施蔬菜种植者在田间劳动过程中土壤中 PAEs 经口、呼吸和皮肤接触等途径摄入所导致的健康风险。CalTOX Model 4.0 模型中区域参数及人体暴露参数见表 6-3，而其他参数以及 6 种酞酸酯特征参数采用模型默认值；风险评估的不确定性及敏感性分析参照文献方法（USEPA，1989；Chen et al.，2006；Xia et al.，2011）。

表 6-3　CalTOX 模型中区域参数与暴露参数

区域参数[a]	数值	暴露参数[b]	数值
研究区域/m^2	9.0×10^8	平均体重/kg	62
表层土壤厚度/m	0.20	接触面积/ (m^2/kg)	0.026
年均降雨量/ (m/d)	0.0029	土壤皮肤黏附系数/ (mg/cm^2)	0.38
根际土壤含水率/%	20	呼吸速率/ (m^3/d)	20
环境温度/K	289	平均寿命/years	70
土壤有机质含量/ (g/g)	0.025	暴露年限/years	70
年均风速/ (m/d)	3.02	土壤经口摄入量/ (mg/d)	50

a. 区域参数来源南京本地概况；b. 暴露参数参见段小丽（2012）。

二、典型区设施土壤酞酸酯污染的健康风险

根据文献（USEPA，1989；Chen et al.，2006；Xia et al.，2011）的风险评估方法计算，其结果如表 6-4 所示。从表中可以看出，设施菜地土壤健康风险显著高于露地土壤；土壤中不同种类酞酸酯健康风险从高到低依次为 DnBP、DEP、DnOP、DEHP、BBP 和 DMP；设施菜地和露地土壤中 DnBP 经不同暴露途径的总健康风险值分别为 6.52×10^{-9} 和 1.62×10^{-10}。欧美以及我国台湾地区均规定总致癌风险不超过 10^{-6} 为可接受致癌风险的上限（Ma et al.，2003；Xia et al.，2012；关卉等，2007）。本研究表明设施菜地和露地土壤不同种类酞酸酯

表 6-4　不同暴露途径设施菜地与露地土壤酞酸酯的健康风险

酞酸酯	土壤	暴露途径及风险			
		呼吸摄入	经口摄入	皮肤接触	总风险
DMP	露地土壤	7.83×10^{-39}	5.64×10^{-39}	1.57×10^{-39}	2.92×10^{-38}
	设施菜地土壤	4.48×10^{-39}	3.23×10^{-39}	8.96×10^{-39}	1.67×10^{-38}
	贡献率/%	26.87	19.35	53.78	100
DEP	露地土壤	2.92×10^{-14}	1.60×10^{-14}	4.46×10^{-14}	8.98×10^{-14}
	设施菜地土壤	4.38×10^{-14}	2.41×10^{-14}	6.69×10^{-14}	1.35×10^{-13}
	贡献率/%	32.50	17.86	49.64	100
DnBP	露地土壤	3.53×10^{-11}	4.20×10^{-10}	1.17×10^{-10}	1.62×10^{-10}
	设施菜地土壤	1.42×10^{-10}	1.69×10^{-9}	4.69×10^{-9}	6.52×10^{-9}
	贡献率/%	2.18	25.89	71.94	100
BBP	露地土壤	5.02×10^{-42}	7.68×10^{-39}	2.13×10^{-38}	2.90×10^{-38}
	设施菜地土壤	2.01×10^{-41}	3.07×10^{-38}	8.53×10^{-38}	1.16×10^{-37}
	贡献率/%	0.02	26.46	73.52	100
DEHP	露地土壤	9.13×10^{-21}	1.59×10^{-17}	4.40×10^{-17}	5.99×10^{-17}
	设施菜地土壤	5.01×10^{-20}	8.72×10^{-17}	2.42×10^{-16}	3.29×10^{-16}
	贡献率/%	0.02	26.50	73.48	100
DnOP	露地土壤	3.00×10^{-23}	1.20×10^{-17}	3.33×10^{-17}	4.53×10^{-17}
	设施菜地土壤	6.78×10^{-21}	2.71×10^{-15}	7.53×10^{-15}	1.02×10^{-14}
	贡献率/%	0.00	26.46	73.54	100

的健康风险均远小于可接受致癌风险上限，设施菜地土壤酞酸酯污染对人体不会产生危害。对于小分子量的酞酸酯，不同种类酞酸酯致癌风险主要暴露途径是通过皮肤接触，其次是经呼吸摄入，最后是经口摄入；对于高分子量的酞酸酯，皮肤接触依然是其主要暴露途径，其次是经口摄入，而呼吸摄入所产生的致癌风险可以忽略不计。由于低分子量酞酸酯易挥发，而高分子量酞酸酯易于被土壤吸附，所以不同暴露途径产生的致癌风险由较大差异（Chen et al.，2006；Chou et al.，2006）。本研究中酞酸酯的致癌风险低于前人研究结果（USEPA，1989；Xia et al.，2012），主要是由于其他研究考虑经食物链（Cai et al.，2008）、饮食（Xia et al.，2012）等途径产生的风险，而本书仅考虑劳动者在耕作时经过土壤介质所产生的风险。同时，景观参数和受体参数差异，以及暴露介质的差异也会导致致癌风险的差异（Mackone，1993；Wormuth et al.，2006；Xia et al.，2011；Chen et al.，2012）。虽然本书中 DEHP 的致癌风险远低于 10^{-6}，但是 DEHP 的日摄入量占摄入酞酸酯总量的 48%～73%，并且 DEHP 能够引起生物体内胚胎

细胞凋亡和导致基因损伤（Dickson et al.，2009；Gentry et al.，2011；Chen et al.，2012）。因此，蔬菜种植者在劳作过程中应该预防 DnBP 和 DEHP 带来的潜在健康风险。敏感性分析表明，6 种酞酸酯健康风险主要受半衰期的影响，其次是皮肤接触系数、暴露频率与周期以及表层土壤有机碳含量。土壤中酞酸酯的健康风险主要与酞酸酯的化学性质和受体暴露参数相关（Chen et al.，2006；Xia et al.，2011）。

参考文献

蔡全英，莫测辉，李云辉，等. 2005. 广州、深圳地区蔬菜生产基地土壤中邻苯二甲酸酯（PAEs）研究. 生态学报，25（2）：283-288.

段小丽. 2012. 暴露参数的研究方法及其在环境健康风险评价中的应用. 北京：科学出版社.

关卉，王金生，万洪富，等. 2007. 雷州半岛典型区域土壤邻苯二甲酸酯（PAEs）污染研究. 农业环境科学学报，26（2）：622-628.

黄勇，郭庆荣，任海，等. 2005. 珠江三角洲典型地区蔬菜重金属污染现状研究—以中山市和东莞市为例. 生态环境，14（4）：559-561.

王绪强. 2009. 植物累积有机污染物 DEHP 能力及其特异性研究. 浙江工商大学硕士论文.

俞小明，竺云波. 2011. pH 和温度对邻苯二甲酸二辛酯生物降解的影响研究. 环境科学与管理，36（3）：77-79.

曾晓蓉，肖和艾，吴金水，等. 2011. 植物生理调节剂对四种蔬菜硝酸盐积累和产量的影响. 农业现代化研究，32（3）：371-375.

Aldyreva M V，Klimova T S，Iziumova A S，et al. 1975. The effect of phthalate plasticizers on the generative function. Gigiena truda i professional'nye zabolevaniia. 1975，12：25-29.

ATSDR，Toxicological profile for cadmium. 1999.

Cai Q Y，Mo C H，Wu Q T，et al. 2008. The status of soil contamination by semivolatile organic chemicals（SVOCs）in China：A review. Science of The Total Environment，2008，389：209-224.

Caldwell J C. 2012. DEHP：Genotoxicity and potential carcinogenic mechanisms—A review . Mutation Research/Reviews in Mutation Research，751（2）：82-157.

Chen L，Zhao Y，Li L X，et al. 2012. Exposure assessment of phthalates in non-occupational populations in China. Science of The Total Environment，427-428：60-69.

Chen Y C，Ma H W. 2006. Model comparison for risk assessment：A case study of contaminated groundwater. Chemosphere，63：751-761.

Chou K，Robert O W. 2006. Phthalates in Food and Medical Devices. Journal of Medical Toxicology，2：126-135.

Dickson S M，Siegrist M，Keller C，et al. 2009. Phthalate exposure through food and consumers' risk perception of chemicals in food . Risk Analysis，29（8）：1170-1181.

Ema M，Harazona A，Miyawaki E，et al. 1997. Embryolethality following maternal exposure to dibutyl phthalate during early pregnancy in rats. Bulletin of Environvironmental Contamination and Toxicology, 58: 636-643.

Fredricsson B, Moller L, Pousette A, et al. 1993. Human sperm motility is affected by plasticizers and diesel particle extracts. Pharmacology and Toxicology, 72: 128-133.

Fu X W, Du Q Z. 2011. Uptake of di-(2-ethylhexyl) phthalate of vegetables from plastic film greenhouses. Journal of Agriculture Food Chemistry, 59 (21): 11585-11588.

Gentry P R, Clewell H J, Clewell R, et al. 2011. Challenges in the application of quantitative approaches in risk assessment: a case study with di-(2-ethylhexyl) phthalate. Critical Reviews in Toxicology, 41 (S2): 1-72.

Gómez-Hens A, Aguilar-Caballos M P. 2003. Social and economic interest in the control of phthalic acid esters. TrAC Trends in Analytical Chemistry, 22 (11): 847-857.

Gray Jr. L E, Ostby J, Furr J, et al. 2000. Prenatal exposure to the phthalates DEHP, BBP, and DINP, but not DEP, DMP, or DOTP, alters sexual differentiation of the male rat. Toxicology Sciences, 58 (2): 350-365.

Kavlock R, Boekelheide K, Chapin R, et al. 2002a. NTP center for the evaluation of risks to human reproduction: phthalates expert panel report on the reproductive and developmental toxicity of butyl benzyl phthalate. Reproduction Toxicology, 16: 453-487.

Kavlock R, Boekelheide K, Chapin R, et al. 2002b. NTP Center for the Evaluation of Risks to Human Reproduction: phthalates expert panel report on the reproductive and developmental toxicity of di-n-butyl phthalate. Reproduction Toxicology, 16: 489-527.

Kavlock R, Boekelheide K, Chapin R, et al. 2002c. NTP Center for the Evaluation of Risks to Human Reproduction: phthalates expert panel report on the reproductive and developmental toxicity of di (2-ethylhexyl) phthalate. Reproduction Toxicology, 16: 529-653.

Kluwe W M. 1982. Overview of phthalate ester pharmacokinetices in mammalian species. Environmental Health Perspective, 45: 3-9.

Kong S F, Ji Y Q, Liu L L, et al. 2012. Diversities of phthalate esters in suburban agricultural soils and wasteland soil appeared with urbanization in China. Environmental Pollution, 170: 161-168.

Koo H J, Lee B M. 2004. Estimated exposure to phthaiates in cosmetics and risk assessment. Journal of Toxicology and Environmental Health, Part A. 67 (23-24): 1901-1914.

Ma L L, Chu S G, Xu X B. 2003. Phthalate residues in greenhouse soil from Beijing suburbs, People's Republic of China. Bulletin Environmental Contamination Toxicology, 71 (2): 394-399.

Ma T T, Teng Y, Christie P, et al. 2013. A new procedure combining GC-MS with accelerated solvent extraction for the analysis of phthalic acid esters in contaminated soils. Frontiers of Environmental Science & Engineering, 7 (1): 31-42.

Main K M, Mortensen G K, Kaleva M M, et al. 2006. Human breast milk contamination with phthalates and alterations of endogenous reproductive hormones in infants three months of age. Environmental Health Perspectives, 114 (2): 270-276.

Mckone T E. 1993. CalTOX: A Multimedia Total-Exposure Model for Hazardous Waste Sites: Part I: Executive Summary. Department of Toxic Substances Control, Lawrence Livermore National Laboratory, Livemore, California; 1993.

Mikula P, Svobodová Z, Smutná M. 2005. Phthalates: Toxicology and food safety-a review. Czech Journal of Food Sciences, 23 (6): 217-223.

Murature D A, Tang S Y, Steinhardt G, et al. 1987. Phthalate esters and semen quality parameters. Biomedicine of Environmental Mass and Spectrom, 14 (8): 473-477.

NMED (New Mexico Environment Department). Technical Background Document for Development of Soil Screening Levels, Revision 2. 0. Hazardous Waste Bureau Ground Water Quality Bureau and Voluntary Remediation Program, 2004.

Swan S H. 2008. Environmental phthalate exposure in relation to reproductive outcomes and other health endpoints in humans. Environmental Research., 2008, 108 (2): 177-184.

USEPA (United States Environmental Protection Agency). 1996a. Soil screening guidance: User' s Guide. Office of Solid Waste and Emergency Response, Washington, DC.

USEPA. 1989. Risk Assessment Guidance for Superfund: Human Health Evaluation Manual, vol. 1 (Part A). Office of Emergency and Remedial Response, Washington, DC.

Wormuth M, Scheringer M, Vollenweider M, et al. 2006. What are the sources of exposure to eight frequently used phthalic acid esters in Europeans? Risk Analysis, 26 (3): 803-824.

Xia X H, Yang L Y, Bu Q W, et al. 2011. Levels, distribution, and health risk of phthalate esters in urban soils of Beijing, China. Journal of Environmental Quality, 40 (5): 1643-1651.

Xie Z, Ebinghaus R, Temme C, et al. 2007. Occurrence and air-sea exchange of phthalates in the Arctic. Environmental Science & Technology, 41 (13): 4555-4560.

Xu G, Li F S, Wang Q H. 2008. Occurrence and degradation characteristics of dibutyl phthalate (DBP) and di-(2-ethylhexyl) phthalate (DEHP) in typical agricultural soils of China. Science of The Total Environmen, 393 (2-3): 333-340.

Zeng F, Cui K Y, Xie Z Y, et al. 2008. Phthalate esters (PAEs): Emerging organic contaminants in agricultural soils in peri-urban areas around Guangzhou, China. Environmental Pollution, 156 (2): 425-434.

Zhang Y, Jiang X, Chen B. 2004. Reproductive and developmental toxicity in F_1 Sprague-Dawley male rats exposed to di-n-butyl phthalate in utero and during lactation and determination of its NOAEL. Reproductive Toxicology, 18 (5): 669-676.

第七章　酞酸酯污染土壤的植物修复

我国土壤酞酸酯污染已引起了社会的高度关注，酞酸酯污染土壤的修复成为当前亟待解决的问题。各种污染修复方式中，生物修复以其成本低廉、环境友好和效果良好等特点而得到广泛利用，尤其是多种生物修复方式相结合的联合修复技术得到了重视。本章介绍了不同的植物修复组合对长江三角洲地区某酞酸酯污染农田的田间原位修复效应，筛选出较优的田间原位修复植物组合，并对酞酸酯污染农田土壤的植物修复前景进行了展望。

第一节　豆科与禾本科植物间作对酞酸酯污染土壤的修复作用

以长江三角洲地区某典型酞酸酯污染农田为研究对象，供试土壤为水稻土，成土母质为海相沉积物，系统分类为铁聚水耕人为土，土壤中六种酞酸酯目标物的总浓度为（1.66±0.69）mg/kg。土壤 pH 为 5.56，容重为1.08 g/cm^3，有机质含量为 36.5 g/kg，全氮、全磷、全钾分别为 1.96 g/kg、0.56 g/kg 和 23.1 g/kg。设置 7 个试验处理，分别为对照处理组（CK）、紫花苜蓿单作（A）、黑麦草单作（P）、高羊茅单作（T）、紫花苜蓿-黑麦草间作（AP）、紫花苜蓿-高羊茅间作（AT）和紫花苜蓿-黑麦草-高羊茅间作（APT），研究了豆科植物紫花苜蓿与禾本科植物黑麦草和高羊茅间混作对酞酸酯污染土壤的修复效应。

一、土壤中酞酸酯的组成和含量变化

由图 7-1 可以看出，试验处理一年后，所有种植植物的土壤中酞酸酯含量相对于对照组均有了明显减少（$P < 0.01$），即种植所有三种植物的各个处理组均对六种目标酞酸酯有明显的修复作用。且修复后的土壤中六种目标物的浓度已经低于美国环保局规定的相应污染物的土壤控制标准（Zhang et al.，2010）。所有处理中，紫花苜蓿单作对土壤中酞酸酯去除效果最好，六种目标酞酸酯的总去除率达到 90%以上。其主要原因包括：首先，作为一种豆科植物，紫花苜蓿可以在根部形成根瘤，而根瘤是植物与土壤中根瘤菌形成的良好共生系统，该共生系统的存在不但可以通过增加植物的固氮能力而促进植物的生长，更能够加速根际固氮细菌的繁殖，促使植物和细菌共同对土壤酞酸酯的去除发挥作用。采集植物

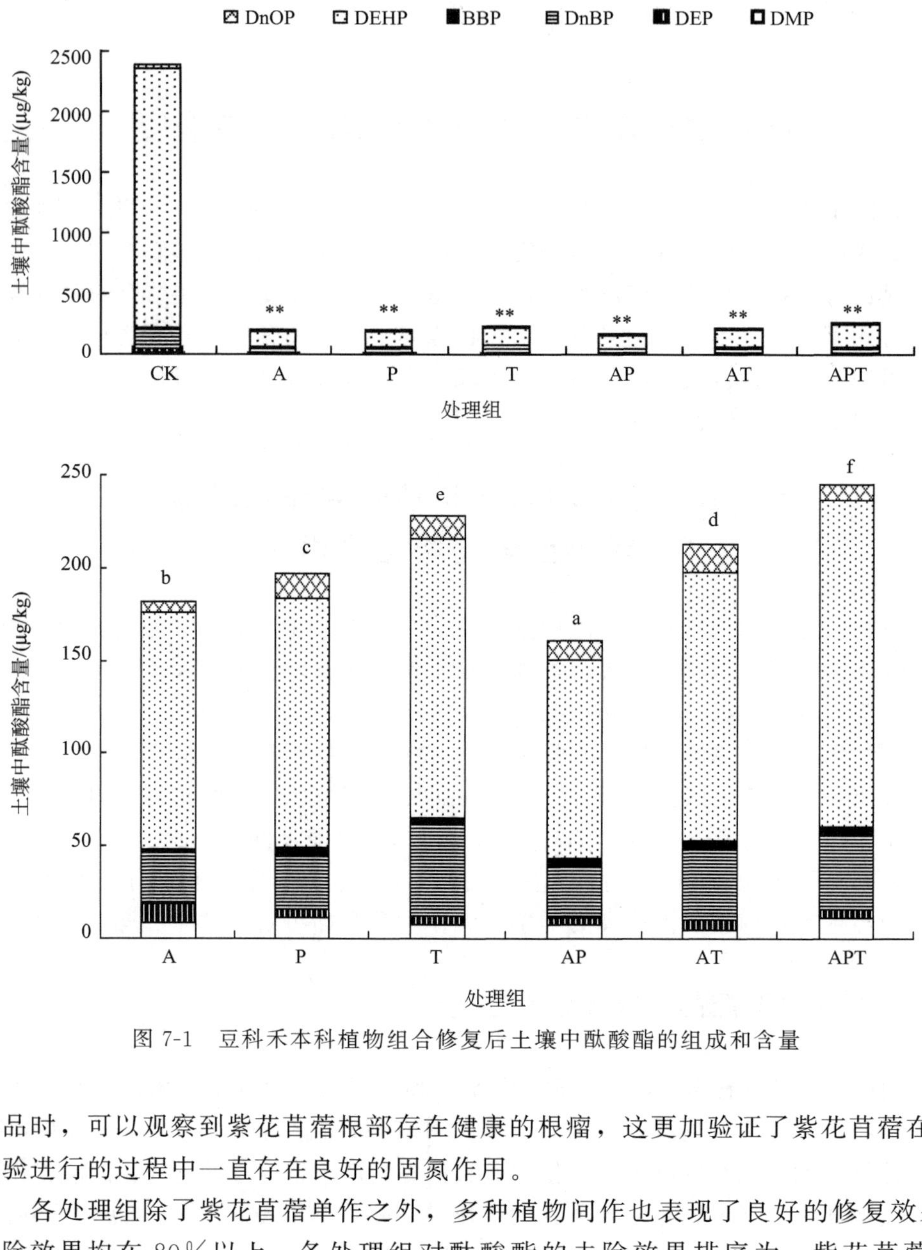

图 7-1　豆科禾本科植物组合修复后土壤中酞酸酯的组成和含量

样品时，可以观察到紫花苜蓿根部存在健康的根瘤，这更加验证了紫花苜蓿在本试验进行的过程中一直存在良好的固氮作用。

各处理组除了紫花苜蓿单作之外，多种植物间作也表现了良好的修复效果，去除效果均在 80％以上。各处理组对酞酸酯的去除效果排序为：紫花苜蓿单作＞紫花苜蓿-黑麦草间作＞黑麦草单作＞紫花苜蓿-黑麦草-高羊茅混作＞紫花苜蓿-高羊茅间作＞高羊茅单作处理。通过组分分析可以发现，土壤中两种最主要的酞酸酯类污染物为 DEHP 和 DnBP，它们修复前在对照土壤中占六种酞酸酯目标物总浓度的比例分别约为 90％和 7％。修复试验之后酞酸酯各组分中，

DEHP是去除率最高的组分，除了对照组之外，各处理组的DEHP去除率均超过了60%，DnBP单组分去除率达到了70%以上。关于这一点可以从酞酸酯污染物的结构和特性方面得到解释，即随着时间的增加，酞酸酯类化合物中的烷基链越长，越容易被吸附和积累。在所有的处理组之中，紫花苜蓿单作和紫花苜蓿-黑麦草间作比其他的植物组合具有更突出的优点，尤其在对DEHP的去除方面。而对于两种禾本科的修复植物黑麦草和高羊茅来说，它们在对DEHP和DnBP的去除方面显示了略微的差异。而当与豆科植物间作时，禾本科植物比豆科植物能够去除更多的DnOP。在所有的处理组之中，紫花苜蓿单作和紫花苜蓿-黑麦草间作比其他植物组合具有更突出的优点，尤其在去除DEHP时。而对于两种禾本科的修复植物黑麦草和高羊茅来说，它们对DEHP和DnBP的去除作用显示了略微的差异。当与豆科植物间作时，禾本科植物比豆科植物能够去除更多的DnOP。

上述结果表明，植物修复方法在田间应用过程中具有实用性，且收效明显(Zeeb et al.，2006；Xu et al.，2010)。同时，紫花苜蓿被认为是一种很适合用于修复酞酸酯污染土壤的修复植物。

二、植物体各部位中酞酸酯的组成和含量

由图7-2和7-3可见，三种植物组合处理时，植物地上部的六种目标酞酸酯含量较高，均在4 mg/kg（干重）以上，而紫花苜蓿单作对土壤中酞酸酯的去除率最高，这一点可以从紫花苜蓿地上部中目标物含量较高的现象中得到解释。对于DEHP和DnBP两种含量较高的代表性组分来说，各种处理的植物地上部中含量也比较高，与土壤中酞酸酯的组分与含量显现出一定的一致性。植物地上部对于污染物的积累主要取决于植物自身从土壤的提取作用和植物从大气中的吸收作用。有研究发现植物地上部的吸收作用是塑料生产厂附近农田作物（蔬菜）吸收酞酸酯的重要途径（Wang et al.，2010)，而DEHP被证明是主要通过叶片吸收到植物体内（Schmitzer et al.，1988)。

图7-3中显示，除DnBP和DEHP之外，植物根部对DnOP的吸收明显增加，虽然其含量只有0.5 mg/kg（干重）左右，但是其在不同植物体内的积累情况存在差异。由图可见，紫花苜蓿对DnOP显示出明显的积累作用。由于土壤中测得的DnOP含量并没有很高，而植物地上部含量及比例也没有超过10%，但在植物地下部其含量却明显上升，达到了15%以上。可见，该污染物的主要迁移途径可能是先经过植物地上部进入植物体，再随植物体内的运输载体转移到脂类物质含量相对较高的根部。

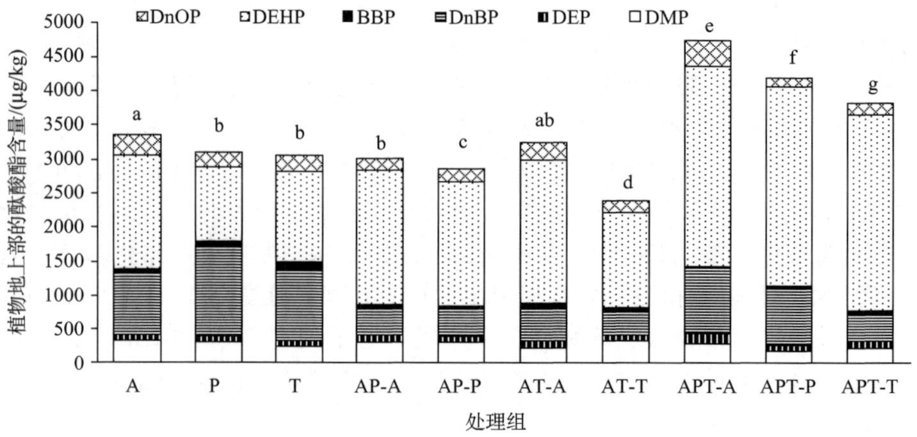

图 7-2 豆科禾本科组合修复后植物地上部酞酸酯的组成和含量

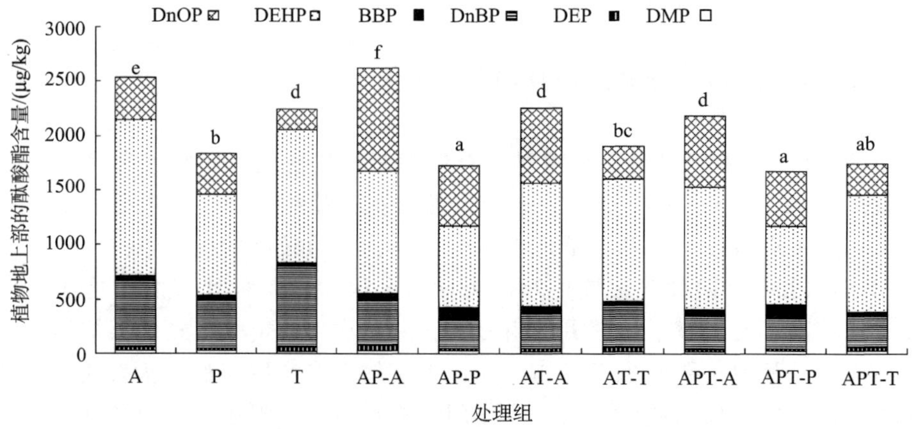

图 7-3 豆科禾本科组合修复后植物地下部酞酸酯的组成和含量

三、不同处理下修复植物的生物量

由表 7-1 可知，在豆科禾本科组合中，生物量最大的植物是紫花苜蓿，无论单作还是与其他植物间混作，其生长都没有受到限制，反而在间混作的处理中生物量仍有所增加。从这一点上看，无论紫花苜蓿是否是去除酞酸酯最多的植物，其在污染土壤中生存的适应性是非常良好的，而另外两种植物则在间混作时生物量受到了限制。

表 7-1 豆科与禾本科植物间作组合修复植物的生物量变化

处理组植物	地上部生物量（kg 干重/小区）	地下部生物量（g 干重/小区）	酞酸酯的去除量/mg	
A	6.78±0.20a	1.03±0.05b	26.24±0.84	
P	2.58±0.11c	0.52±0.12a	9.62±0.71	
T	1.49±0.03d	0.55±0.07b	6.23±0.21	
AP-A	4.09±0.04e	0.99±0.12c	15.30±0.48	19.45±0.84
AP-P	0.96±0.04f	0.49±0.09b	4.15±0.36	
AT-A	2.28±0.06g	1.05±0.15c	10.82±0.70	13.76±0.98
AT-T	0.67±0.02b	0.56±0.09b	2.94±0.28	
APT-A	2.97±0.09h	1.11±0.23c	19.37±1.53	26.90±3.01
APT-P	0.65±0.02b	0.53±0.13b	4.92±0.60	
APT-T	0.32±0.02i	0.36±0.20a	2.61±0.88	

注：结果为四个平均值±SD。

各处理的植物对目标污染物的去除量结果显示，紫花苜蓿单作以及三种植物混作的处理方式，在污染土壤中的酞酸酯的去除总量方面是最佳选择。根据每种植物的生物量以及体内酞酸酯的含量，初步估算出每种植物在其相应处理的条件下对土壤中总酞酸酯的的去除量。将小区数据推而广之，由于每小区面积为 2.4 m×2.4 m，若土层深度按照 20 cm 计算，三种植物混作的处理方式能够去除约每公顷 46.70 g 左右的酞酸酯，这是一个非常可观的修复效果。

四、不同植物处理对酞酸酯污染土壤的修复效率

各处理组对土壤中酞酸酯的去除率见图 7-4。根据计算结果，所有处理组的酞酸酯去除率都达到了 80%以上，尤其是 DEHP 和 DnBP 两种污染物，都得到了大量的削减。而紫花苜蓿单作的处理组对于总污染物的去除效果最佳，可以作为推荐的推广修复模式。

五、植物富集系数、转运系数、植物提取修复效率等参数比较

植物富集系数、转运系数、植物提取修复效率的计算公式分别如下：

$$\text{植物富集系数} = \frac{\text{植物地上部单个污染物的浓度}}{\text{土壤中残留的单个污染物的浓度}}$$

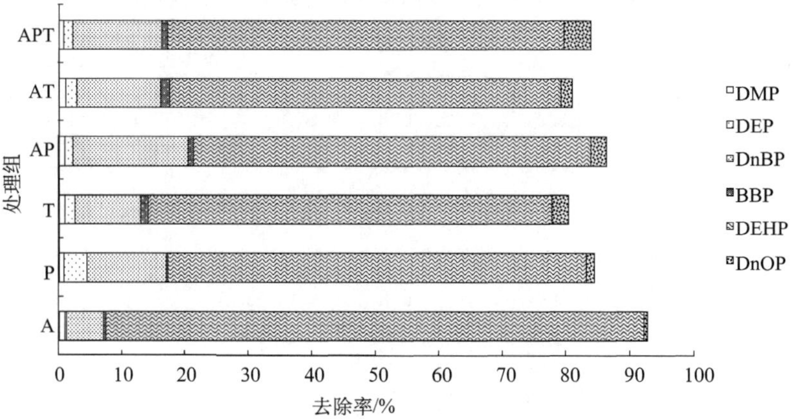

图 7-4　豆科禾本科植物组合修复后土壤中酞酸酯的总去除率

$$植物转运系数 = \frac{植物地上部单个污染物的浓度}{植物根部相应的单个污染物的浓度}$$

$$植物提取修复效率 = \frac{植物地上部单个污染物的浓度}{对照土壤中的六种目标污染物的总浓度}$$

如图 7-5 所示，三种植物混作处理时，植物富集系数最大，约为 350。这其中贡献率最大的应属混作组合中的紫花苜蓿，虽然处于混作模式下，但其生物富集系数较单作而言并无减少，反而有些许的增加。这一现象与其巨大的生物量呈现一定的正比关系。相对于其在土壤和植物体内的含量而言，DEHP 和 DnBP 的植物富集系数分别在三种植物单作和混作的处理条件下呈现较低的数值。而在土

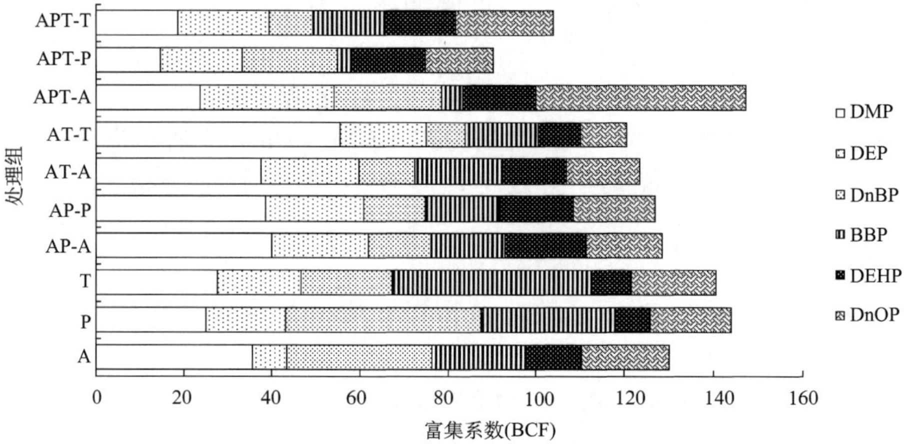

图 7-5　豆科禾本科修复组合各处理组的植物富集系数

壤和植物地上部含量不高，却在植物根部含量显示较高的组分 DnOP 则得到了较大程度的生物富集，尤其是三种植物混作处理中的紫花苜蓿。由于紫花苜蓿具有较大的地上部生物量，可能能够增加叶表面对 DnOP 的吸收量，从而导致根部获得更多的积累，因而生物富集系数较高。不同目标化合物的不同植物富集系数同样说明了植物原位修复的修复方式是可以根据当地的不同的实际污染状况来选择的，而使用三种植物混作的处理组合对于去除本试验地的特征性污染物可以起到较好的效果。

如图 7-6 所示，不同植物的转运系数与各种污染物本身的性质相一致，分子量小、烷基链短的组分，如 DEP 和 DMP 等，比较容易迁移，因而具有较大的转运系数；而对于分子量大、烷基链长、亲脂性高的 DEHP 和 DnOP 等组分来说，其植物转运系数则较小。而对于吸收方式较为特殊的 DnOP 来说，其植物转运系数越小说明从地上部吸收并转运的可能性越大。植物提取修复效率说明三种植物混作的组合仍显示了较强的修复优势。

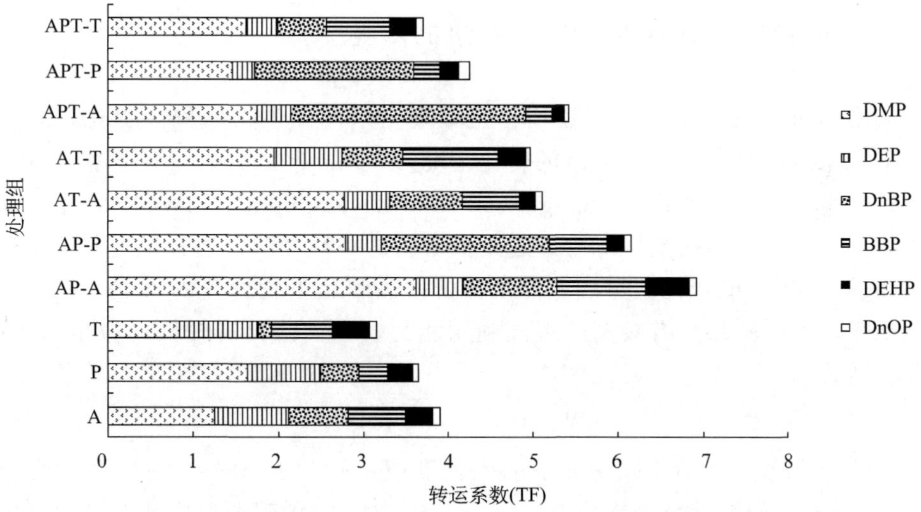

图 7-6 豆科禾本科修复组合各处理组的植物转运系数

图 7-7 中显示了植物提取修复效率的排序为三种植物混作＞紫花苜蓿单作＞黑麦草单作＞高羊茅单作＞紫花苜蓿-黑麦草间作＞紫花苜蓿-高羊茅间作，且效率在 1.18％～1.78％。三种植物混作的组合仍显示了较强的修复优势。

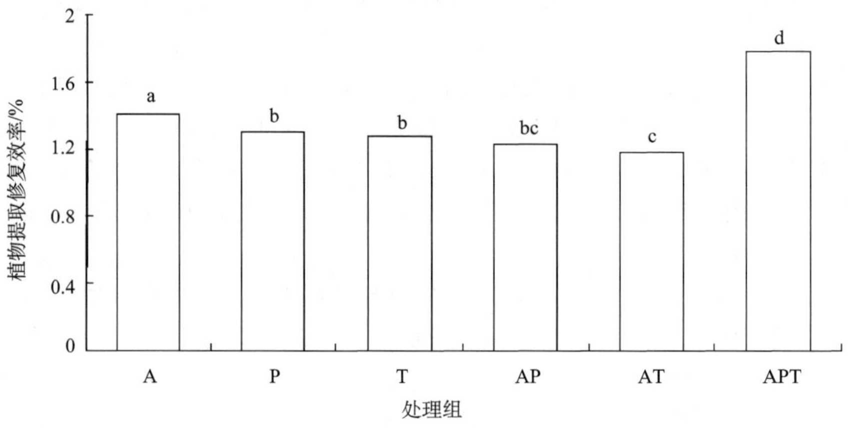

图 7-7　豆科禾本科修复组合各处理组的植物提取修复效率

六、不同植物修复处理对微生物群落的影响

采用 Biolog 法测定了不同植物修复处理组根际微生物的群落变化，分别采用以下三个指数描述微生物群落的变化情况。

每孔平均吸光度变化（average well color development，AWCD），用以衡量微生物利用不同碳源的整体能力。这是最常用的一种方法，通常经过对一系列读数时间的 AWCD 值变化趋势的差异来分析样品间微生物群落的不同。一般认为变化幅度较大的样品具有较高的碳源利用能力，也往往具有较高的微生物丰度。计算表达式为

$$\mathrm{AWCD}=\Sigma(Ci-R)/31$$

式中，Ci 为各反应孔在 590 nm 下的光密度值；R 为 EcoPlate 对照孔的光密度值；$Ci-R<0$ 的孔计算中记为 0，即 $Ci-R\geqslant 0$；每种碳源反应孔的平均颜色变化率 $\mathrm{AWCD}i=Ci\text{-}R$。

采用 Shannon 指数表征功能多样性较为常见。计算表达式为

$$H=-\Sigma pi \ln pi$$

式中，pi 表示有碳源的孔与对照孔的光密度值之差与整板总差的比值。

底物丰度平均值 Evenness（E）

$$\mathrm{E}=\mathrm{H}/\mathrm{Hm}=\mathrm{H}/\lg\mathrm{S}$$

式中，S 为底物丰度。

豆科与禾本科植物间混作修复组合的不同处理组土壤微生物在 BIOLOG 板

上培养的平均吸光度值见图 7-8。

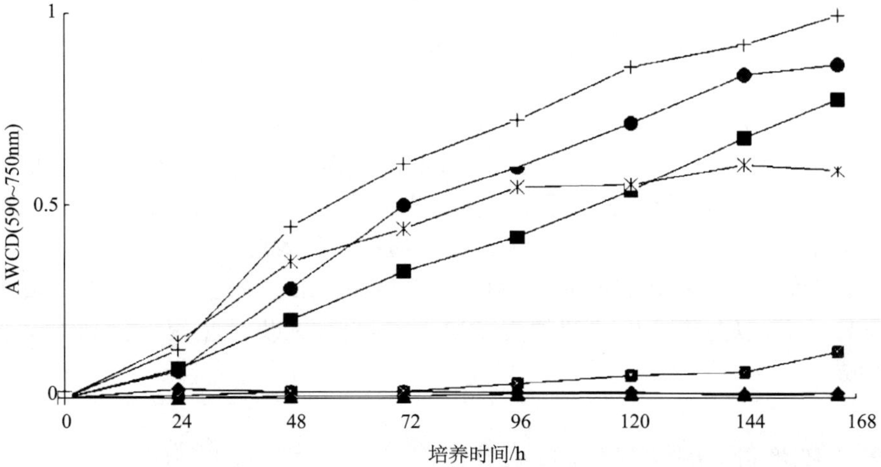

图 7-8　豆科禾本科修复组合各处理组的土壤微生物 AWCD 值

从图中可以看出，随着培养时间的增加，各处理组的 AWCD 值都在发生明显的上升。其中对照组与高羊茅单作的处理上升幅度最小，表明这两个处理条件下的微生物群落丰度较低。三种植物混作的组合仍然显示了最高的吸光度，这表明该处理条件下酞酸酯目标污染物较高的的去除率主要是通过土壤微生物的作用来实现的。从表 7-2 可知，三种植物混作的情况下微生物的丰度最高，碳源利用率最高，可被选为最佳修复种植模式。

表 7-2　豆科禾本科修复组合的微生物群落多样性变化

处理组	种群丰度 Richness (S)	种群多样性 Shannon 指数	均匀度指数 Evenness (E)
CK	10a	1.58±0.02a	>0.99
A	26d	2.38±0.03c	>0.99
P	14b	1.94±0.04b	>0.99
T	21c	2.08±0.03b	>0.99
AP	22.3c	2.65±0.04 d	>0.99
AT	24.3cd	3.06±0.07e	>0.99
APT	30.3e	3.77±0.05f	>0.99

第二节 紫花苜蓿与修复植物组合对酞酸酯污染土壤的修复作用

酞酸酯污染农田土壤同上节。设置6个试验处理，分别为对照处理组(CK)、紫花苜蓿单作（A)、紫花苜蓿-海州香薷混作（AE)、紫花苜蓿-伴矿景天混作（AS）以及紫花苜蓿-海州香薷-伴矿景天混（AES)，研究了豆科植物紫花苜蓿与海州香薷和伴矿景天对酞酸酯污染土壤的修复效应。采用田间微域的试验方法，在该农田中放置无底的PVC圆筒（高度30 cm，直径30 cm，圆筒高出表层土壤10 cm，以防止桶内外的物质交换)，桶内加入供试土壤，得到本试验的田间微域。

一、土壤中酞酸酯的组成和含量变化

如图7-9所示，在不同修复植物组合的作用下，经过一年的修复，六种酞酸酯目标污染物的总去除率在各组合中均超过了87%，且与对照组相比有极显著性差异（$P<0.01$)。各处理组按照效果排序分别为：紫花苜蓿-海州香薷间作(91.3%)＞紫花苜蓿-海州香薷-伴矿景天混作（89.4%）＞紫花苜蓿单作(87.2%)≈紫花苜蓿-伴矿景天间作（87.2%)。不同植物处理组在修复结束时均显示了良好的酞酸酯去除效果，且修复后单个目标污染物的浓度都下降到了美国的土壤污染允许浓度以下。修复后不论六种污染物的总浓度还是单个污染物的浓度，均比对照有显著降低，尤其是DEHP和DnBP两种组分，组分DEHP的去除效果最佳，可达到80%以上，DnBP去除率也在75%以上。其中紫花苜蓿所发挥的作用仍然是无法被忽视的。

该修复组合的特色是除了豆科植物紫花苜蓿之外的海州香薷和伴矿景天。这两种修复植物是长期以来被广泛应用于重金属污染土壤修复的重要修复植物，它们在对镉、锌等的超积累作用显著，通过减少土壤环境中的某些重金属的含量，为土壤微生物提供更好地生存和繁殖环境，从而促进了土壤微生物增殖，进而促进了土壤中酞酸酯的去除（Jiang et al.，2010；Wei et al.，2011)。在不同的种植模式下，紫花苜蓿-海州香薷间作显示了最佳的修复效果，究其原因除了修复植物本身的性质之外，目标污染物本身的性质以及土壤微生物的作用也是不可或缺的。除了紫花苜蓿之外，海州香薷也具有极大的生物量，这对于土壤中污染物的去除是很重要的优势，使它们分别能达到0.18～0.27 mg和0.17～0.25 mg每盆的总去除量，成为去除总量最高的处理。本修复组合中，间作处理为较优处理，更适合于大面积推广。

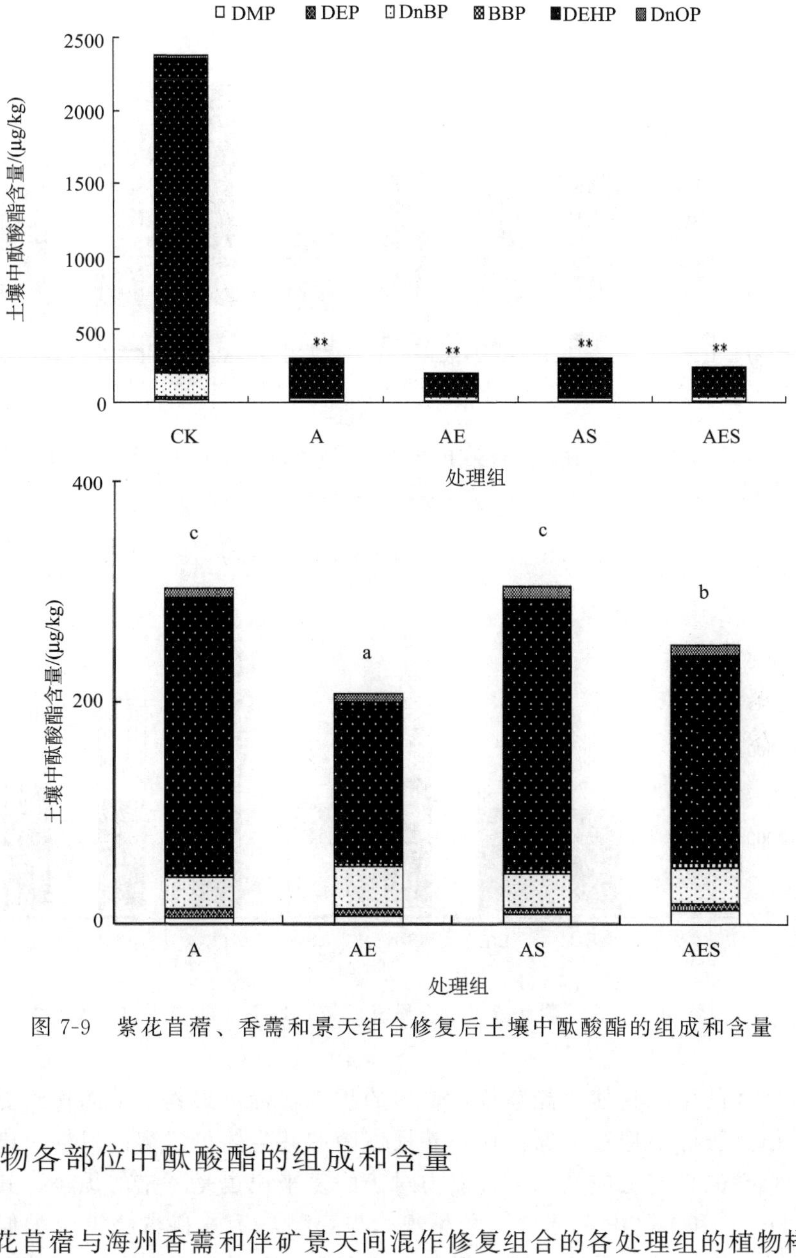

图 7-9　紫花苜蓿、香薷和景天组合修复后土壤中酞酸酯的组成和含量

二、植物各部位中酞酸酯的组成和含量

紫花苜蓿与海州香薷和伴矿景天间混作修复组合的各处理组的植物样品地上部、地下部的酞酸酯结果见图 7-10 和 7-11。

各植物地上部的六种酞酸酯污染物的含量为 2～5 mg/kg（干重），相对含量较高的仍然是三种植物混作的组合。而不论是间作还是混作，海州香薷都显示了比单作更好的酞酸酯积累效果。究其原因，主要与植物的生物量有关。与紫花苜

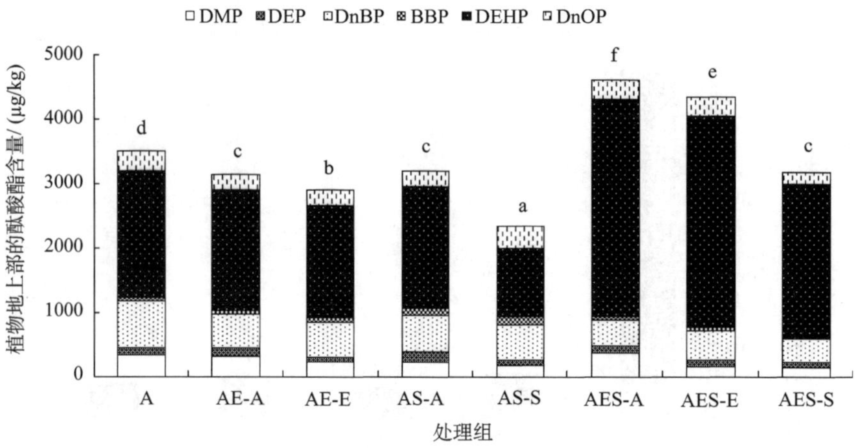

图 7-10　紫花苜蓿、香薷和景天组合修复后植物地上部酞酸酯的组成和含量

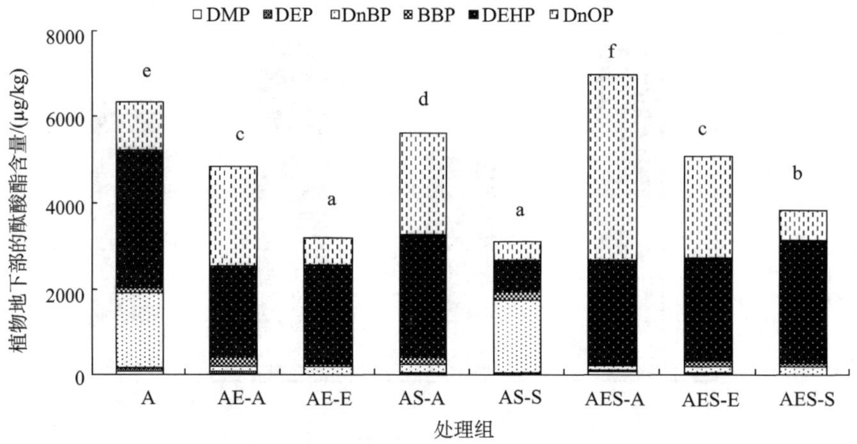

图 7-11　紫花苜蓿、香薷和景天组合修复后植物地下部酞酸酯的组成和含量

蓿类似，巨大的生物量使它能够相对更多的积累目标污染物，从而达到更好的去除效果。虽然香薷不像苜蓿那样存在着根瘤菌的共生体可以帮助目标污染物的去除，但是自身的良好适应性和生长能力对于修复来说也是不错的优势。其他关于DEHP、DnBP和DnOP的吸收、积累规律与豆科与禾本科植物组合类似。不过DnOP的积累特点更加明显，地上部和土壤中DnOP的含量越低，根部含量越高越说明它可能是通过大气先进入植物地上部之后再转移到根部的，但是关于此原因还需要进一步进行深入探究。某些情况下，DnOP的含量竟然可以达到总浓度的一半左右（AES-A）。

三、不同处理下修复植物的生物量

由表 7-3 可见，海州香薷在有限的微域中，其生物量已经达到了紫花苜蓿的两倍左右，再加上原本海州香薷对酞酸酯的积累也只是略低于紫花苜蓿，因而紫花苜蓿-海州香薷间作的处理显示了很好的优势。在三种植物混作的处理中，紫花苜蓿和海州香薷的生长都没有受到限制，反而都有所刺激。

表 7-3　苜蓿、香薷和景天修复组合植物的生物量变化

处理组植物	地上部生物量（g 干重/盆）	地下部生物量（g 干重/盆）	酞酸酯的去除量/mg	
A	58.31±3.59d	46.98±2.77e	0.20	
AE-A	26.51±0.68b	19.36±3.01b	0.18	0.35
AE-E	108.33±4.24f	23.28±1.55c	0.17	
AS-A	37.16±3.96c	30.15±3.62	0.19	0.33
AS-S	19.55±0.97a	2.78±0.05a	0.14	
AES-A	28.53±1.88b	18.87±2.73b	0.27	0.71
AES-E	68.23±4.58e	22.43±3.78c	0.25	
AES-S	16.36±1.38a	2.52±0.04a	0.19	

注：结果为四个平均值±SD。

按照上面的估算，混作组合对于每公顷污染土壤中的酞酸酯 0.22 g 左右，总体效果比豆科与禾本科组合差。究其主要原因可能是由于种植空间的限制，供试植物被局限在一个小的微域中，未能达到最佳的生长状态，导致了各种植物的生物量较豆科与禾本科组合少得多，从而影响了最终的总的修复效率。

四、不同处理下植物修复效率

如图 7-12 所示，不同处理组的总去除率均能达到 80%以上，但各处理组的总效率差别不大。总的去除效率与豆科禾本科的间混作组合相比略差。去除最明显的仍为 DEHP 和 DnBP 两种组分，三种植物混作的修复效果最佳，可作为今后推广的修复模式。

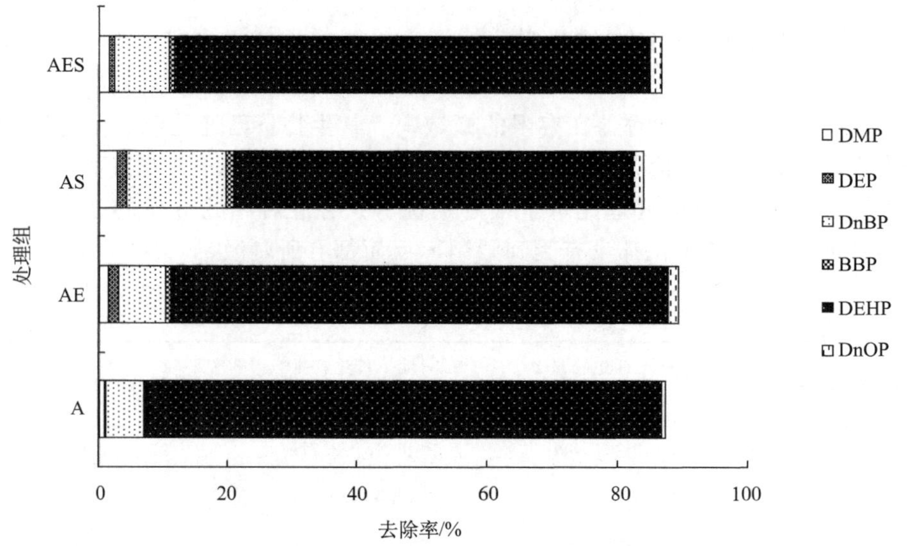

图 7-12　苜蓿、香薷和景天修复组合各处理组的酞酸酯的总去除率

五、植物富集系数、转运系数、植物提取修复效率等参数比较

根据上节公式，分别计算了紫花苜蓿与海州香薷和伴矿景天间混作修复组合的植物富集系数、转运系数、植物提取修复效率，结果见图 7-13～图 7-15。

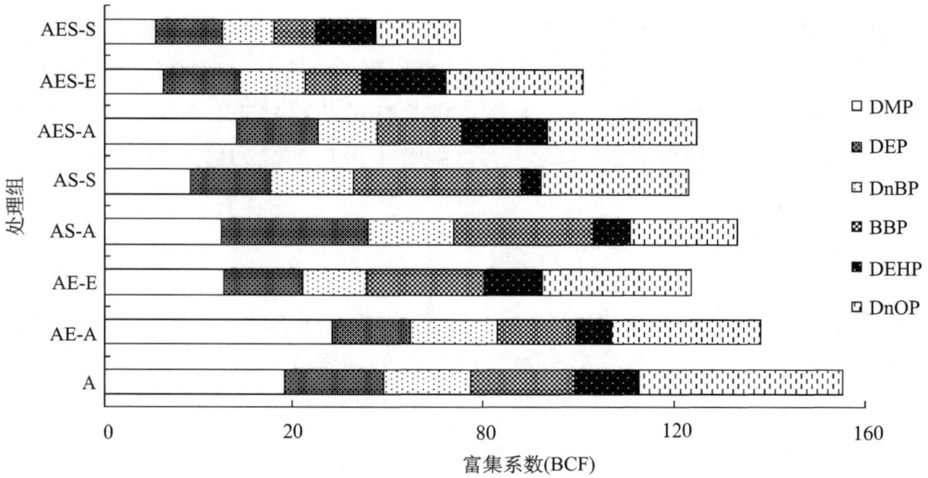

图 7-13　苜蓿、香薷和景天修复组合各处理组的植物富集系数

根据图 7-13 显示，在不同的种植模式下，紫花苜蓿都显示了对酞酸酯类物质的良好的生物富集能力，尤其是在单作的条件下，这与其巨大的地上部和地下部的生物量密不可分。对于特殊组分 DnOP 的富集尤其显示了这一优势。本植物组合的三种植物混作条件下，植物富集系数之和可以达到 310 左右，略低于豆科禾本科的间混作组合，但仍为推荐的修复模式。

图 7-14 显示本组植物的转运系数特点和趋势与豆科禾本科的间混作组合类似，尤其是 DEP、DMP 和 DnBP 的转运系数。紫花苜蓿作为全球种植最广泛的一种牧草，而且是一种豆科植物，其用于不同有机污染物的土壤修复均显示了良好的效果（Shen et al.，2009；Cheema et al.，2010；Xu et al.，2010）。而海州香薷和伴矿景天作为土壤中重金属的超积累植物的应用也屡见不鲜（Shi et al.，2004；Wu et al.，2006；Cui et al.，2009）。前期研究发现，试验地区土壤深受重金属 Pb、Cd 以及目标污染物酞酸酯的污染，此为选择两种超积累植物与紫花苜蓿搭配进行原位修复的立意所在。

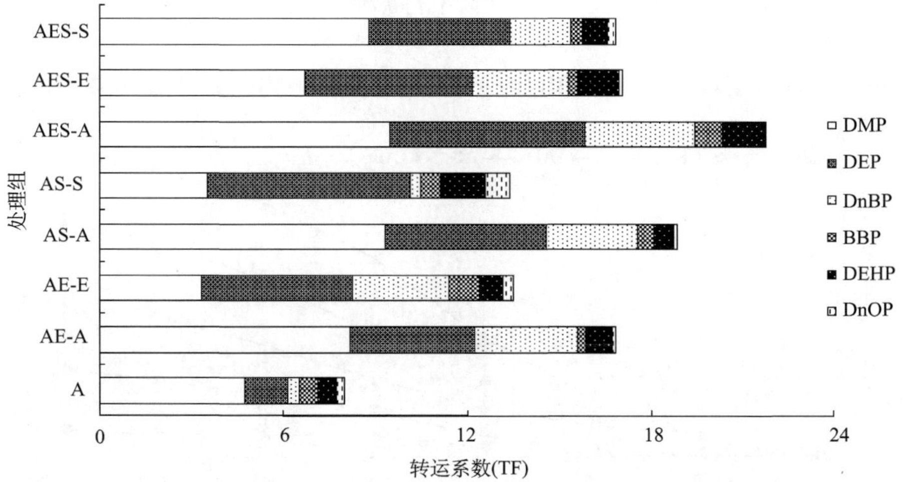

图 7-14　紫花苜蓿、香薷和景天修复组合各处理组的植物转运系数

不同植物组合处理下，植物提取修复效率介于 1.26%～1.69%，如此低的植物提取效率暗示了除了植物体本身的作用外，还存在着其他因素推动着土壤中的酞酸酯的消除，即微生物可能发挥着巨大的作用，因而还需要对不同处理组的土壤微生物群落变化进行探讨。不同组合的排序为三种植物混作＞紫花苜蓿单作＞紫花苜蓿-海州香薷间作＞紫花苜蓿-伴矿景天间作的处理。

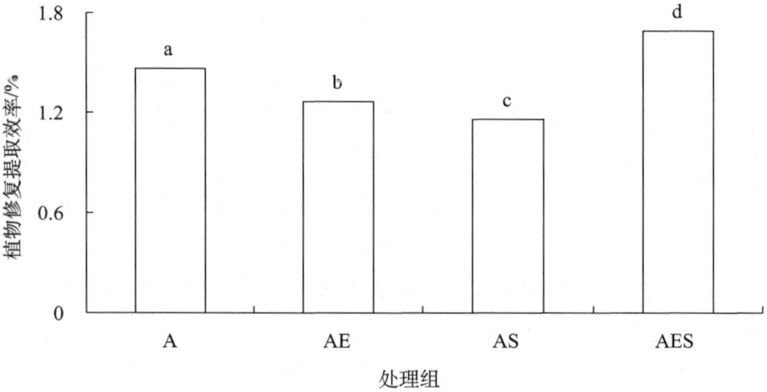

图 7-15 苜蓿、香薷和景天修复组合各处理组的植物提取修复效率

六、不同植物修复处理对微生物群落的影响

不同处理组土壤微生物在 BIOLOG 板上培养的平均吸光度值见图 7-16。

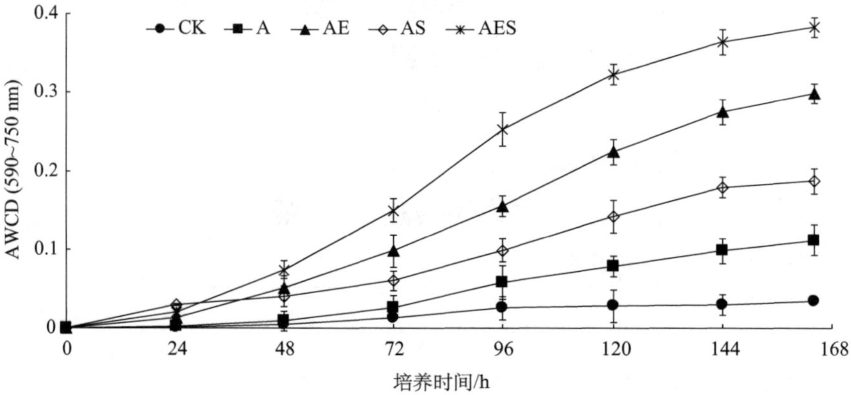

图 7-16 苜蓿、香薷和景天修复组合各处理组的土壤微生物 AWCD 值

图 7-16 显示，随着培养时间的增加，各处理组的 AWCD 值均明显上升，显示了土壤酞酸酯去除过程中土壤微生物的重要作用，且在 168 h 左右趋于平稳。其中对照组吸光度值上升幅度最小，而三种植物混作的组合仍然显示了最高的吸光度。表 7-4 中各种指数的趋势类似于豆科禾本科组合，仍以三种植物混作的情况下微生物的丰度最高，碳源利用率最高，为该植物组合方式下的最佳植物种植模式。

表 7-4　苜蓿香薷景天修复组合的微生物群落多样性变化

处理组	种群丰度 Richness (S)	种群多样性 Shannon 指数	Evenness (E) 底物利用均值
A	58.31±3.59d	3.78±0.07b	>0.99
AE	26.51±0.68b	3.37±0.01a	>0.99
AS	19.55±0.97a	3.41±0.04a	>0.99
AES	68.23±4.58e	4.03±0.03c	>0.99

第三节　植物与微生物联合修复酞酸酯污染土壤的应用前景

有机污染土壤的修复技术主要有化学修复、生物修复、化学与生物相结合的修复等。植物修复是有机污染土壤生物修复中较为有效的途径之一，主要以植物忍耐和超量积累为基础，基于植物及其共存微生物体系清除环境中的污染物。植物修复自进人实践应用阶段以来，目前仍主要集中于重金属污染土壤的修复。对于有机污染物的大面积修复仍基本处于试验阶段。

土壤中有机污染物的植物吸收一直受到学者们的关注。通过研究植物体内有机污染物的来源及其在作物不同组织间的分配和影响指出植物根系或者地上部可以吸收环境中的有机污染物，并将其吸收的一部分转移、积累在体内。研究发现，修复植物不仅可以通过根系吸收将土壤中的酞酸酯转运到自身体内，还能够通过地上部的叶片吸收某些特殊的酞酸酯组分，并达到良好的效果。对于重金属来说，有很多特异性的超积累植物可以用于土壤污染的修复，而对于有机污染物来说，各种植物的富集能力也有所区别。根据第三章对设施农业生产蔬菜基地的调查结果显示，某些叶菜类作物，如雪菜，对酞酸酯类物质的积累能力明显高于其他叶菜类。而对于本章前两节介绍的两组修复植物来说，紫花苜蓿的酞酸酯富集能力也明显高于其他几种植物，因此更适合于酞酸酯污染土壤的修复。今后根据不同植物的富集能力也可以筛选出更合适的植物修复种类和种植模式。植物吸收有机物后在组织间分配或挥发的同时还能在体内代谢或矿化这些有机物，使其毒性降低等，而这些过程主要是由植物体内的各种酶系来催化完成的，因此对植物体内酶系的研究也能促进对于合适的酞酸酯修复植物的筛选。

由于受到体内酶活性和数量的限制，植物本身对有机污染物的降解能力较弱。除了利用基因工程技术来增强植物本身的降解能力之外，充分发挥植物根际微生物的降解作用也是非常必要的。研究发现多种植物混作的种植模式能够明显增加土壤中的根际微生物的群落结构，这必然为土壤酞酸酯的去除起到至关重要的积极作用。因而植物与微生物的协同修复技术将是土壤有机污染植物修复领域的一个发展方向。有些植物的根际分泌物可改变有机污染物的吸附特性，提高植物对它的吸收转运能力，这种模式也具有很大的应用潜力。

环境中酞酸酯的生物降解被认为是这类有机污染物最主要的生物去除的方法。自20世纪以来，各种好氧的、厌氧的微生物以及兼性厌氧的微生物被分离出来，用于酞酸酯类污染物的降解。在未来的原位修复研究中，可以将筛选到的酞酸酯类污染物的降解菌与修复植物同时引入污染土壤体系，使植物修复作用发挥的同时又得到外来降解菌的辅助作用，从而更有效地去除土壤中的酞酸酯，因而植物与微生物的联合修复具有非常广阔的前景。

参考文献

Cheema S A, Khan M I, Shen C F, et al. 2010. Degradation of phenanthrene and pyrene in spiked soils by single and combined plants cultivation. Journal of Hazardous Materials, (1-3): 384-389.

Cui L Q, Wu L H, Li N, et al. 2009. The effect of water content in the soil to the growth and absorptive of heavy metal of *Sedum plumbizincicola*. Soils, 4: 572-576.

Jiang C A, Wu Q T, Sterckeman T, et al. 2010. Co-planting can phytoextract similar amounts of cadmium and zinc to mono-cropping from contaminated soils. Ecological Engineering, 36 (4): 391-395.

Schmitzer J L, Scheunert I, Korte F. 1988. Fate of bis (2-ethylhexyl) [14C] phthalate in laboratory and outdoor soil-plant systems. Journal of Agricultural Food and Chemistry, 36 (1): 210-215.

Shen C F, Tang X J, Cheema S A, et al. 2009. Enhanced phytoremediation potential of polychlorinated biphenyl contaminated soil from e-waste recycling area in the presence of randomly methylated-β-cyclodextrins. Journal of Hazardous Materials, (2-3): 1671-1676.

Shi J Y, Chen Y X, Tian G M, et al. 2004. Copper uptake mechanism of *Elsholtzia splendens* and *Commelina communis*. Plant Nutrition and Fertilizer Science, 10 (6): 642-646.

Xu L, Teng Y, Li Z G, et al. 2010. Enhanced removal of polychlorinated biphenyls from alfalfa rhizosphere soil in a field study: The impact of a rhizobial inoculum. Science of the Total Environment, 408 (5): 1007-1013.

Wang J W, Du Q Z, Song Y Q. 2010. Concentration and risk assessment of DEHP in vegetables around plastic industrial area. Journal of Environmental Science, 31 (10): 2450-2455.

Wei Z B, Guo X F, Wu Q T, et al. 2011. Phytoextraction of heavy metals from contaminated soil by co-cropping with chelator application and assessment of associated leaching risk. International Journal of Phytoremediation，13 (7)：717-729.

Wu L H，Zhou S B，Bi D，et al. 2006. *Sedum plumbizincicola*，a new Sedum found in China. Soils，5：632-633.

Zeeb B A，Amphlett J S，Rutter A，et al. 2006. Potential for phytoremediation of polychlorinated biphenyl- (PCB) -contaminated soil. International Journal of Phytoremediation，8 (3)：199-221.

Zhang Z H，Jin S W，Duan J M，et al. 2010. Surface soil contamination levels of phthalates in Taizhou electronic waste disposing district. Journal of Wuhan Institute of Chemical Technology，32：28-32.

第八章　酞酸酯污染土壤的微生物修复

邻苯二甲酸酯（Phthalate ester acids，PAEs）作为一类主要的增塑剂，广泛分用于塑料制品中，并随着这些物品的生产、使用和处理而分布于各类环境介质中，土壤被认为是 PAEs 最大的库和汇。PAEs 污染土壤的微生物修复技术中需要解决的首要问题是高效降解菌株的筛选和构建。Chang 等筛选出两株对邻苯二甲酸酯具有降解效果的鞘胺醇单胞菌属（Sphigomonas）和棒状杆菌（Corynebacterium），Zeng 等（2002）和 Carrara 等（2013）研究表明假单胞菌和枯草芽孢杆菌对 DEHP 具有较好的降解效果，另有许多学者分离出多种具有降解短链 PAEs 功能的红球菌属细菌菌株。但是，有关能降解 DEHP 的球状红球菌种质资源很少被发现。目前关于球状红球菌对 DEHP 污染土壤的修复效果尚无报道。鉴此，从 PAEs 污染设施菜地土壤中分离筛选出一株对 DEHP 具有良好降解性能的球状红球菌 WJ4，研究了该菌对 DEHP 污染土壤的修复效应，为进一步研发 PAEs 污染土壤的生物修复提供了科学依据和新思路，具有十分广泛的应用潜力。

第一节　酞酸酯降解菌的筛选、分离与鉴定

一、培养基的制备

改良基础盐培养基（降解培养基，MM，g/L）：NH_4NO_3 1.0 g，$MgSO_4 \cdot 7H_2O$ 0.5 g，$CaCl_2 \cdot 2H_2O$ 10 mg，$(NH_4)_2SO_4$ 0.5 g，KH_2PO_4 0.5 g，NaCl 0.5 g，K_2HPO_4 1.5 g，$MnSO_4 \cdot H_2O$ 20 mg，微量元素溶液 1 mL，加超纯水至 1 L,pH 为 7.0。微量元素溶液：每升添加 $FeSO_4 \cdot 7H_2O$ 2.0 g，$MnSO_4 \cdot H_2O$ 2.0 g，$ZnSO_4 \cdot 7H_2O$ 0.5 g，$Na_2MoSO_4 \cdot 2H_2O$ 0.5 g，$CuSO_4 \cdot 5H_2O$ 0.4 g，$NiCl_2 \cdot 6H_2O$ 0.2 g 和 H_3BO_4 0.20 g。添加 DEHP，使其浓度达到 200 mg/L，作为唯一碳源。

牛肉膏蛋白胨琼脂培养基（LB，g/L）：酵母粉 5.0 g，蛋白胨 10.0 g，NaCl 10.0 g，琼脂粉 18 g，加超纯水至 1 L。用 2 mol/L HCl 和 2 mol/L NaOH 溶液调整培养基的 pH 在 7.0，121 ℃灭菌 20 min。培养基采用超纯水配制。

二、降解菌的筛选、驯化

DEHP 降解菌分离方法采用土壤悬液摇瓶法筛选并驯化。称取 5 g 设施菜地土壤于 150 mL 含有 50 mL 无菌水的三角瓶中在 30 ℃，150 r/min 好氧培养 2 d 后，取 5 mL 土壤菌悬液 100 mL 的以 100 mg/L DEHP 为唯一碳源的基础盐培养基中。30 ℃，150 r/min 好氧培养 5 d 后，以 1%wt 的接种量连续富集、转接 5 次。富集培养液经测定有降解效果后，提高富集培养液中 DEHP 的浓度至 200 mg/L，继续富集。转接 5 次经测定有降解效果后，稀释 10^4 ～ 10^6 涂布 150 μL至 LB 平板上，30 ℃培养。待平板上出现单菌落后，挑取单菌落划线 3～4 次进行纯化，纯化后将菌株转接至 200 mg/L DEHP 为唯一碳源的基础盐培养液三角瓶中，30 ℃、150 r/min 摇培，分析单菌的降解效果。

三、降解菌的生理生化特征

（一）降解菌的形态与生理生化分析方法

菌株形态采用染色，尼康双筒光学显微镜成像（100 ×，DXM 1200F）并利用其自带的拍照系统（尼康 E 400，日本）进行拍照和图片分析；降解菌菌株的生理生化特性测定指标包括 9 项：甲基红实验（M. R. 试验）、乙酰甲基甲醇试验（V. P. 试验）、接触酶试验（过氧化氢酶试验）、氧化酶试验、硝酸盐还原试验、吲哚试验、液化明胶试验、柠檬酸利用试验和糖酵解试验（葡萄糖、乳糖）。

（二）降解菌的形态特征

通过分离纯化从设施菜地土壤中筛选得到 4 株 DEHP 降解菌，将其中一株能较好降解 DEHP 的菌编号为 WJ4。WJ4 在 LB 培养基平板上培养 48 h 后，菌落呈淡黄色、圆形、黏质不透明、边缘整齐、表面隆起、湿润光滑，菌落直径一般在 1.0～2.5 mm。经染色镜检，该菌为革兰氏阳性，菌体呈球状或短杆状（图 8-1）。

（三）降解菌的生理生化特性

菌株 WJ4 的生理生化特性测定结果见表 8-1。由表 8-1 可知，菌株 WJ4 的甲基红和 V. P. 反应阳性，过氧化氢酶和接触酶测定阳性，氧化酶测定阴性，不能利用硝酸盐和柠檬酸盐，能利用淀粉，不能液化明胶，吲哚试验呈阴性，蔗糖、葡萄糖发酵产酸产气，乳糖发酵不产酸不产气。

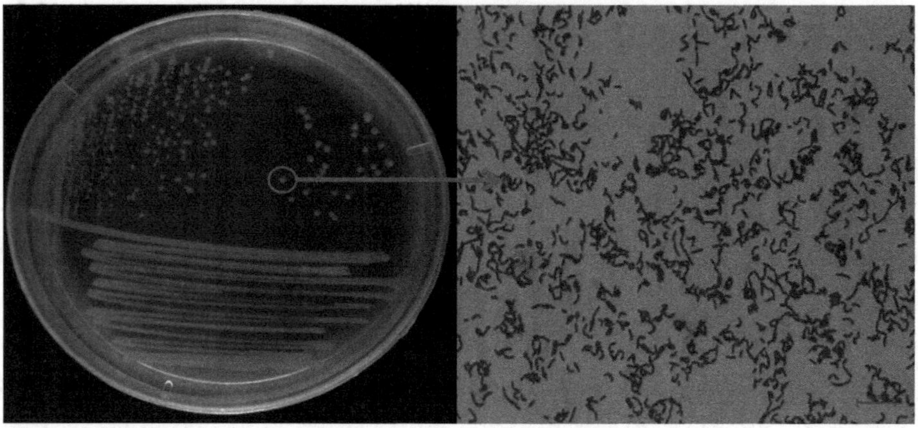

图 8-1　WJ4 菌落形态及菌株显微镜照片（100×）

表 8-1　菌株 WJ4 的生理生化特征

试验名称	试验结果	试验名称	试验结果
甲基红试验	－	淀粉利用情况	－
V. P. 反应	－	明胶液化试验	－
过氧化氢酶测定	＋	吲哚试验	－
氧化酶测定	－	蔗糖、葡萄糖发酵试验	＋
硝酸盐利用情况	＋	乳糖发酵试验	－
柠檬酸盐利用情况	＋		

“＋”表示可以利用和阳性，“－”表示不能利用和阴性。

四、酞酸酯降解菌的分子鉴定

（一）菌株的分子鉴定方法

将 WJ4 菌株转接至 LB 培养液扩大培养，离心收集菌体，按照 OMEGA 的 E. Z. N. A 细菌 DNA 提取试剂盒提供的方法提取菌体总 DNA。用细菌 16S rDNA 扩增通用引物（生工生物工程（上海）有限公司合成）对 WJ4 基因组进行 PCR 扩增。上游引物：5′-AGAGTTTGATCCTGGCTCAG-3′（*Escherichia coli* 对应位置为 8～27）；下游引物：5′- TACCTTGTTACGACTT -3′（*E. coli* 对应位置为 1507～1492）。以 WJ4 总 DNA 为模板，50 μL 体系为：模板 1 μL，Premix rTaq（包括 Taq 酶、Buffer、dNTP、Mg^{2+}）25 μL，引物（20 mmol/L）各1 μL，超纯水 22 μL。聚合酶链式反应条件：94 ℃，10 min；94 ℃，30 s；

55 ℃,30 s；72 ℃，1.5 min；循环 35 次，72 ℃ 延伸 10 min。PCR 产物经 1.2%琼脂糖凝胶，于 120V 电泳 30 分钟。PCR 产物采 Axygen 凝胶回收试剂盒纯化后酶连至 pMD-18 T 载体（TAKARA 公司），转化 E·coliDH5α 感受态细胞，挑取阳性克隆，验证插入片断后测序（由生工生物工程（上海）有限公司完成）。将测序结果与 GenBank 中的 16S rDNA 序列进行同源性比较。

（二）酞酸酯降解菌的分子特性

以菌株 WJ4 基因组 DNA 为模板，利用细菌 16S rDNA 通用引物进行 PCR 扩增，得到长度为 1428bp 的扩增产物。测序工作委托英潍捷基生工生物工程（上海）贸易股份有限公司完成。根据 GeneBank 序列同源性比较，球状红球菌（Rhodococcus globerulus）WJ4 菌株与 Rhodococcus globerulus strain DSQ17（GenBank 登录号 HM217119）同源性为 100%，结合其形态特征和生理生化特性结果，初步将该菌鉴定为球状红球菌（Rhodococcus globerulus）。图 8-2 是该菌株的 16S rDNA 的系统发育树。

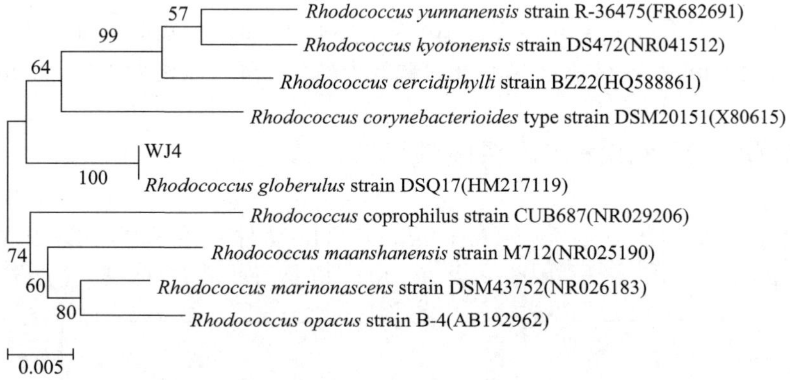

图 8-2　菌株 WJ4 的 16S rDNA 的系统发育树

第二节　酞酸酯降解菌的降解特性

一、酞酸酯降解菌的降解体系与实验

将灭菌的降解培养基，以每瓶 15 mL 分装在 150 mL 玻璃三角瓶中待用（DEHP 的浓度为 200 mg/L）。将 LB 培养基中培养至对数期的菌液 12 000 r/min 离心 5 min收集菌体，用 pH=7.0 的 0.05 mol/L 磷酸缓冲液洗涤 3 次后重悬，并调节 $OD_{600\ nm}$ 至 1.0 作为降解试验的接种菌液。向降解培养基中接种 1 mL 菌悬液，

设接种灭活菌悬液处理为对照（CK）。将离心瓶放于 30 ℃、150 r/min 摇床培养 7 天，分别在第 0 d、1 d、2 d、3 d、4 d、5 d 和 7 d 时取样，测定其 DEHP 浓度和菌的生长情况（$OD_{600\ nm}$）。

二、降解体系中酞酸酯的提取与测定

取样后先加入 100 μL 高氯酸终止反应。萃取相用色谱级的正己烷，按照每 1 mL 样品中加入 3 mL（三倍体积）的正己烷萃取，加入 0.4 g 硫酸铵作破乳剂，涡旋振荡 3 min，静置 1 h。待样品分层稳定后，取上层有机相转移到玻璃离心管中，并加入 0.4 g 无水硫酸钠脱水，取 1 mL 用正己烷定容至 5 mL 待 GC-MS 分析。每批样品设 3 组平行数据。用已知浓度的标准品检测样品回收率，其平均回收率达到 98%。表明该方法能够满足实验要求。

色谱条件：采用带有质量选择检测器和自动进样器的 Agilent 5975-7890C 型气相色谱质谱联用仪分析。色谱柱：DB-5 弹性石英毛细管柱（30 m×0.25 mm×0.25 μm），进样温度为 250 ℃，检测器温度为 280 ℃。程序升温：初始温度为 50 ℃，保留 1.0 min，15 ℃/min 梯度升温至 200 ℃，保持 1 min，然后 8 ℃/min 梯度升温至 280 ℃，持续 3 min。不分流进样 1 μL，载气为高纯氦气，流速为 1.2 mL/min。

三、酞酸酯降解菌在液相体系中的降解效果

球状红球菌（*Rhodococcus globerulus*）WJ4 菌株对溶液中 DEHP 的降解动态结果如图 8-3 所示。由图 8-3 可知，接入球状红球菌（*Rhodococcus*

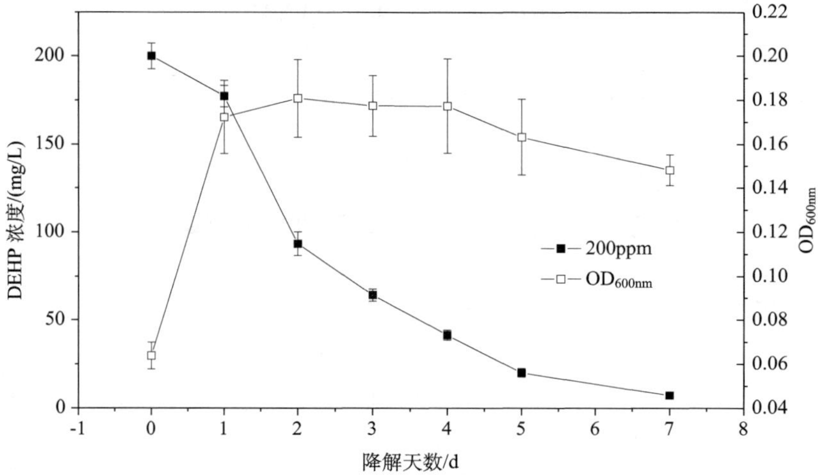

图 8-3　菌株 WJ4 对 DEHP 的降解效果

globerulus）WJ4 进行生物降解后，溶液中 DEHP 的降解率显著增加，在第 1 d、3 d、5 d 和 7 d 时降解体系中 DEHP 的浓度分别为 177.18 mg/L、64.29 mg/L、20.05 mg/L 和 7.28 mg/L。试验组与对照组之间存在显著差异（$P<0.05$），在 200 mg /L 初始浓度条件下，第 1 d、3 d、5 d 和 7 d 时，该菌对 DEHP 的降解率相对于灭菌对照分别达到了 11.4%、51.7%、89.7%和 96.4%。在加入灭活菌液的对照组中，DEHP 的浓度为（193.44±3.90）mg/L，这可能是由于 DEHP 在提取纯化过程中挥发或发生光解等非生物因素造成。

第三节 酞酸酯污染土壤的微生物修复效应

一、酞酸酯污染土壤的制备与试剂

供试土壤：采自南京市栖霞区农田土壤，未检出 PAEs，pH 为 6.32±0.21，风干后过 60 目筛，向其中添加 DEHP、DnBP 和 DnOP，使土壤中 DEHP、DnBP 和 DnOP 含量分别达到 1000 mg/kg。

主要化学品：DEHP、DnBP 和 DnOP 购自北京百灵威化学技术有限公司。丙酮、正己烷等有机溶剂均为分析纯，重蒸后使用。硫酸为优级纯，无水硫酸钠（分析纯）、硅胶（100～200 目，分析纯）、中性氧化铝（分析纯）400℃活化 6 h，冷却后置于全玻璃容器中密封贮存，待用。另备色谱纯正己烷。

二、降解菌对酞酸酯污染土壤的修复试验

试验设置 2 个处理：试验组（BT）：接种 20%活菌液，对照组（CK）：接种 20%灭活菌液。每个处理 3 次重复。球状红球菌菌液浓度为 3×10^8 cfu/mL。称取供试土壤 100 g（干重）装入培养瓶，向其中添加 DEHP 的丙酮溶液，至终浓度为 1000 mg/kg（干重）土。向土壤中接种球状红球菌菌悬液 20 mL，充分拌匀。将土壤含水量调整到田间持水量（water-holding capacity，WHC）的 50%，在 30 ℃恒温箱中培养，分别在第 0 d、1 d、3 d、7 d、14 d 和 21 d 取样分析测定土壤 PAEs 含量变化。

称取冷冻干燥土壤样品 1.5 g 放入离心管，加入体积比 1∶1 的丙酮和正己烷混合溶剂 20 mL，涡旋混合仪振荡数秒，静置 12 h 浸提。在水温 25 ℃，频率为 100%条件下超声提取 30 min，离心（3000 r/min，2 min），上清液过滤，滤液收集至茄形瓶中。重复超声提取 2 次。将三次离心液 60 mL 旋转蒸发（350 mbar，80 r/min，水浴锅 40 ℃）近干（800 μL），加入 5 mL 正己烷替换 1 次，浓缩至 1 mL 后转入复合硅胶柱层析纯化。复合硅胶柱（长 250 mm，内径

10 mm)内依次装填无水硫酸钠、中性氧化铝、硅胶和无水硫酸钠（W/W = 1∶3∶4∶1)。用15 mL正己烷淋洗该柱，再用正己烷：丙酮（体积比，4∶1）溶液淋洗该柱，弃去淋洗液，然后加入处理后的样品提取液，用40 mL正己烷：丙酮（体积比，4∶1）溶液洗脱，洗脱液旋转蒸发浓缩至1 mL，加入5 mL正己烷替换溶剂并浓缩至近干，正己烷定容为1 mL转入进样瓶，待上机分析。

色谱条件：采用带有质量选择检测器和自动进样器的Agilent 5975-7890C型气相色谱质谱联用仪分析。色谱柱：DB-5弹性石英毛细管柱（30 m×0.25 mm×0.25 μm)，进样温度为250 ℃，检测器温度为280 ℃。程序升温：初始温度为50 ℃,保留1.0 min，15 ℃/min梯度升温至200 ℃，保持1 min，然后8 ℃/min梯度升温至280 ℃，持续3 min。不分流进样1 μL，载气为高纯氦气，流速为1.2 mL/min。

三、降解菌对酞酸酯污染土壤的修复效果

经过21 d的球状红球菌（*Rhodococcus globerulus*）WJ4的生物强化修复后，各处理中污染土壤DEHP的残留量变化动态见图8-4。与接灭活菌液的对照组相比，接种活菌球状红球菌（*Rhodococcus globerulus*）WJ4显著促进了污染土壤中DEHP含量的降低，在第0 d、1 d、3 d、7 d、14 d和21 d，土壤中DEHP的残留量分别为958.14 mg/kg、892.48 mg/kg、856.58 mg/kg、

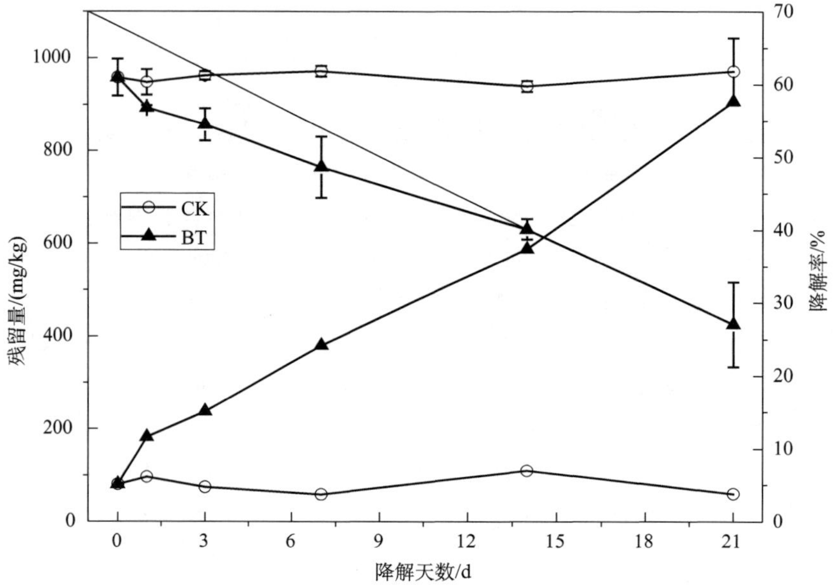

图8-4　WJ4对污染土壤中DEHP的降解效果

764.65 mg/kg、630.49 mg/kg 和 425.02 mg/kg，在第 21 d 降解率达到了 57.5%，各处理土壤中 DEHP 的残留量均随修复时间的延长而逐步降低。

四、降解菌对土壤中酞酸酯的共代谢

由图 8-5 可知，土壤中 PAEs 生物可降解程度与其侧链长度和原子数量有关，随着侧链的增长，生物可降解性逐渐降低。土壤中 PAEs 浓度随培养天数的增加而逐渐降低，DnBP 在第 0 d、1 d、3 d、7 d、14 d 和 21 d 时的残留浓度分别为初始浓度的 100%、98.7%、76.2%、65.3%、41.5%和 2.0%；DEHP 分别为 100%、93.1%、89.4%、79.8%、65.8%和 44.4%；DnOP 分别为 100%、95.1%、91.8%、85.7%、67.1%和 44.9%。DnBP 浓度在 14～21 d 下降迅速，而在 1～14 d 内相对较为缓和，这可能是由于前期 DEHP 和 DnOP 降解过程产生了 DnBP，从而使得其在土壤中浓度下降缓慢。土壤中 DEHP 和 DnOP 的残留浓度在 21 d 时降解趋于稳定，从而使得土壤中 DnBP 浓度相对稳定。微生物具有优先选择利用结构相对简单化合物的特性，当土壤中 DnBP 大量存在时，其开环过程相对简单。因此，在 DEHP 和 DnOP 含量趋于平稳时，DnBP 被微生物开环降解，其残留浓度迅速降低。

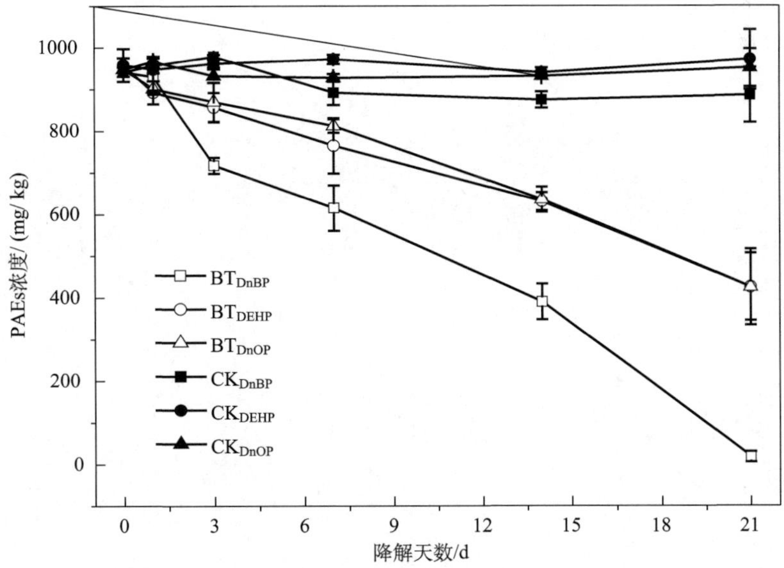

图 8-5　WJ4 对土壤中 PAEs 同系物的共代谢

参考文献

Carrara S M C M, Morita D M, Boscov M E G. 2013. Biodegradation of di-（2-ethylhexyl）phthalate in a typical tropical soil. Journal of Hazardous Materials, 197: 40-48.

Chang B V, Yang C M, Cheng C H, et al. 2004. Biodegradation of phthalate esters by two bacterial strains. Chemosphere, 55 (4): 533-538.

Zeng F, Cui K Y, Sheng G Y, et al. 2002. Biodegradability of di（2-ethylhexyl）phthalate by *Pseudomonas fluorescens* FS_1. Water Air and Soil Pollut ion, 140 (1-4): 297-305.

第九章　设施农业中农膜污染防治与调控对策

我国设施农业条件下农膜污染问题主要体现在农膜残留和废旧农膜回收处置方式不当。究其原因，主要包含以下 6 点：①大量使用质量差的超薄农膜。笔者的研究数据显示，我国部分典型设施农业区内 64％的农户使用厚度为 0.002～0.004 mm 的地膜，这种超薄地膜易破碎，残留率较高，极易导致污染。不仅如此，一些非法生产企业为了达到增加重量、降低成本的目的，还会在生产中添加聚乙烯再生料，导致地膜的拉伸等物理机械性能大大降低，使得本身易破碎的超薄地膜更容易老化。②使用聚乙烯等极难降解材料。不论是我国还是国外的农膜，主要成分均是聚乙烯、聚氯乙烯等极难降解的有机物质，这些有机物一旦残留于环境中可以存在上百年都不降解，给农膜使用带来了严重后患。即使目前开发的新型可降解农膜材料，虽然添加了一些可降解成分，但是主要成分仍然以塑料为主。③回收处置方式不规范。我国尚未实现统一规范化的废弃农膜回收处置方式，废弃农膜的去向多数是残留于土壤中、焚烧或者置于垃圾填埋场处置，这些方式均会对环境造成一定危害。④农民环保意识薄弱。环保意识直接左右着农民捡拾农膜或处置农膜的方式，这也是目前我国农业生产中普遍存在的问题之一。⑤管理部门监管力度不够。笔者在调查中发现，相比农药和化肥问题，相关管理部门对于农膜污染问题的调查和管理力度较薄弱，这可能也和相关政策规范不到位有关。

针对以上设施农业条件下暴露的农膜污染问题及成因，笔者分别从经济、技术和管理层面给出了几点建议。

第一节　设施农业中农膜应用的经济对策

一、对生产和使用劣质和超薄农膜的企业和个人予以处罚

我国农膜产量和使用量均占世界之首，但由于高档及可降解农膜价格较昂贵，生产中使用的中低档农膜产品占总产品量的 98％，超薄地膜占总使用量的 64％，也就是说我国农膜市场中流通的大部分是质量较差的超薄地膜。针对此现象，有关部门首先应对生产不合格农膜的生产企业给予经济处罚，其次对使用不合格农膜的个人或者企业予以罚款。另一方面，随着农膜市场的不断扩大，一些农膜生产企业之间存在着不当经营和恶意竞争的现象，有关部门也应对其给予严

格的经济处罚，并严格调控农膜生产原料的市场价格，从而有效防止哄抬炒高原料物价的发生。

二、对生产和使用优质和环保替代性农膜的企业和个人予以补贴

相对于处罚，也要对生产和使用优质和环保替代性农膜的企业和个人予以一定的补贴和优惠，激励生产企业生产优质的合格农膜，并鼓励一些生产企业研发和生产价格偏贵的可降解农膜。具体做法可采取：制定相应的金融、税收政策和财政政策，设立专项贷款扶持有能力的农膜生产企业改进生产工艺，提高可降解农膜的生产，并对主动改进农膜生产质量，建设可降解农膜生产线的企业给予奖励、税收减免和信贷扶持，对销售可降解农膜的农膜销售部门给予一定的财政补贴，对购买使用可降解农膜的农户给予一定的价格补偿。目前，为引导农民使用合格地膜，提高其参与的积极性，我国已在新疆、甘肃等农膜残留严重的地区建立了试点，对农民购置 0.008 mm 以上地膜给予补贴。当然在经济补偿的同时，也要严加监管市场价格走向，严防以此经济补偿政策为抓手的各种哄抬价格、恶意竞争的恶劣事件出现。

三、扶持和建立废旧农膜回收和加工企业

目前，我国尚缺乏有效的废旧农膜回收处置及二次加工使用的政策和机制，这种情况下，各级政府可以通过扶持和建立废旧农膜回收和加工企业来促进废旧农膜的回收，引导农民减少不规范处置农膜的行为。例如，各级政府财政可以设立专款用于在设施农业发达、地膜覆盖密集的地区建设一批废旧农膜回收点，并在该地区扶持相关企业建设废旧农膜回收加工厂，从事废旧农膜回收加工再生；还可以对自愿新建和扩建的废旧农膜回收点或加工厂在一定期限内实行免税政策，并在物流、运输及燃油方面给予一定的资金补偿。事实上，一些地区已开始试点工作，例如 2011 年，新疆就安排专项资金，由新疆农业厅实施农田废旧地膜回收利用项目，从地膜使用、回收和资源化利用等环节入手，探索农田“白色污染”综合治理工作机制。

四、设立研发环保农膜和废旧农膜加工使用方法的专项基金

不论是对新型可替代环保型农膜的研发，还是对废旧农膜二次加工使用方法的开发，均是对改善农膜污染问题的有效驱动力，但同时也需经历对新技术进行开发并逐渐实现产业化这一过程。为了推进这一过程，有关部门可以加大科研资

金投入，重点资助一批与可降解农膜、农膜替代材料、新型生产工艺、废旧农膜再利用以及废旧农膜资源化等相关的科研项目。同时，还可以加大对残留农膜引起的污染物环境行为方面的研究经费，明确农膜残留带来的主要危害和作用机理，为改善生态环境和保障人体健康提供指导。

第二节　设施农业中农膜应用的技术对策

一、探索高质量农膜的生产技术

相关数据以表明，我国农膜市场中流通的大部分是机械性能较差的超薄地膜，这种地膜强度小易破碎，不利于清理回收，从而导致污染。因此，从农膜的生产源头抓起，摸索并开发生产高质量农膜的技术是非常重要的。例如，在制备农用地膜时，通过改进生产工艺和材料，添加一些抗老化物质和表面活性剂，减轻地膜破碎程度，方便残膜回收；研究适合不同地区种植模式的地膜宽度，宽幅地膜可以有效地减少地膜在土壤中的残留量。因此，通过改善农膜的规格，提高农膜使用性能，能有效改善和降低农膜应用的环境污染问题。

二、新型可替代环保型农膜及原料的开发

真正意义上从源头控制农膜污染的方法就是使农膜原料无害化，即研发并推广新型可替代农膜，即可降解农膜，以及研发可降解的原料。美国、日本及欧洲等国家在可降解地膜的研发和应用均走在了世界的前列，我国 20 世纪 70 年代开始研究添加型光降解塑料地膜，随后在此基础上研发出同时具有生物降解功能的塑料地膜，但由于其降解不完全、可控性差等缺点，研究重点转移到完全生物降解地膜的开发应用上，并且目前处于示范推广阶段（黎先发，2004；严昌荣等，2006）。目前，我国已在部分地区建立试点来推广可降解地膜的应用。例如甘肃省通过示范带动，于 2012 年推广 1333 公顷可降解地膜，并在 2013 年继续扩大推广面积。

三、从农膜使用和揭膜时期改善地膜残留

根据区域实际和作物生长特点，确定合理的揭膜时期和方法，筛选作物的最佳揭膜期，也可以达到提高农膜回收率的目的。选择雨后初晴或早晨土壤湿润时揭膜，此时农膜依旧具有一定的韧性，农膜保持相对的完整性，容易回收，一般回收率达到 95%以上，有效消除农田土壤的残膜污染。山西海拔 1000 m 地区地

膜玉米，一般在大喇叭口期揭膜；而海拔 1000 m 以下地膜玉米，一般在拔节期揭膜，都能够大幅度提高地膜回收率。新疆棉区，在第一次灌水前揭膜可以有效地减少地膜残留，90%以上的地膜能够得到有效回收，同时对棉田土壤温度、湿度和棉花生产也没有不利影响。因此，在条件允许的情况下推广适期揭膜技术，也可以在一定程度上防治地膜污染。

四、废旧农膜资源化技术的开发

废旧农膜被回收以后，可以经过一系列的处理得到再利用。目前废旧农膜的再利用主要包括 3 类：①直接再生利用。这主要是指对废膜的简单处理，如分洗，清洗、破碎、塑化及造粒等。②复合再生利用。这是通过复合再生的方法把废旧农膜转化为高附加值的复合材料（如塑/木复合材料、塑料/粉煤灰复合材料、玻璃/塑料复合材料、改性沥青、新兴复合材料、塑料混凝土等）。这是当前废旧农膜回收技术研究的热门领域。③资源化利用。主要是指将处理过的废旧农膜用于其他能源的生产和应用中。例如可以将回收的农塑制品造粒成型后直接用于生产滴灌带、配件和有色塑料，或者与煤适度配合，供燃烧使用等等。

第三节 设施农业中农膜应用的管理对策

一、加强农膜生产企业的市场准入机制的执行力度

我国农膜市场潜力巨大，使得生产企业不断涌入农膜市场。我国的农膜原料远不能满足国内市场的需求，有 50%的原料需要进口，国际石油价格的增长带动下游塑料原料价格攀升，提高了农膜的生产成本（赖金梅等，2012）。国内农民收入普遍偏低，低价地膜受到他们的青睐，再加上目前国内农膜行业产能严重过剩，企业间竞争激烈，于是一些企业开始不按国家标准进行生产，甚至以次充好，生产性能不达标或者厚度不达标的农膜，这种行业混乱现象已经十分严重，对此，我国于 2010 年 1 月 1 日颁布《农用薄膜行业准入条件》（工消费〔2009〕第 73 号），《条件》对新建及现有农膜企业在生产农膜的过程和农膜产品的质量等方面做了严格的要求，并明确规定：企业应设立质量检验机构，配备专职质检人员，建立健全质量检验管理制度；产品质量符合国家及行业标准；产品符合保障人体健康和保护生态环境要求。从本次调查结果来看，一半以上的地膜其厚度不达标，说明准入机制并未发挥其效果，相关部门在《条件》实施上监管力度不够，应加以重视。

二、修订农膜标准，加强标准执行力度

依据我国现行的农用地膜标准《聚乙烯吹塑农用地面覆盖薄膜（GB 13735-92）》的规定，农用地膜厚度应在（0.008±0.003）mm，即厚度在 0.005 mm 的超薄地膜仍为合格品，甚至厚度 0.004 mm 仍未合格也有可能。笔者对我国部分典型设施农业区的调查中显示，64%农户使用的地膜均不符合标准（0.002～0.004 mm）。国外农用地膜产品厚度一般在 0.012～0.08 mm（Espi et al.，2006）；日本规定农用地膜厚度在 0.015 mm，意大利和法国的标准是 0.015～0.020 mm。相比之下，我国地膜厚度标准值大概仅有国外的 1/2，即使达标的农膜也在一定程度上存在污染环境的隐患，鉴于此，我国应对目前已有的标准值进行修订，建立更为严格的农膜标准。

目前，虽然我国部分地区已采取一些措施严抓农膜厚度问题，但结果不尽如人意。2013 年 5 月 8 日央视《焦点访谈》栏目播出的一期名为“农田里的白色污染”报道中提到，甘肃省在省内部分地区建立试点，规定农资经营部门出售地膜的厚度不能低于 0.008 mm，一旦发现有不合规定地膜出现在市面上或者有农民正在使用不合规定的地膜，将会对出售者进行处罚。但记者走访试点地区，却发现农民只是在部分明显的地段使用合格地膜，其他地方依然使用超薄地膜。另一方面，部分农资经营部门还通过在超薄地膜包装上更改厚度以应付检查。针对此问题，有关部门应该采取措施，例如可以不定期进行抽查农膜使用情况，抽样检测农膜产品，做到加强对农膜产品的质量审核，加强标准执行的监管力度。

三、制定废旧农膜回收制度，建立处置设备和回收点

各级政府应根据本区域设施农业的发展规模和发展水平，统一规划布局一批废旧农膜回收站和田间垃圾收集设施．废旧农膜回收站可以按照“统一规划、先建后补、谁建设、谁受益”的原则建设，也可以通过农膜销售部门建设，政府给予补贴和政策优惠的形式建设。同时，建立废旧农膜回收点及田间垃圾收集设施。使废旧农膜回收网络延伸到村村户户、田间地头，方便农民交售。此外，制定农膜规范使用与废旧农膜回收管理条例，明确规定农膜使用和废旧农膜的正确处理方式，对拒绝废旧农膜回收和任意丢弃废旧农膜的行为给予一定的处罚。

四、进一步提高农民环保意识

笔者在调查中发现，大部分农民了解农膜残留对土壤和作物的不利影响，也

明确表示必须对残膜清理干净，但捡拾残膜带给农民巨大的劳动量和时间成本，在眼前利益面前，农民便任由残膜存在；另外，个别公司经营模式下的企业老板，将经济利益排在第一位，对暂时租用土地是否污染毫不关心，引发了严重的残膜污染现象。对废旧农膜的不当回收处置，也导致了大量“白色垃圾”等污染的出现。如果说农民对自己土地是否受到污染还有一定认识，那对于废旧农膜的最终去向则基本不会关注。针对以上问题，有关部门可以充分利用黑板报、墙报、宣传画报、环保知识讲座、报纸网络、电视广播、微博短信等多种媒体形式，并开展一些环保知识竞赛、环保知识问答等活动，通过宣传教育、学习培训等方式，从残膜和废旧农膜处置不当这两方面入手，将他们对环境的危害进行普及，从而提高从业者的环保意识。

参考文献

赖金梅，张晓红，高建明，等. 2012. 高透明线性低密度聚乙烯专用料的市场概况. 塑料工业，40（4）：23-27.

黎先发. 2004. 可降解地膜材料研究现状与进展. 塑料，33（1）：76-81.

严昌荣，梅旭荣，何文清，等. 2006. 农用地膜残留污染的现状与防治. 农业工程学报，22（11）：269-272.

Espi E，Salmeron A，Fontecha A，et al. 2006. Plastic films for agricultural applications. Journal of plastic film & sheeting，22（2）：85-102.